高等职业教育新形态系列教材

多轴加工项目化教程

主　编　李粉霞　张　涛
副主编　孟晓华　晋　康
参　编　闫　霞　李瑞霞　杨兴隆　韩利萍

北京理工大学出版社
BEIJING INSTITUTE OF TECHNOLOGY PRESS

图书在版编目（CIP）数据

多轴加工项目化教程 / 李粉霞，张涛主编. --北京：北京理工大学出版社，2021.9
ISBN 978-7-5763-0378-0

Ⅰ. ①多… Ⅱ. ①李… ②张… Ⅲ. ①数控机床-加工-高等学校-教材 Ⅳ. ①TG659

中国版本图书馆 CIP 数据核字（2021）第 191316 号

出版发行 / 北京理工大学出版社有限责任公司
社　　址 / 北京市海淀区中关村南大街 5 号
邮　　编 / 100081
电　　话 /（010）68914775（总编室）
（010）82562903（教材售后服务热线）
（010）68944723（其他图书服务热线）
网　　址 / http://www.bitpress.com.cn
经　　销 / 全国各地新华书店
印　　刷 / 涿州市新华印刷有限公司
开　　本 / 787 毫米×1092 毫米　1/16
印　　张 / 15.75
字　　数 / 361 千字
版　　次 / 2021 年 9 月第 1 版　2021 年 9 月第 1 次印刷
定　　价 / 49.90 元

责任编辑 / 高雪梅
文案编辑 / 高雪梅
责任校对 / 周瑞红
责任印制 / 李志强

前 言

随着高等职业教育的迅速发展，项目引领、任务驱动、基于工作过程系统化课程开发理念普遍得到高职教育界的认同，为全面贯彻党的教育方针，落实立德树人的根本任务，及时反映新时代课程教学改革的成果，满足高职高专院校机械制造及自动化、数控技术、机电一体化等高水平专业群教学需要及相关人员在岗培训的需求，本书依据专业的工作岗位需求，从企业生产、各级各类技能大赛以及多年软件教学中提炼出典型的教学项目，以基于工作过程的模式组织内容。

本书具有以下特点：

1. 融入工匠精神，落实立德树人根本任务。教材设立素质目标，结合自身特色恰当融入课程思政内容，践行工匠精神培育，有机融入习近平新时代中国特色社会主义思想的相关内容，培养学生精益求精的工匠精神、爱国情怀、团队合作精神，提升学生职业素养，为高端装备制造行业培养高素质技术技能人才。

2. 编写理念先进，岗课赛证融通。教材及时将最新的大赛成果转化为教学项目，基于典型岗位及工作过程开发教学流程，将多轴加工“1+X”职业技能等级标准融入教学，教学内容与技能鉴定内容相融合，实现岗课（书）赛证融通，遵循“以能力为目标、以学生为主体、以教师为主导、以项目为载体、任务驱动和项目导向”教学编写理念。

3. 内容设计合理，配备学习手册，体现以学生为中心。内容组织符合认知规律，整个教程由四个由易到难的完整项目贯穿始终，每个项目又划分为 2 个任务，每个任务的实施以工作过程为导向，分为任务描述、任务实施、任务评价、任务拓展等几个环节。每个任务都配套有任务学习工单，任务学习工单的设计理念，是以问题为导向，引导学生边学习、边思考、边练习、边评价，完全遵循以学生为中心的设计思路。

4. 校企双元开发，实现协同育人。教材紧跟产业发展趋势和行业人才需求，及时将产业发展的新技术、新工艺、新规范纳入教材内容，反映典型岗位（群）职业能力要求，并吸收行业企业技术人员参与，杨兴隆是淮海工业集团有限公司技术带头人、全国技术能手，韩利萍是山西清华装备制造有限公司技术骨干、全国劳模、全国技术能手，形成了校企校际教材开发及推广使用命运共同体。

5. 配套资源丰富，线上线下教学，实现资源共建共享。充分发挥“互联网+教材”的优势，本书配备了二维码视频学习资源，同时配套有精品在线开放课程，可以灵活安排学习地点、进程，实现碎片化学习、个性化学习，有助于教师借此创新教学模式。

本书由李粉霞、张涛任主编，孟晓华、晋康担任副主编，闫霞、李瑞霞、杨兴隆、韩利萍等为参编，漆军任主审。李粉霞（山西机电职业技术学院）、张涛（河北机电职业技术学院）负责全书的统稿，孟晓华（山西机电职业技术学院）负责项目三的编写及精品课程的建设，晋康（山西机电职业技术学院）负责项目二的编写及精品课程的建设，闫霞（山西科技学院）负责项目一的编写、李瑞霞（长治医学院）负责项目四的编写、杨兴隆（淮海工业集团）、韩利萍（山西清华装备有限责任公司）负责所有案例工艺设计及加工验证。本书在编写过程中得到淮海工业集团有限公司、山西清华装备有限责任公司等企业技术人员的热心帮助和大力支持，在此表示感谢。

由于作者的理论水平、知识背景和研究方向的限制，书中难免出现错误和疏漏之处，恳请广大读者不吝指正。

编　者

目　录

项目一　多轴加工技术简介

任务1-1　认识多轴数控机床

任务描述

本次任务主要围绕多轴加工的特点、多轴加工机床的种类展开，通过本次任务学习，培养学生达到以下目标：

知识目标：

① 理解多轴加工的特点。

② 了解四轴联动数控机床。

③ 了解五轴联动数控机床。

④ 了解数控车铣复合机床。

⑤ 了解数控机床的应用范围及特点。

能力目标：

① 能够识别五轴联动数控机床的三种形式。

② 能够根据加工的零件选择合适的多轴机床类型。

素质目标：

① 通过认识多轴机床，培养学生勇于探索高技术技能的能力。

② 通过根据不同零件类型进行机床选型，培养学生多角度思考问题的能力。

③ 通过知识拓展模块的学习，培养学生知识迁移和问题探究能力。

任务实施

近年来，多轴加工技术在国内外都受到了高度重视，发展迅速。五轴加工技术在解决复杂曲面、异型零件、精密零件加工方面起到了举足轻重的作用，已成为切削加工技术和先进制造技术的一个重要发展方向。多轴加工技术正朝着高速、高效、高精、高表面质量、智能化、柔性化、绿色化等方向发展，是一项高新技术，在航空航天工业、汽车工业、模具制造、军事工业和仪器仪表制造等领域中得到了广泛应用。认识多轴数控机床可以更好地理解多轴技术的应用与发展，结合学习目标，主要学习内容安排如下：

（1）多轴加工的特点。相比三轴联动数控机床，多轴联动数控机床有高效、高精、加工环境好等特点。

（2）四轴联动数控机床。四轴联动数控机床分为四轴联动数控立式机床和四轴联动数控卧式机床。

（3）五轴联动数控机床。五轴联动数控机床分为五轴联动数控立式机床（双摆台式、双摆头式和一摆台一摆头式）和五轴联动数控卧式机床。

（4）数控车铣复合机床。数控车铣复合机床是一种集成了车削和铣削的加工设备。

一、多轴加工的特点

多轴数控机床与传统的三轴联动数控机床相比多了一个或两个旋转轴，分别称之为四轴联动数控机床和五轴联动数控机床。四轴联动数控机床依靠三个直线坐标轴（*X* 轴、*Y* 轴、*Z* 轴）和一个旋转坐标轴（*A* 轴或 *B* 轴）的联动或定向功能完成加工。五轴联动数控机床指机床上至少有五个坐标轴，即三个直线坐标轴（*X* 轴、*Y* 轴、*Z* 轴）和两个旋转坐标轴（*A*+*B* 轴、*B*+*C* 轴或 *A*+*C* 轴），并且这五个坐标轴可以同时控制、联动加工。多轴联动数控机床与传统三轴联动数控机床相比，特点如下：

1）减少基准转换，加工精度和加工效率高。多轴数控加工的工序集成化不仅提高了工艺的有效性，而且由于零件在整个加工过程中只需一次装夹，加工精度更容易得到保证，同时也减少了装夹时间和工装夹具数量，降低了劳动强度。

2）任意角度加工，完成复杂、异型零件的加工。多轴数控机床的刀轴可以根据工件状态的改变而改变，刀具或工件的姿态角可以随时调整，可以加工更加复杂的零件，提高表面加工精度。具有坐标转换和斜面加工功能，有些复杂型面的加工可转变为二维平面的加工；具有刀具轴控制功能，斜面上孔加工的编程和操作也变得更加方便。

3）提高成型刀具使用率，延长刀具使用寿命。刀具或工件的姿态角可调，可缩短刀具的夹持长度，改善切削条件，避免刀具干涉、欠切和过切现象的发生，降低刀具成本。

4）适应能力强。数控机床在程序的控制下运行，通过改变程序即可改变所加工产品，产品的改型快且成本低，加工柔性高，适应能力强，可大大缩短研发周期和提高新产品的成功率。

5）加工环境好。数控加工机床是机械控制、强电控制和弱电控制为一体的高科技产物，通常都有很好的保护措施，工人的操作环境相对较好。

6）缩短生产过程链，简化生产管理。多轴数控机床的完整加工大大缩短了生产过程链，残次品数量减少，并简化生产管理，从而降低了生产运作和管理的成本。

二、四轴联动数控机床

四轴联动数控机床至少有四个坐标轴，分别为三个直线坐标轴和一个旋转坐标轴（*A* 轴或 *B* 轴），四轴联动数控机床有两种形式（*XYZ*+*A* 和 *XYZ*+*B*），（*XYZ*+*A*）适合加工回转类工件、车铣复合加工，（*XYZ*+*A*）工作台相对较小、主轴刚性差、适合加工小产品。四个坐标轴可以在计算机数控（CNC）系统的控制下同时协调运动，从而实现产品除底面外五个面的加工。图 1–1–1 所示为典型的四轴联动数控机床。

对数控机床按主轴的配置形式分类，可以分为卧式数控机床和立式数控机床。卧式数控机床主轴轴线处于水平位置，其倾斜导轨结构可以使车床具有更大的刚性，并易于排除切屑；立式数控机床主轴轴线处于垂直位置，这类机床主要用于加工径向尺寸大、轴向尺寸相对较小的大型复杂零件。

图 1－1－1　四轴联动数控机床

1. 四轴联动数控立式机床

“3+1”形式的四轴联动数控立式机床是在三轴联动数控立式铣床或加工中心上附加一个具有旋转轴的数控转台来实现四轴联动加工的。数控转台的结构及应用如图 1－1－2 所示。

(a)

(b)

图 1－1－2　数控转台的结构及应用

（a）数控转台的结构；（b）数控转台的应用

四轴联动数控立式机床的主要加工形式与三轴联动数控立式铣床或加工中心的相同，数控转台只是机床的一个附件。这类机床的优点如下：

1）价格相对便宜。由于数控转台是一个附件，所以可以根据需要决定是否选配。

2）装夹方式灵活。可以根据工件的形状选择不同的装夹附件，既可以选配三爪形式的自定心卡盘装夹，也可以选配四爪形式的单动卡盘或者花盘装夹。

3）拆卸方便。当只需三轴加工大型工件时，可以把数控转台拆卸下来。当需要四轴加工时，可以很方便地把数控转台安装到工作台上。

此外，数控转台的尺寸规格会影响原有机床的加工范围，要根据被加工工件的尺寸合理选择数控转台的尺寸规格，并且注意数控转台及伺服系统参数的设定要满足四轴联动要求，如果只有三个伺服系统，是无法做到四轴联动的。

图 1－1－3 所示的 VMC850E 立式加工中心是针对中小型零部件加工开发的一款经济型立式加工中心产品，性价比高。该系列产品配置简洁实用，结构紧凑，可满足不同行业不同

材料的中小型工件的加工要求，可进行铣削、镗孔、钻铰孔、刚性攻丝等工序的粗、精加工。

图 1-1-4 所示的 BV80-125 重切削立式加工中心是适合重力切削加工重型零件的一款重切削型系列立式加工中心产品，具有承载力大、刚性强、切削力强、稳定性强等特点，机床配置丰富，应用广泛。

图 1-1-3　VMC850E 立式加工中心

图 1-1-4　BV80-125 重切削立式加工中心

2. 四轴联动数控卧式机床

图 1-1-5 所示的鑫奈 GSHM630L3 型双工作台卧式加工中心是一种四轴联动数控卧式机床。系统一次装夹，可自动连续对四面进行铣、钻、扩、铰及攻丝等多种工序加工，适用于中等批量生产的各种平面、孔、复杂形状表面的加工，节省工装，缩短生产周期，提高加工精度，是汽车制造、工程机械、航天航空、电子、军工等行业理想的加工设备。

图 1-1-6 所示的 NHC4000 卧式加工中心提供重型加工所需的刚性，具有高刚性和高速加工的特点。该 NHC4000 高精度卧式加工中心采用 X 轴大间距导轨的立柱，主轴轴承直径是同级机床中最大的，达 80 mm。此外，由于运动部件重量较轻，具有极好的加速性能。除日本外汇和外贸法要求的直线轴重复精度限制外，NHC 系列机床提供极高的加工精度，能按照加工要求灵活配置自动化系统，例如托盘交换系统和工件运送机械手等，提高车间生产率。

NHC4000 的结构性能特点有高刚性、高速度、高精度、高可靠性和节能。

图 1-1-5　CSHM630L3 型双工作台卧式加工中心

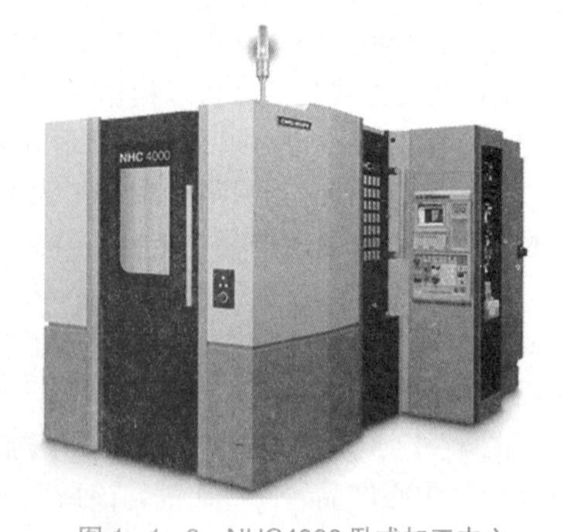

图 1-1-6　NHC4000 卧式加工中心

小贴士：学无止境，想进一步了解“四轴联动加工”视频，请扫描二维码 1-1-1 学习。

二维码 1-1-1

三、五轴联动数控机床

五轴联动数控机床有五个坐标轴（三个直线坐标轴和两个旋转坐标轴），而且五个坐标轴可以在计算机数控系统控制下同时协调运动，进行加工。图 1-1-7 所示为 DMU 60 *eVo* 双摆台式五轴万能铣床。

图 1-1-7　DMU 60 *eVo* 双摆台式五轴万能铣床

五轴联动加工有如下特点：

1）工件一次装夹定位。节省时间，降低成本，提高加工精度。

2）几乎没有特种刀具的使用。简化了刀具的应用，降低了刀具成本。

3）能运用刀具最佳的长径比。大大提高了加工刚性，提高加工速度，提高加工表面质量。

4）在相同的速度条件下增加了切削长度，相对减少了切削力。

5）避免了球头铣刀中心切削速度为零的现象。延长了刀具寿命，提高了工件表面光洁度，降低了刀具成本。

6）用侧刃加工提高表面质量。大大改善表面质量，减少加工时间，减少了最后手工钳修的时间。

7）很多分散烦琐的工序将一次加工完成。

五轴联动数控机床和三轴联动数控机床相比多了两个旋转坐标轴。因此在结构布置方面，往往在三轴联动数控机床上添加两个转动轴就可以得到五轴联动数控机床。五轴联动数控机床按照主轴的位置关系可分为两大类：五轴联动数控立式机床和五轴联动数控卧式机床。

1. 五轴联动数控立式机床

按旋转主轴和直线运动的关系来判定，五轴联动数控立式机床主要有三种形式：双摆台式（图 1-1-8），双摆头式（图 1-1-9）和一摆台一摆头式（图 1-1-10）。

（1）双摆台式五轴联动数控立式铣床

双摆台式五轴联动数控立式铣床的刀轴方向不可变，在旋转台上叠加一个旋转台，两个旋转轴均在工作台上，工件加工时随工作台旋转，须考虑装夹承重，能加工的工件尺寸比较小。图 1-1-11 所示 DMU 50 五轴立式加工中心为双摆台式五轴联动加工中心，是应用于

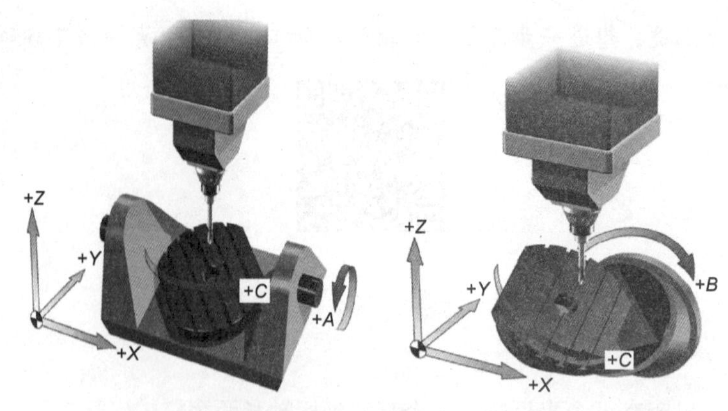

图 1-1-8　双摆台式五轴联动数控立式机床

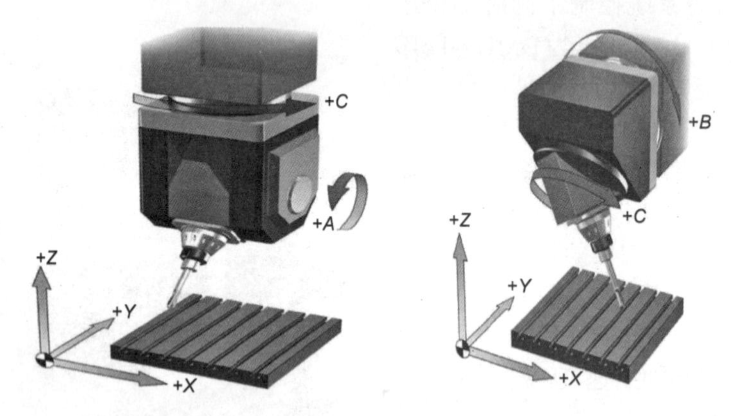

图 1-1-9　双摆头式五轴联动数控立式机床

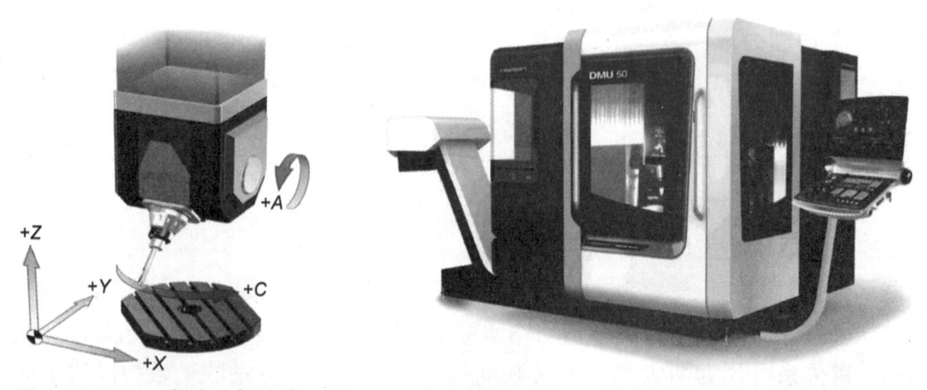

图 1-1-10　一摆台一摆头式五轴联动数控立式机床

图 1-1-11　DMU 50 五轴立式加工中心

车间生产、培训、实验室以及刀具、夹具及模具制造方面具有开创性的划时代机床，该机床拥有很大的驱动功率、灵活的刀具装卸装置以及具有 30 个刀位的刀库，大大缩短了加工装配时间，刀库在工作区域之外，可以使其免受污染，还可以在加工的同时，进行装配动作。*X*、*Y*、*Z* 三轴导轨各自独立，保证了高的精度稳定性。机床主轴采用立式结构，保证了高的切削稳定性。适合小型涡轮、叶轮、小型精密模具的加工。DMU 50 双摆台式五轴立式加工中心的结构如图 1-1-12 所示。

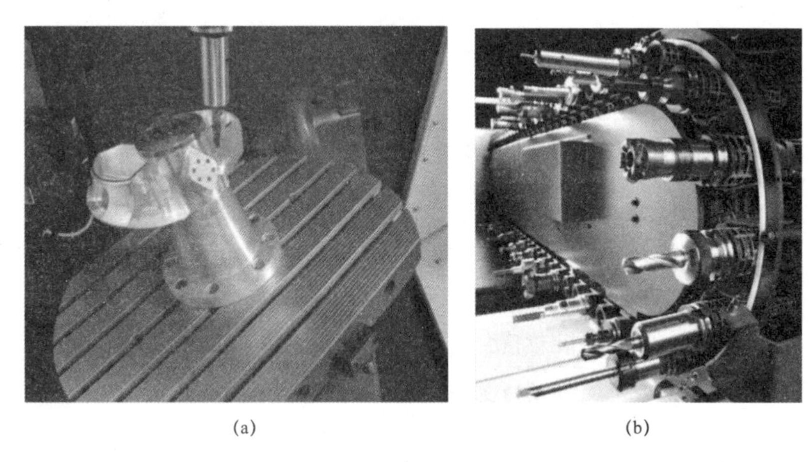

(a)　　　　　　　　(b)

图 1-1-12　DMU 50 双摆台式五轴立式加工中心的结构

（a）联动工作台；（b）刀库带装刀辅助功能

DMU 50 双摆台式五轴立式加工中心的技术参数见表 1-1。

表 1-1　DMU 50 双摆台式五轴立式加工中心的技术参数

项目		单位	技术参数
加工区	*X* 轴行程	mm	500
	Y 轴行程	mm	450
	Z 轴行程	mm	400
刚性工作台	工件装夹面	mm	700×500
	工作台最大承重	kg	500
带回转摆动工作台	工件装夹面	mm	ϕ630×500
	最大承重	mm	200/300
	摆动范围	（°）	-5/+110
主驱动	转速范围	rpm	20～14 000
	驱动性能（100/40%DC）	kW	14.5/20.3
	扭矩（40%DC）	Nm	121
进给	*X*、*Y*、*Z* 轴快速移动速度	m/min	30
	X、*Y*、*Z* 轴最大进给力	kN	4.8
	三轴最小设定值	mm/min	0.001
自动换刀装置	刀具数量	把	30
	不包括空刀位的最大刀具直径	mm	ϕ80
	包括空刀位的最大刀具直径	mm	ϕ130
	自主轴前端起的最大刀具长度	mm	300
	最大刀具质量	kg	8

续表

项目			单位	技术参数
自动换刀装置	油压电动机功率		kW	0.225
	冷却电动机功率		kW	1.1/1.1/0.55
	排屑输送机电动机功率		W	200
	刀臂旋转电动机功率		W	400
精度	定位精度		mm	0.01
	重复精度		mm	0.006
其他	刀具交换时间（刀—刀）		s	3
	工作台交换时间（P—P）		s	12
	机床外形尺寸	长度	mm	5 100
		宽度		2 941
		高度		2 826

（2）双摆头式五轴联动数控立式铣床

双摆头式五轴联动数控立式铣床的工作台不动，两个旋转轴均在主轴上。机床能加工的工件尺寸比较大。图 1-1-13 所示为双摆头式五轴联动龙门加工中心，具有 *X*、*Y*、*Z* 三个直线运动的数控坐标轴和 *A*、*C* 两个旋转数控坐标轴，各坐标轴既可单独运动又可联动。该机床适用于各种板件、盘件、壳体件、模具以及具有多曲面复杂零件的多品种中小批量生产，尤其适用于多曲面零件，如航空工业中的蜗轮、叶片、桁架等有色金属及轻合金零件的加工。

（3）一摆台一摆头式五轴联动数控立式铣床

一摆台一摆头式五轴联动数控立式铣床的两个旋转轴分别在主轴和工作台上，工作台旋转，其上可装夹尺寸较大的工件，主轴摆动，可灵活改变刀轴方向。图 1-1-14 所示为 HSC

图 1-1-13　双摆头式五轴联动龙门加工中心

图 1-1-14　HSC 105 linear 型一摆台一摆头式五轴联动加工中心

105 linear 型一摆台一摆头式五轴联动加工中心，装配有直接驱动的数控工作台和摆动主轴，因为使用双边轴承，叉状齿冠可以达到最大的刚度并且可以使用液压装夹，摆动头的摆动范围是 10°～110°。

2. 五轴联动数控卧式机床

图 1－1－15 所示为 DMC100H 卧式数控加工中心，它比一般数控加工中心具有更快的转速和更快的位移速度，并在机械结构上做了许多调整和优化。卧式加工中心一般用于高精度产品加工，如铝合金产品以及手机配件等轻产品。随着各行各业产品质量的不断提高，高速数控加工中心的应用领域将越来越广泛。

图 1－1－15 DMC100H 卧式数控加工中心

小贴士：“欲穷千里目，更上一层楼。”五轴加工让技能进一步提升，观看“五轴联动数控机床”，可以扫描二维码 1－1－2 学习。

二维码 1－1－2

四、数控车铣复合机床

图 1－1－16 所示为 CTX beta 1250 TC4A 数控车铣复合机床加工中心。CTX beta 1250 TC 4A 数控车铣复合机床加工中心集成了车削和铣削的加工方法，可以在不更换机床设备的条件下，完成对零件的车铣复合加工，装夹可完成车、铣、镗、钻、攻、铰等工序。该机床是车铣工艺高度集中的先进多轴加工设备，加工质量好，精度稳定。

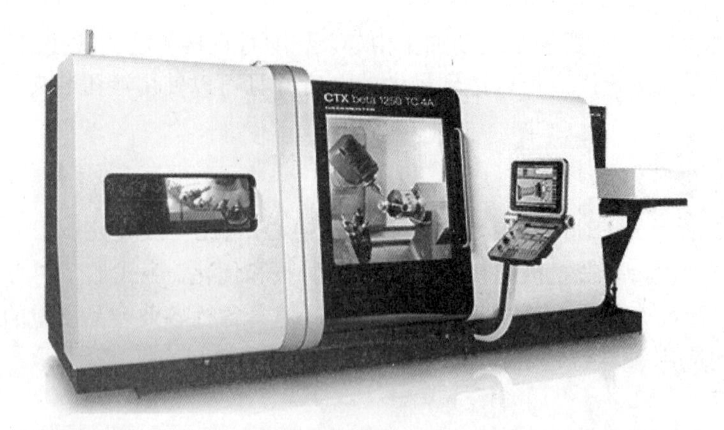

图 1-1-16　CTX beta 1250 TC4A 数控车铣复合机床加工中心

知识链接

1. 机床坐标系

直角坐标系是数控机床最常用的坐标系统，标准的直角坐标系采用右手笛卡儿定则判定各坐标轴的相互关系和方向，如图 1-1-17 所示。

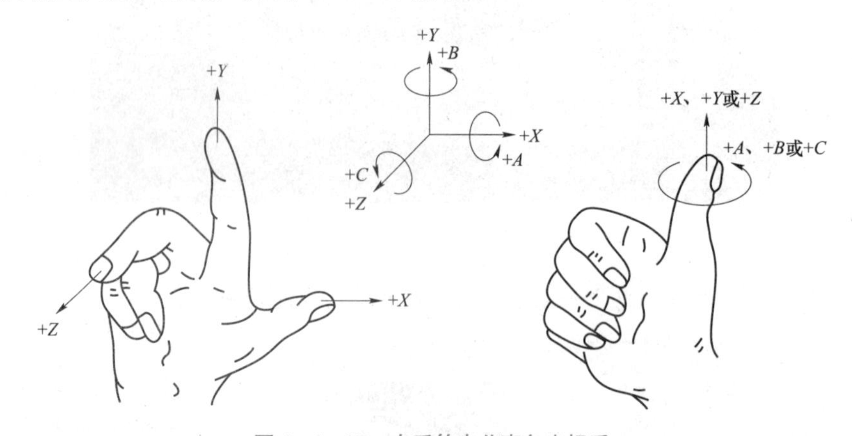

图 1-1-17　右手笛卡儿直角坐标系

2. 各坐标轴正方向的规定

各坐标轴方向的判定顺序为先 *Z* 轴，再 *X* 轴，最后 *Y* 轴。增大工件与刀具之间距离的方向为各坐标轴正方向。

（1）*Z* 轴及其正方向的确定

Z 轴的运动由传递切削力的主轴决定，正方向为增加刀具和工件之间距离的方向。

（2）X 轴及其方向的确定

对于立式数控铣床/加工中心，当由主轴向立柱看时，*X* 轴的正方向指向右方。

对于卧式数控铣床/加工中心，当由主轴向工件看时，*X* 轴的正方向指向右方。

（3）*Y* 轴及其方向的确定

确定了 *X* 轴、*Z* 轴，根据右手笛卡儿直角坐标系确定 *Y* 轴及其正方向。

3. 多轴数控机床坐标系统

不同结构数控机床的坐标系统如图 1–1–18 与图 1–1–19 所示。更多类型数控机床坐标系统可通过 UG NX10.0 查看，工序导航器切换至“机床视图”，右击“GENERIC_MACHINE”，单击“编辑”，弹出【通用机床】对话框，单击【从库中调用机床】按钮，弹出【库类选择】对话框，在【MACHINE】中选择【MILL】，弹出【搜索结果】对话框如图 1–1–20 所示，在【匹配项】中根据描述单击想要的机床类型即可。

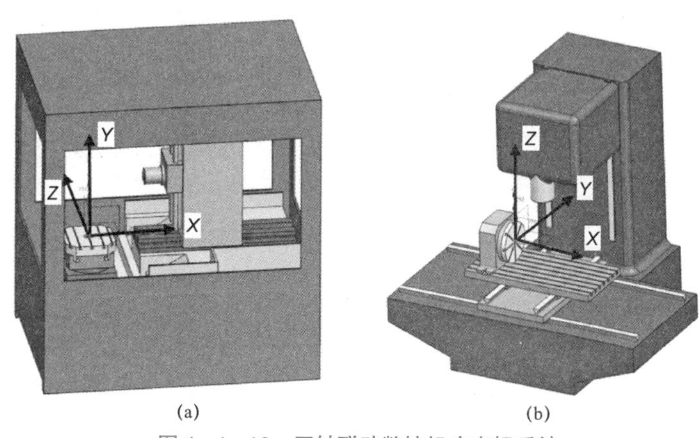

(a)　　(b)

图 1–1–18　四轴联动数控机床坐标系统

(a) 卧式；(b) 立式

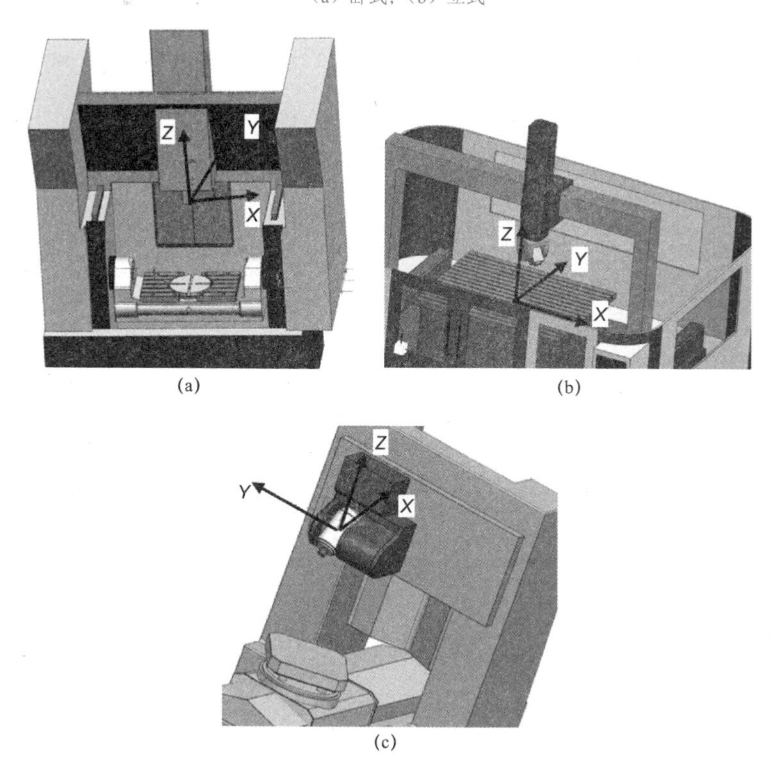

(a)　　(b)

(c)

图 1–1–19　五轴联动数控机床坐标系统

(a) 双摆台式；(b) 双摆头式；(c) 一摆头一摆台式

图 1-1-20 【搜索结果】对话框

本单元首先介绍了多轴加工的特点，然后介绍了四轴联动数控机床、五轴联动数控机床以及数控车铣复合机床。通过本单元的学习，读者可掌握多轴数控机床的相关知识，为使用

UG NX 10.0 进行数控编程奠定理论基础，任务梳理思维导图如图 1-1-21 所示。

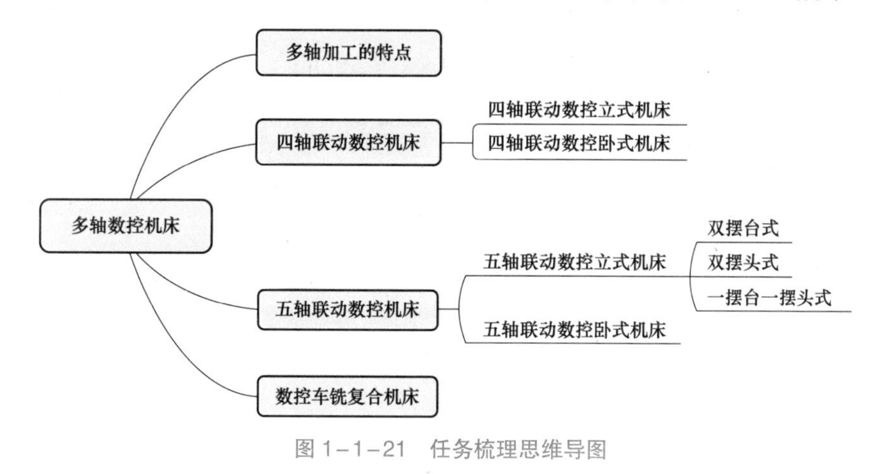

图 1-1-21　任务梳理思维导图

任务1-2 了解多轴加工

任务描述

本次任务主要讲解多轴加工基础知识，通过本次任务学习，培养学生达到以下目标：

知识目标：

① 了解多轴加工基本原理。

② 了解多轴加工编程技巧。

③ 掌握 UG NX10.0 英文界面的使用。

能力目标：

① 能够理解刀具路径生成原理。

② 能够熟练运用 UG NX10.0 中英文界面进行编程。

素质目标：

① 引导学生逐步养成勤于思考、善于观察的好习惯。

② 培养问题探究精神，增强自我分析问题和解决问题的能力。

任务实施

本任务主要学习基于 UG NX10.0 的五轴加工方式，固定轴加工与可变轴加工。理解刀具路径生成原理，熟练使用 UG NX10.0 中英文界面进行编程，辨析三轴加工与多轴加工方法的异同点。

一、多轴加工基础

如图 1-2-1 所示，【要创建的 CAM 设置】列表中方框内部所示为多轴加工的三个类型。UG NX10.0 多轴编程的学习将在此三个类型中展开。

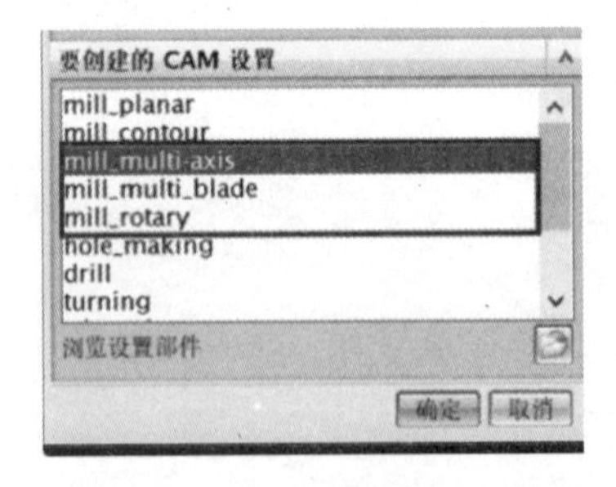

图 1-2-1 多轴加工的三个类型

UG NX10.0 加工模块由于汉化不完全，中文版本也常常存在英文，为方便学习，列出了 UG NX10.0 多轴加工模块相关知识英汉对照及说明，见表 1-2-1。

表 1-2-1 UG NX10.0 多轴加工模块相关知识英汉对照及说明

序号	模块	子项目及按钮	英文	中文	说明
1	加工环境 Machine Environment		1. Cam_General 2. Mill_Planar 3. Mill_Contour 4. Mill_Multi-Axis 5. Mill_Multi_Blade 6. Mill_Rotary 7. Hole_Making 8. Drill 9. Turning 10. Wire_Edm 11. Probing 12. Solid_Tool 13. Machinge_Knowledge	1. CAM 通用 2. 铣削平面 3. 铣削轮廓 4. 多轴铣削 5. 叶片铣削 6. 旋转铣削 7. 孔加工 8. 钻削 9. 车削 10. 电火花线切割 11. 探测 12. 整体刀具 13. 加工知识	进入 UG NX10.0 的制造模块后进行加工编程作业的软件环境，是实现 UG/CAM 加工的起点
2	多轴铣削 Mill_Multi_Axis		Variable_Contour	可变轮廓铣	通常用于轮廓曲面的可变轴精加工
			Variable_Streamling	可变流线铣	用于精加工复杂形状，尤其是要控制光顺切削模式的流线方向
			Variable_Profile	外形轮廓铣	使用外形轮廓铣驱动方法以刀刃侧面对斜壁进行轮廓加工的可变轴曲面轮廓铣工序。常用于精加工诸如机身部件中找到的那些壁
			Fixed_Contour	固定轮廓铣	通常用于精加工轮廓形状
			Zlevel_5Axis	深度加工 5 轴铣	深度铣工序，将侧倾刀轴以远离部件几何体，避免在使用短球头铣刀时与刀柄/夹持器碰撞。通常用于半精加工和精加工轮廓铣的形状，如无底切的注塑模、凹模、铸造和锻造
			Sequential_Mill	顺序铣	使用三、四或五轴刀具移动连续加工一系列曲面或曲线。通常用于在需要高度刀具和刀路控制时进行精加工

续表

序号	模块	子项目及按钮	英文	中文	说明
3	多片铣削 Mill_Multi_Blade		Multi _Blade_Rough	多叶片粗加工	使用轮毂和包覆间的切削层移除叶片和分流叶片之间材料的多轴铣削工序，通常用于在涡轮机部件的叶片和分流叶片之间进行粗加工
			Hub_Finish	轮毂精加工	对叶片进行精加工的多轴工序。通常用于精加工涡轮机部件上的叶片
			Blade_Finish	叶片精加工	在多个切削层中对叶片和分流叶片进行精加工的多轴工序。通常用于对涡轮机部件上的叶片和分流叶片进行精加工
			Blend_Finish	圆角精加工	对多刀路叶片和分流叶片圆角进行精加工的多轴工序，通常用于对已使用较大型刀具完成粗加工的叶片和分流叶片进行精加工
4	旋转铣削 Mill_Rotary		Rotary_Floor	旋转底面	完成圆柱形零件底面的多轴加工工序。通常用于圆柱形零件的精加工
5	操作导航器 Operation Navigator		Program Order	程序顺序视图	“操作导航器”工具条：用于控制操作导航中的四种显示内容。是各加工模块的入口位置，是用户进行交互编程操作的图形界面。它以树形结构显示程序、加工方法、几何对象、刀具等对象以及它们的从属关系。“+”“–”可展开或折叠各节点包含的对象
			Machine Tool	机床视图	
			Geometry	几何视图	
			Machining Method	加工方法视图	

续表

序号	模块	子项目及按钮	英文	中文	说明
6	加工创建 Processing Create		Create Program	创建程序	“加工创建”工具条：创建程序、刀具、加工几何体、加工方法、加工操作等5类对象
			Create Tool	创建刀具	
			Create Geometry	创建几何体	
			Create Method	创建方法	
			Create Operation	创建操作	
7	加工操作 Processing operations		Generate Tool Path	生成刀轨	“加工操作”工具条：用于刀具路径的生成、重播、后处理、模拟和输出等
			Edit Tool Path	重播刀轨	
			List Tool Path	列出刀轨	
			Gouge Check	确认刀轨	
			Post Process	后处理	
			Shop Documentation	车间文档	
8	几何体 Geometry		Specify Part	指定部件	创建几何体，指定加工区域
			Specify Check	指定检查	
			Specify Cut Area	指定切削区域	
			Specify Trim Boundaries	指定修剪边界	
			Specify Floor	指定底面	
			Specify Auxiliary Floor	指定辅助底面	
			Specify Walls	指定壁	
9	驱动方法 Drive Method		1. Curve/Point 2. Spiral 3. Boundary 4. Surface Area 5. Streamline 6. Tool Path 7. Radial Cut 8. Contour Profile 9. User Defined	1. 曲线/点 2. 螺旋式 3. 边界 4. 曲面 5. 流线 6. 刀轨 7. 径向切削 8. 外形轮廓 9. 用户定义	在加工复杂曲面工件的时候，选择相应的驱动几何体，可以在简单驱动面上创建刀位点，然后将这些刀位点按指定方向投影到复杂工件表面，以得到理想刀轨
10	投影矢量 Projection Vector		1. Specify Vector 2. Tool Axis 3. Tool Axis Up	1. 指定矢量 2. 刀轴 3. 刀轴向上	指引驱动点按照一定的规则投影到零件表面，同时决定刀具将接触零件表面的位置。选择的方法不同，可以采用的投影矢量也不同

续表

序号	模块	子项目及按钮	英文	中文	说明
11	刀轴 Tool Axis		1. Away from Point 2. Toward Point 3. Away from Line 4. Toward Line 5. Relative to Vector 6. Normal to Part 7. Relative to Part 8. 4-Axis Normal to Part 9. 4-Axis Relative to Part 10. Dual 4-Axis on Part 11. Interpolate Vector 12. Interpolate Angle to Part 13. Interpolate Angle to Drive 14. Optimized to Drive 15. Normal to Drive 16. Swarf Drive 17. Relative to Drive 18. 4-Axis Normal to Drive 19. 4-Axis Relative to Drive 20. Dual 4-Axis on Drive	1. 远离点 2. 朝向点 3. 远离直线 4. 朝向直线 5. 相对于矢量 6. 垂直于部件 7. 相对于部件 8. 4 轴，垂直于部件 9. 4 轴，相对于部件 10. 双 4 轴在部件上 11. 插补矢量 12. 插补角度至部件 13. 插补角度至驱动 14. 优化后驱动 15. 垂直于驱动体 16. 侧刃驱动体 17. 相对于驱动体 18. 4 轴，垂直于驱动体 19. 4 轴，相对于驱动体 20. 双 4 轴在驱动体上	使刀轴按照所给规律进行矢量变换的过程。刀轴选项会随驱动方法和工序不同而有所差别
12	刀轨设置 Path Settings	方法	1. Mill_Finish 2. Mill_Rough 3. Mill_Semi_Finish	1. 精加工 2. 粗加工 3. 半精加工	设置刀具的运动轨迹和进给，如走刀方式、切削用量、切削模式、加工后的余量、刀轴转速和进给率等
		切削参数	1. Containment 2. Tool Axis Control 3. Multiple Passes 4. Stock 5. Clearances 6. Strategy	1. 空间范围 2. 刀轴控制 3. 多刀路 4. 余量 5. 安全设置 6. 策略	
		非切削移动	1. Engage 2. Retract 3. Transfer/Rapid 4. Avoidance 5. Smoothing	1. 进刀 2. 退刀 3. 快移/快速 4. 避让 5. 光顺	
		进给率和速度	1. Automatic Settings 2. Set Machining Data 3. Surface Speed 4. Feed per Tooth 5. Spindle Speed 6. Feed Rates	1. 自动设置 2. 设置加工数据 3. 表面速度 4. 每齿进给量 5. 主轴速度 6. 进给率	

1. UG NX10.0 多轴加工的方式

（1）用固定轴功能实现定位加工

机床的旋转轴先转到一固定的方位后加工，转轴不与 *XYZ* 联动，UG NX10.0 各固定轴加工方式都可指定刀具轴实现多轴加工，定位加工类零件约占五轴加工类零件的 95%。

图 1-2-2　五轴定位加工

（2）用可变轮廓铣实行联动加工

在实际切削过程中，至少有一个旋转轴同时参加 *XYZ* 的运动，UG NX10.0 提供强大的刀轴控制、走刀方式和刀路驱动。

数控五轴联动机床，其刀具轴线可随时调整以避免刀具与工件的干涉，并且一次装夹能完成全部加工工序，可用于加工发动机叶片、船用螺旋桨、各种人工关节骨骼、液压件等具有复杂曲面零件的加工，此类零件约占五轴加工类零件的 5%，典型复杂曲面类零件如图 1-2-3 所示。

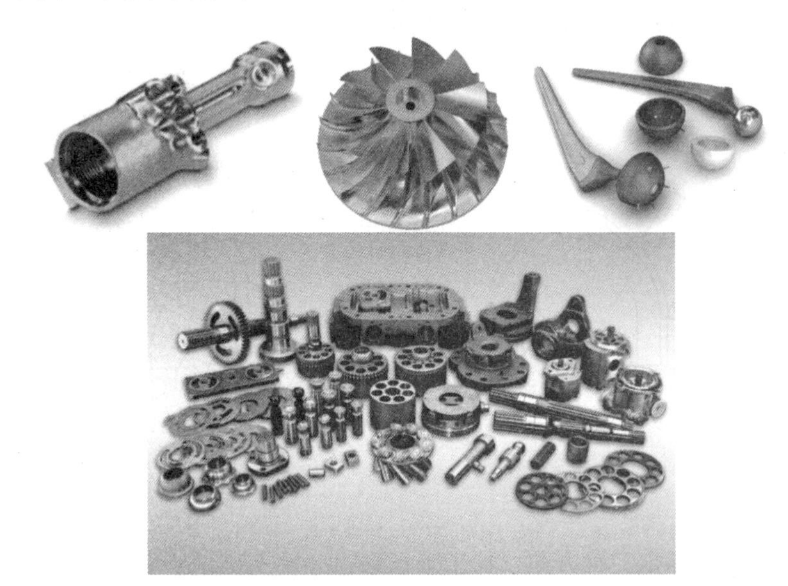

图 1-2-3　典型复杂曲面类零件

2. 刀具路径创建原理

刀具路径创建需要 2 个步骤，如图 1-2-4 所示。

第 1 步从驱动几何体上产生驱动点。

第 2 步将驱动点沿投射方向投射到零件几何体上，刀具跟随这些点进行加工。

以常用的“可变轮廓铣”工序为例，如图 1-2-5 所示，“可变轮廓铣”是用于精加工曲面轮廓区域的加工方法，它可以通过精确控制刀轴和投影矢量，使刀具路径沿着非常复杂的曲面轮廓移动。首先将驱动点从驱动曲面投影到部件几何体上来创建刀轨，驱动点由曲线、边界、面或曲面等驱动几何体生成，并沿着指定的投影矢量投影到部件几何体上。

然后，刀具定位到部件几何体进行移动以生成刀具路径。“可变轮廓铣”刀具路径创建原理如图 1-2-6 所示。

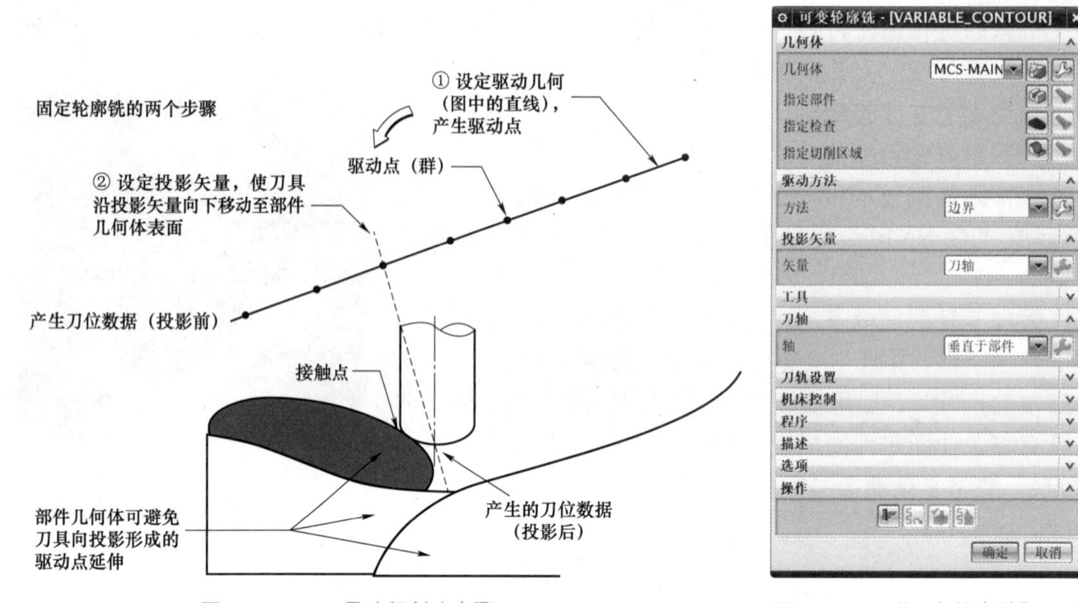

图 1-2-4　刀具路径创建步骤　　　　图 1-2-5　“可变轮廓铣”工序

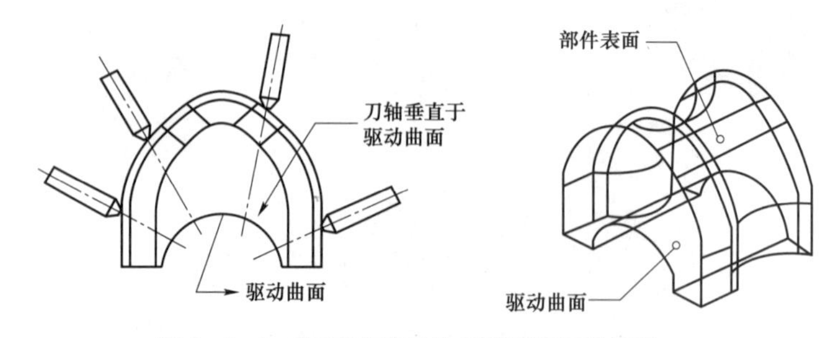

图 1-2-6　“可变轮廓铣”刀具路径创建原理

3. UG NX10.0 多轴编程注意事项

1）编制刀路时需指定刀轴方向，加工坐标系的 Z 轴不变。

2）在固定轴编程中将刀轴设定为非 Z 轴可实现多轴定位加工。

3）可变轴编程中，大多情况下，刀轴表现为非（0，0，1）状态。

4）利用可变轴功能，一定要正确设定刀轴方向。

5）多轴加工时需确保在刀具或工作台旋转中不发生干涉。

6）建议在每一操作结束时，将刀轴恢复到（0，0，1）状态。

4. 多轴加工注意事项

1）避免静点切削。静点切削效率差，加工表面品质不佳。

2）避免刀轴剧烈振动。复杂的曲面变化容易导致刀轴剧烈摆动的情形。

3）确认是否可以加工所有待加工区域。

4）确认是否超行程。

5）提刀安全性问题。既要防止造成工件的碰撞和过切又要保证加工效率。

6）刀轴偏摆不顺造成加工刀痕。

7）刀轴控制不佳造成刀轴剧烈偏摆。

任务小结

本次任务讲解了多轴加工的基础知识，只有掌握了这些必备的基础知识，才能为后面的多轴加工学习奠定良好的基础，当然，想要将所学知识融会贯通，还要结合后续实例勤加练习，任务梳理思维导图如图 1–2–7 所示。

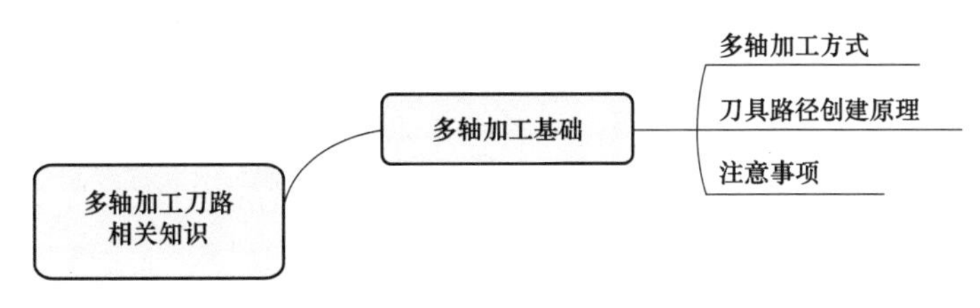

图 1–2–7　任务梳理思维导图

项目二　航空舱多轴加工

任务 2-1　转动翼的多轴加工

任务描述

本次任务要求加工图 2-1-1 所示的转动翼零件，该零件主要由转轴和翼片两个显著特征构成，是航空舱结构的重要组成部分，与其他零件的装配关系如图 2-1-2 所示。任务实施过程中，不仅要求对零件进行数控加工工艺分析，也要求能够利用 UG NX10.0 软件完成转轴和翼片的自动编程。通过本次任务学习，培养学生达到以下主要目标：

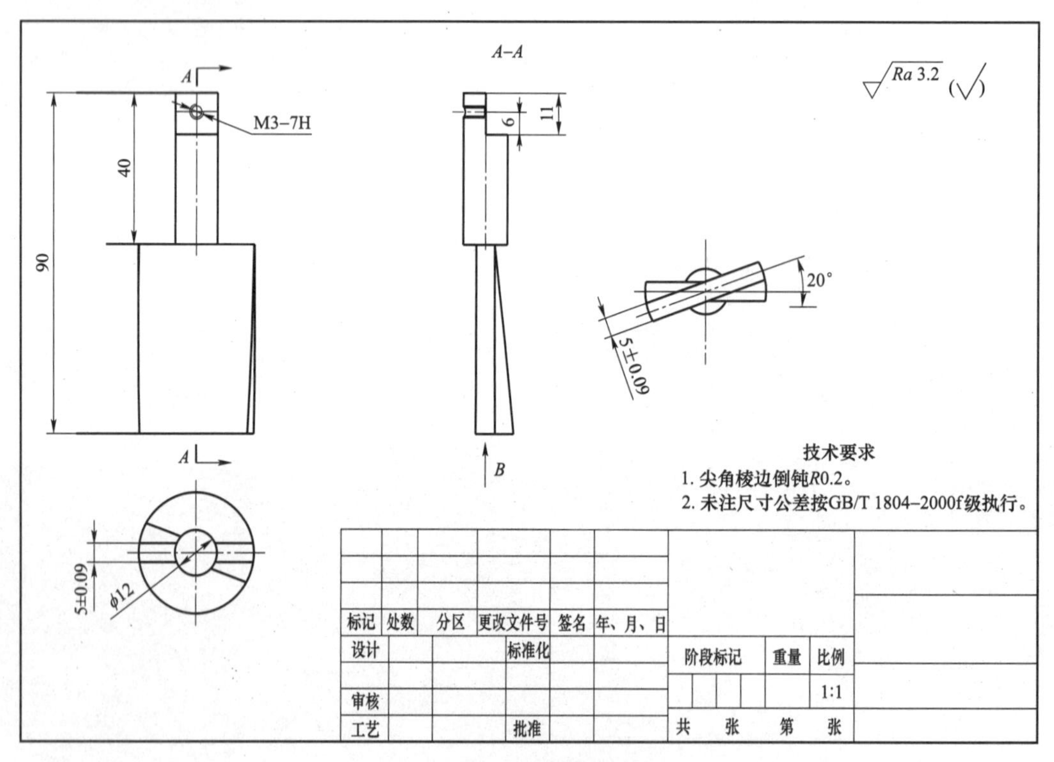

图 2-1-1　转动翼零件图

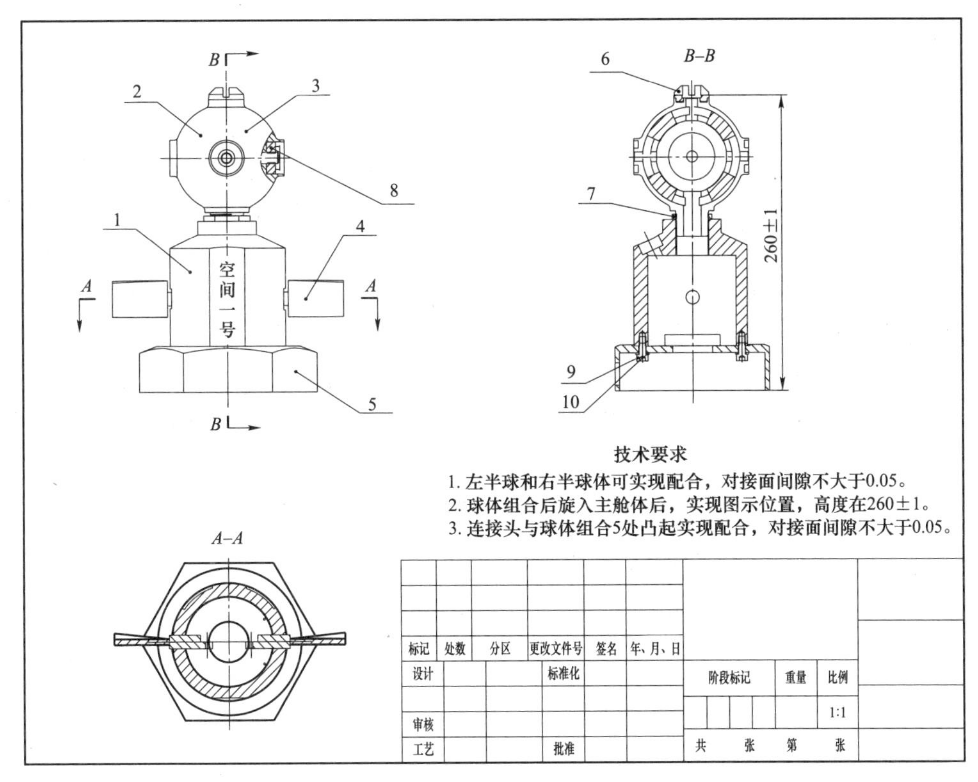

图 2-1-2　航空舱体装配图

知识目标：

① 学会分析转动翼零件图纸，熟悉主要尺寸公差要求。

② 熟悉转动翼数控加工工艺过程。

③ 掌握型腔铣、平面铣、可变轮廓铣等加工策略主要设置参数含义。

能力目标：

① 能够准确使用型腔铣策略完成零件粗加工编程。

② 能够准确使用钻孔策略完成零件孔特征的加工编程。

③ 能够准确使用平面铣策略完成零件三轴精加工编程。

④ 能够准确使用可变轮廓铣策略完成零件精加工编程。

素质目标：

① 能积极参与小组讨论，完成相关任务。

② 树立实事求是的工作作风和严谨认真的工作态度。

③ 树立追求卓越、精益求精、争创一流的工匠精神。

任务实施

一、零件图样分析

结合该零件结构特点和加工实际情况，确定选用规格为ϕ33 mm×92 mm 的铝件为毛坯，材料为2Al2。零件要求加工出转轴和两组翼片。从工艺角度分析，转轴部分选择车削方式更加合理，但由于本次任务是第一个任务，为了系统教学编程内容，考虑以铣削方式代替车削方式进行。

二、加工方案设计

结合零件特点，主要工艺过程安排如下：

1. 转轴加工：采用型腔铣策略完成粗加工，刀具采用ϕ12 mm 的平底铣刀，采用平面铣策略完成精加工，刀具采用ϕ10 mm 的加长型平底铣刀。

2. 钻孔加工：采用孔加工策略，刀具采用ϕ2.5 mm 的麻花钻。

3. 翼片加工：采用型腔铣策略完成粗加工，刀具采用ϕ12 mm 的平底刀；采用多轴铣策略完成精加工，刀具采用 R2 mm 的球头铣刀，详细工艺过程见表 2-1-1。

表 2-1-1　转动翼数控加工工艺过程

序号	加工工步	加工策略	加工刀具	加工参数		余量/mm
				转速/（r·min^{-1}）	进给/（mm·min^{-1}）	
1	粗加工圆柱、垂直壁	型腔铣	立铣刀 T1D12	6 000	2 000	0.2
2	精加工圆柱底面	型腔铣	立铣刀 T2D10	6 000	1 500	0
3	精加工圆柱侧面	平面铣	立铣刀 T2D10	6 000	1 500	0.01
4	精加工垂直壁	平面铣	立铣刀 T2D10	1 200	200	0
5	钻孔加工	钻孔	钻头 T4ZT2.5	6 000	2 000	–
6	粗加工翼片	型腔铣	立铣刀 T1D12	6 000	2 000	0.2
7	精加工翼片	可变轮廓铣	立铣刀 T3D4R2	8 000	1 500	0

三、参考步骤

1. 加工基本环境设置

1）WCS 位置设置：双击桌面快捷方式按钮，打开软件 UG NX10.0。在 UG NX10.0 软件中单击【打开】按钮，选择“转动翼.prt”文件（见本书随赠的素材资源包中）。单击【OK】按钮，打开该文件，自动进入建模模块。在键盘上按下“W”按键显示出 WCS 坐标系如图 2-1-3（a）所示，双击激活 WCS 坐标系，然后单击圆形端面圆心位置，将 WCS 坐标系移至该处如图 2-1-3（b）所示，再拖动 WCS 坐标系绕 X 坐标轴旋转 180° 如图 2-1-3（c）所示，单击键盘上【ESC】退出如图 2-1-3（d）所示。

2）进入加工环境：在菜单栏找到【应用模块】选项单击，单击图 2-1-4 所示按钮，弹出图 2-1-5 所示【加工环境】设置对话框。在【CAM 会话配置】中选择【cam_general】，单击【确定】。

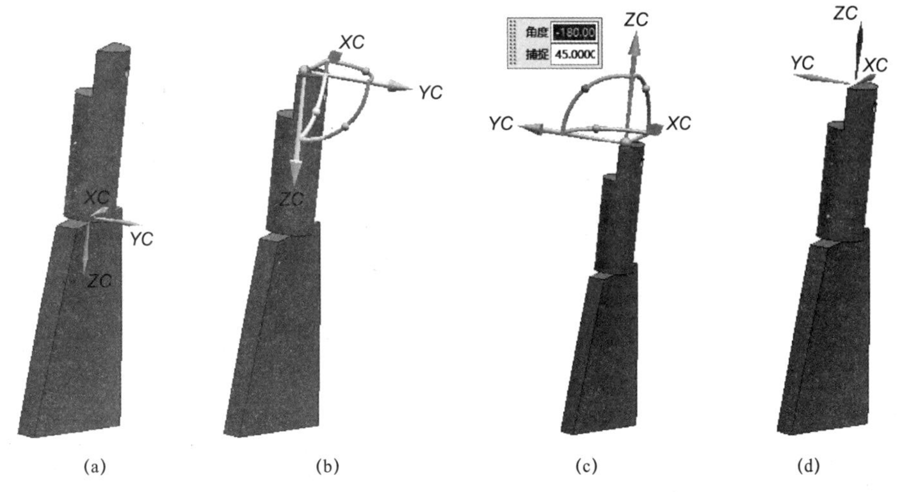

图 2-1-3　设置 WCS 过程

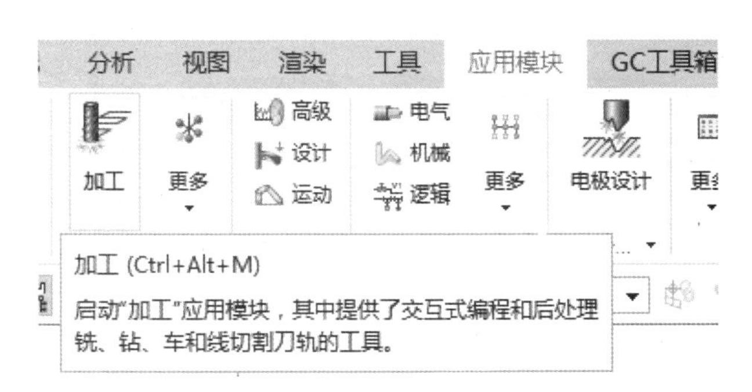

图 2-1-4　应用模块界面

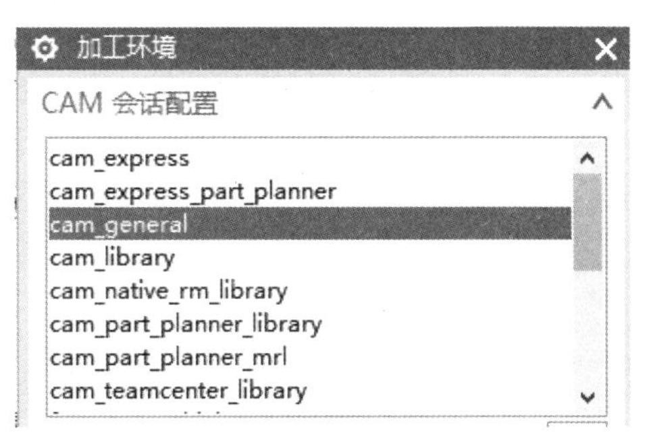

图 2-1-5 【加工环境】对话框

3）MCS 位置建立：单击【几何视图】按钮，把【工序导航器】切换到【几何】，如图 2-1-6 所示。双击【MCS_MILL】弹出【MCS 铣削】对话框，如图 2-1-7 所示。单击【指定 MCS】中的按钮，进入【CSYS】对话框，如图 2-1-8 所示；保持【类型】为"动态"，单击【参考 CSYS】右侧小三角符号，选择"WCS"，将加工坐标系 MCS 与建模坐标系 WCS 进行重合，完成加工坐标系设置，单击【确定】后在【安全设置选项】下拉列表中选择"平面（刨）"，选择上表面为基础平面，【距离】输入"30"，单击【确定】按钮，完成安全平面设置，如图 2-1-9 所示。

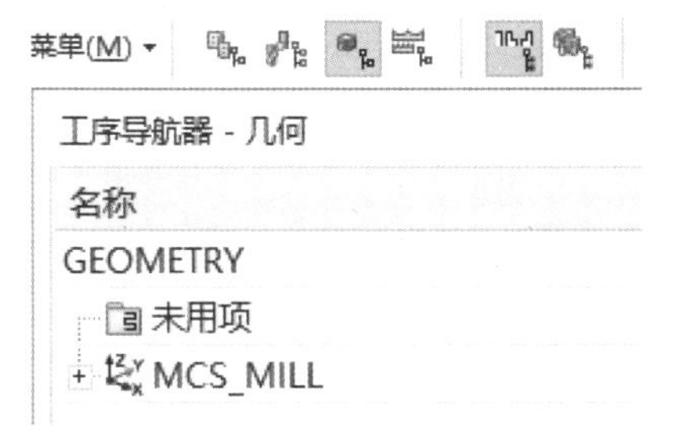

图 2-1-6　几何设置界面

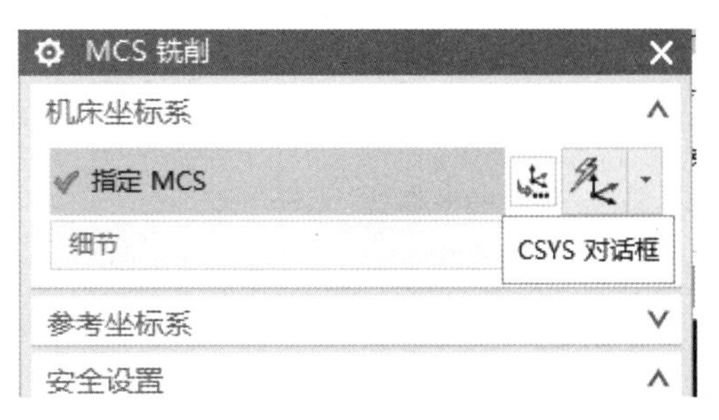

图 2-1-7 【MCS 铣削】设置对话框

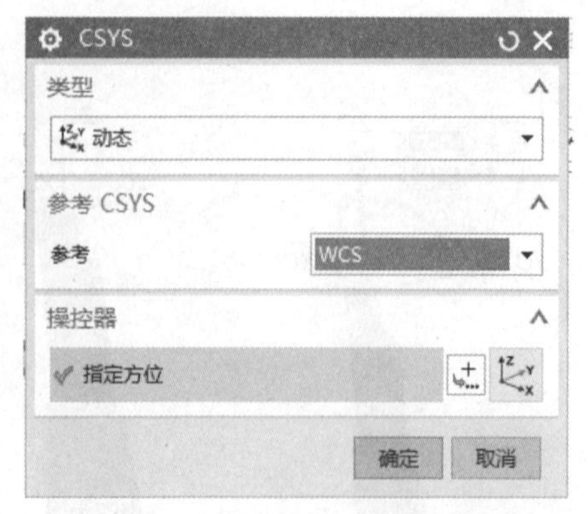

图 2-1-8 【CSYS】设置对话框

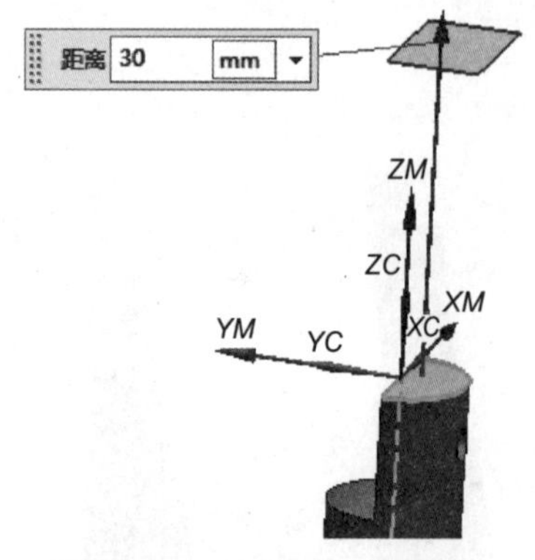

图 2-1-9 MCS 铣削设置

4）几何体设置：单击【MCS_MILL】前的“+”号，双击【WORKPIECE】打开【工件】设置对话框，单击【指定部件】中的按钮，选择建模完成后的模型为部件，如图 2-1-10 所示。单击【指定毛坯】中的按钮，弹出【毛坯几何体】对话框，在【类型】的下拉列表中选择【包容圆柱体】，【半径 偏置】设为“1”，【ZM+】设为“1”，如图 2-1-11 所示。注意：【指定检查】暂时无须设定。

图 2-1-10 【工件】设置对话框

图 2-1-11 【毛坯几何体】设置对话框

5）MCS、工件几何体设置：右击【MCS_MILL】选择“复制”，右击【GEOMETRY】选择“内部粘贴”，将得到的“MCS_MILL_COPY”改为“MCS_MILL_2”，同时将该坐标系下的“WORKPIECE_COPY_1”改为“WORKPIECE_2”，如图 2-1-12 所示。

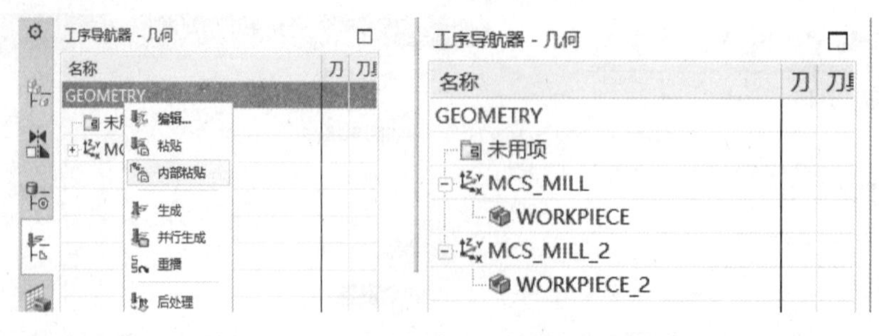

图 2-1-12 “内部粘贴”和内容名称更改

双击【MCS_MILL_2】，通过弹出的【MCS】铣削对话框进入【CSYS】设置对话框，保持【类型】为“自动判断”，选择图 2-1-13 所示平面作为工序二的加工坐标系所在设置。然后，在【安全设置选项】下拉列表中选择“包容圆柱体”，【安全距离】设为“30”，单击【确定】返回，如图 2-1-14 所示。

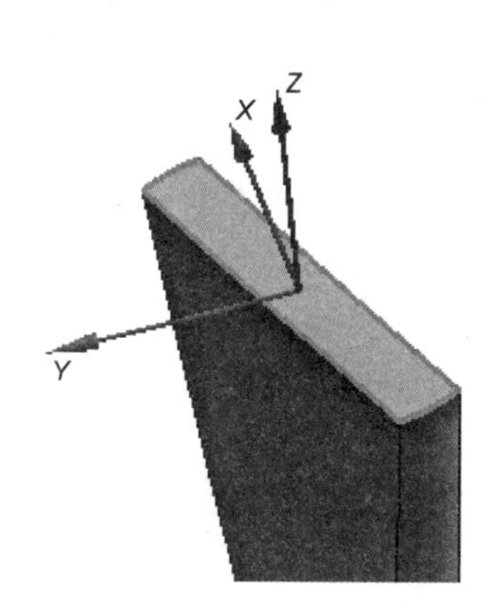

图 2-1-13　工件表面选取

图 2-1-14 【MCS】设置对话框

6）刀具建立：单击【机床视图】按钮，把【工序导航器】切换到【机床】，右击【GENERIC_MACHINE】，依次选择【插入】-【刀具】，如图 2-1-15 所示。将【创建刀具】对话框中的【类型】设为【mill_planar】，【刀具子类型】选择【mill】，【名称】下方的方框中输入“T1D12”，单击【应用】，如图 2-1-16 所示。在【铣刀-5 参数】设置页面，将【直径】和【刀刃】分别设为“12”和“4”，【编号】中【刀具号】【补偿寄存器】【刀具补偿寄存器】三个参数均设为“1”，其他参数保持不变，单击【确定】返回，如图 2-1-17 所示。重复以上操作，依次创建一把 T2D10 立铣刀（刃长大于 40 mm）、一把 T4ZT2.5 钻头、一把 T3D4R2 球刀。注意：在创建钻头时，需在【类型】下拉列表中选择【hole_making】，【刀具子类型】选择【STD_DRILL】，如图 2-1-18 所示。

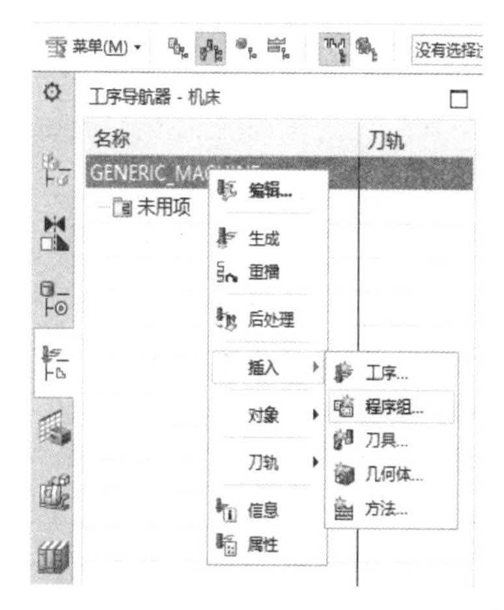

图 2-1-15　增加刀具操作过程

图 2-1-16 【创建刀具】对话框

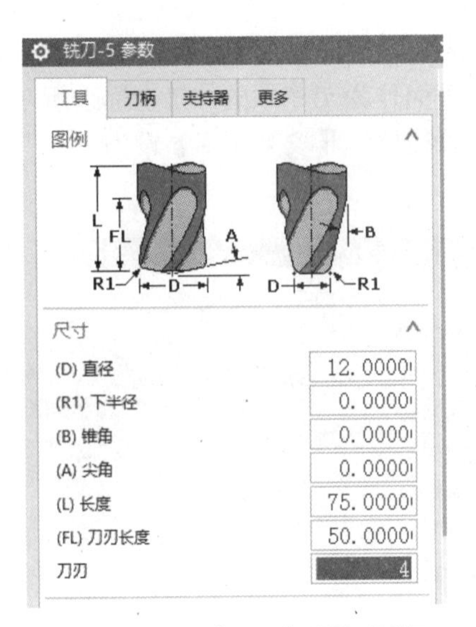

图 2-1-17 【工具】设置对话框

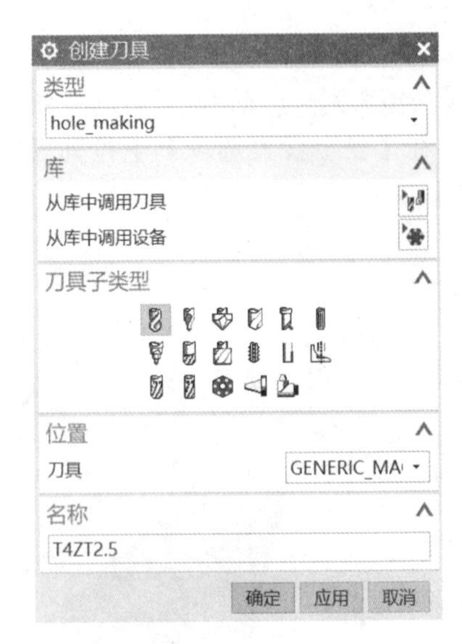

图 2-1-18 创建钻头界面

2. 转轴加工程序创建

（1）圆柱、垂直壁的粗加工

1）创建程序组：单击【程序顺序视图】按钮，把【工序导航器】切换到【程序顺序】，先单击【PROGRAM】改为“工序一”，再右击【NC_PROGRAM】，依次选择【插入】–【程序组】，命名为“工序二”，添加【工序二】程序组，如图 2–1–19 所示。

图 2-1-19 创建程序组过程

2）刀路创建：右击【工序一】程序组，依次选择【插入】–【工序】，在【类型】下拉列表中选择【mill_contour】，【工序子类型】选择【型腔铣】，按照图 2–1–20 所示选择【位置】中各项设置参数，并在【名称】下方的方框中输入“1_CU_CAVITY_MILL”。

3）主要参数设定：在【型腔铣】参数设置页面中，将【刀轴】设为“+ZM 轴”。【切削模式】设为“跟随周边”，【平面直径百分比】设为“75%”，【公共每刀切削深度】设为“恒定”，【最大距离】设为“1”，如图 2-1-21 所示。

图 2-1-20　型腔铣【创建工序】界面

图 2-1-21　型腔铣主参数界面

4）切削层设定：单击【切削层】设定按钮，激活【范围定义】下方列表最下面数据行，然后选择图 2-1-22 所示平面，加工范围深度自动调整为“1”“12”“41”，单击【确定】返回。

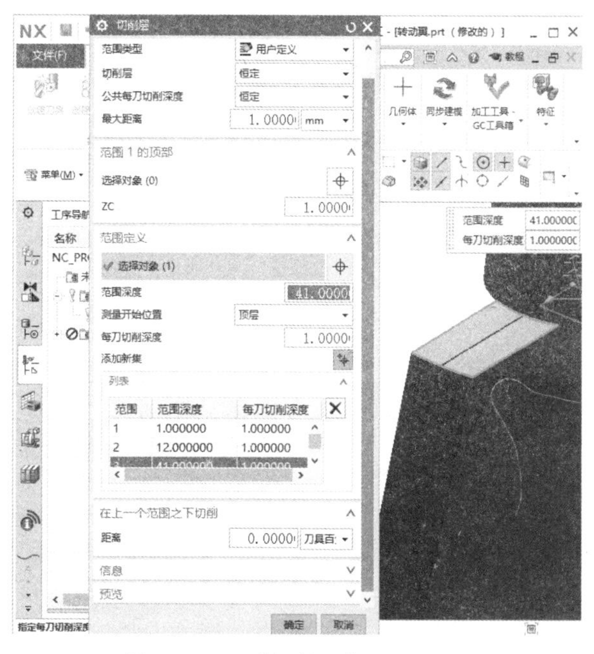

图 2-1-22　【切削层】设置对话框

5）切削参数设定：单击【切削参数】设定按钮，打开【切削参数】对话框，在【策略】选项卡中将【刀路方向】设为“向内”，其他参数保持不变，如图 2-1-23 所示；【余量】选项卡中，去掉“使底面余量与侧面余量一致”前面对勾，将【部件侧面余量】设为“0.3”，【部件底面余量】设为“0.2”，其他参数保持不变，单击【确定】返回，如图 2–1–24 所示。

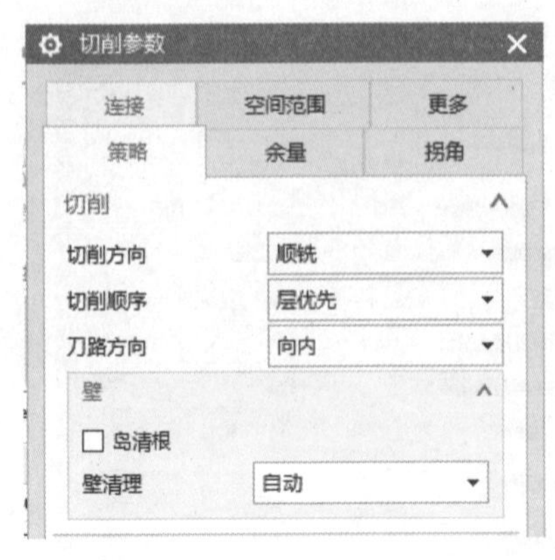

图 2–1–23 【策略】设置对话框

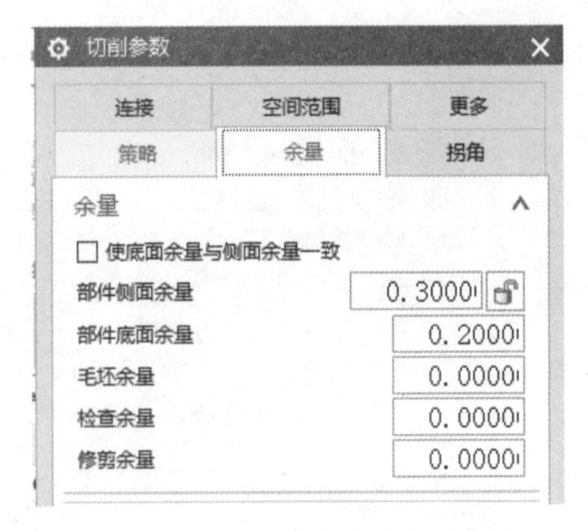

图 2–1–24 【余量】设置对话框

6）非切削参数设定：单击【非切削参数】设定按钮，打开【非切削移动】对话框，在【进刀】选项卡中将【封闭区域 进刀类型】设为“与开放区域相同”，将【开放区域 进刀类型】设为“圆弧”（半径 1 mm，圆弧角度 90°，高度 3 mm，最小安全距离 65%），如图 2–1–25 所示；在【退刀】选项卡中将【退刀类型】设为“与进刀相同”；在【起点/钻点】选项卡中，将【区域起点】激活，选择图 2–1–26 所示位置象限点，单击【确定】返回。

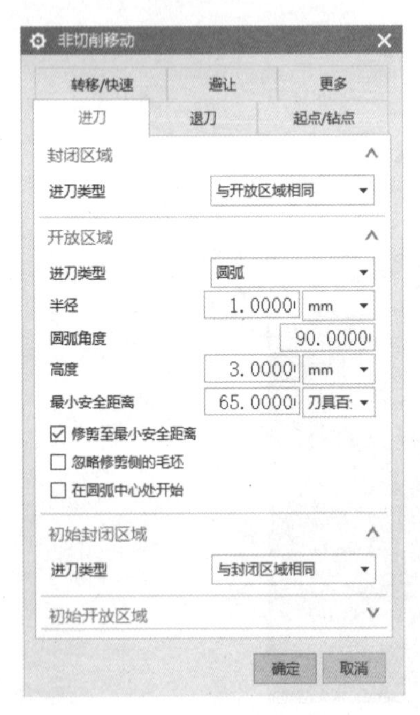

图 2–1–25 【进刀】设置对话框

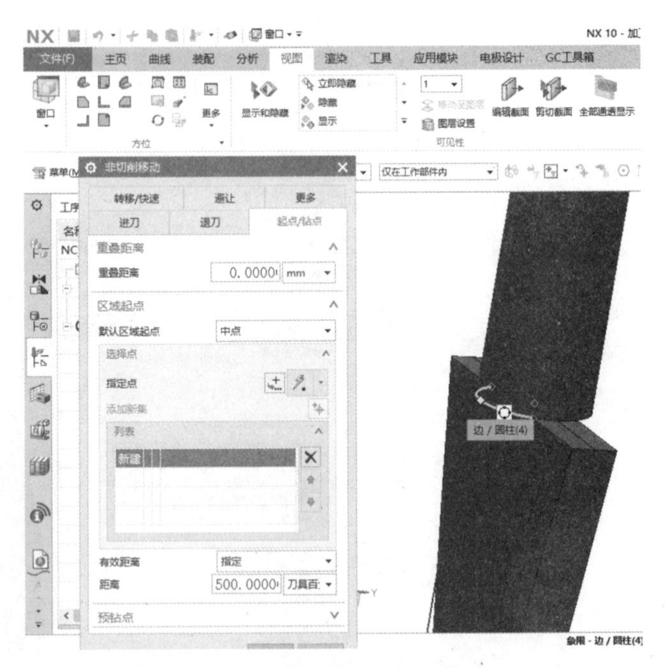

图 2–1–26 【起点/钻点】设置对话框

7）进给率和速度参数设定：单击【进给率和速度】设定按钮，将【主轴速度】设为“6 000”，【进给率】设为“2 000”。单击【确定】返回，如图 2–1–27 所示。

8）刀路生成：参数设置完成后，单击【型腔铣】参数设置页面下方的【刀路生成】按钮查看该策略编程刀路，如图 2–1–28 所示。

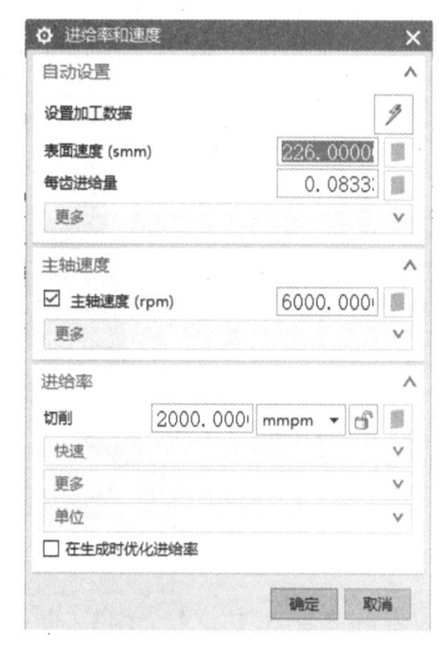

图 2–1–27 【进给率和速度】设置对话框

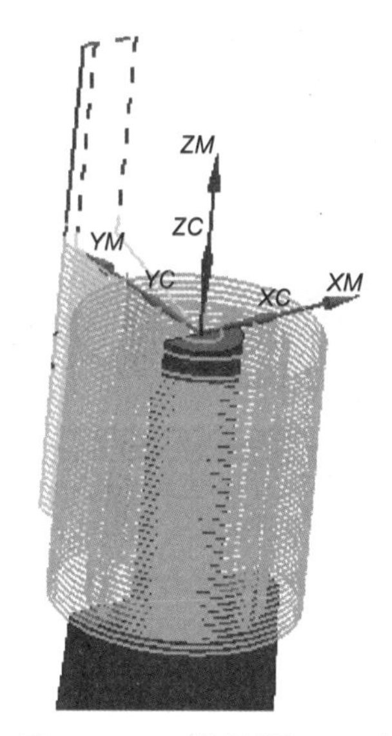

图 2–1–28 转轴粗加工刀路

（2）圆柱底面精加工

1）刀路创建：右击【工序一】目录下的“1_CU_CAVITY_MILL”进行复制，再次右击选择粘贴，先将得到的加工策略副本名称更改为“1_JD1_CAVITY_MILL”，再双击该策略打开设置对话框，展开【工具】选项，改选当前刀具为“T2D10”立铣刀，如图 2–1–29 所示。

2）切削层设定：进入【切削层】设置对话框后，将【范围】下的【切削层】设为“仅在范围底部”，其余参数保持不变，如图 2–1–30 所示。

图 2–1–29 刀具选择

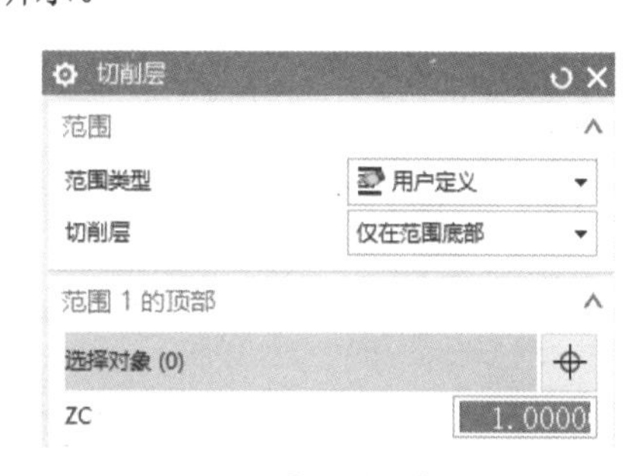

图 2–1–30 【切削层】参数修改

3）切削参数设定：打开【切削参数】对话框，将【余量】选项卡中【部件底面余量】修改为“0”，其余参数不变，如图 2–1–31 所示。

4）非切削参数设定：保持参数不变。

5）进给率和速度参数设定：打开【进给率和速度】对话框，将【主轴速度】设为“8 000”，【进给率】设为“1 500”。

6）刀路生成：参数设置完成后，单击【刀路生成】按钮查看该策略编程刀路，如图 2–1–32 所示。

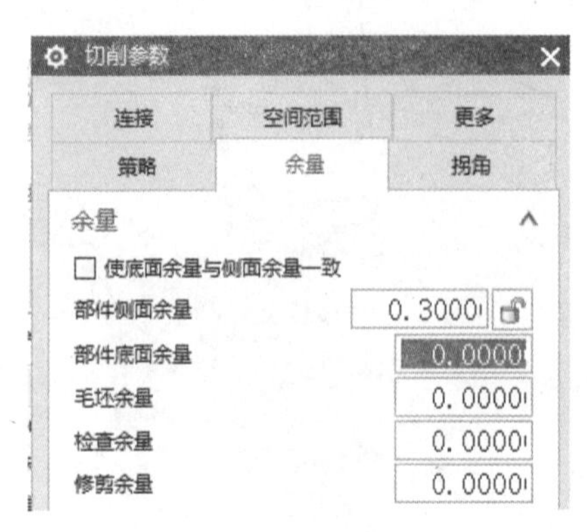

图 2-1-31 【余量】参数修改

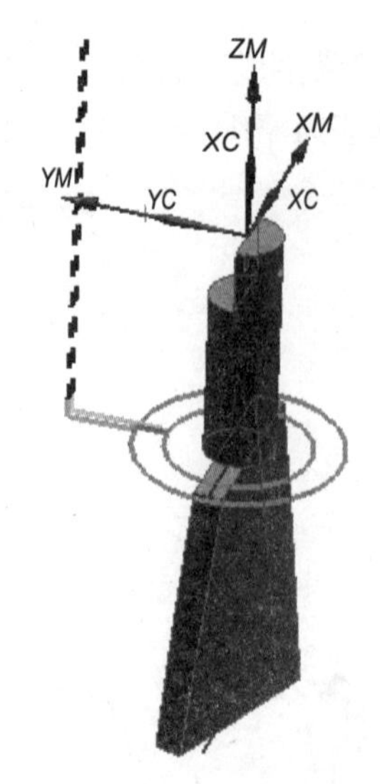

图 2-1-32 圆柱底面精加工

（3）圆柱侧壁精加工

1）刀路创建：右击【工序一】程序组，依次选择【插入】–【工序】，在【类型】下拉列表中选择【mill_planar】，【工序子类型】选择【平面铣】，按照如图 2–1–33 所示选择【位置】中各项参数设置，并在【名称】下方的方框中输入“1_JB1_PLANAR_MILL”，设置完成后，单击【确定】进入【平面铣】参数设置页面。

2）部件边界设置：单击【指定部件边界】设定按钮，进入【边界几何体】对话框，将【模式】设为“曲线/边”，如图 2–1–34 所示；在弹出的【编辑边界】对话框中，将【类型】设为“封闭的”，【材料侧】设为“内部”，如图 2–1–35 所示。

图 2–1–33 平面铣【创建工序】界面

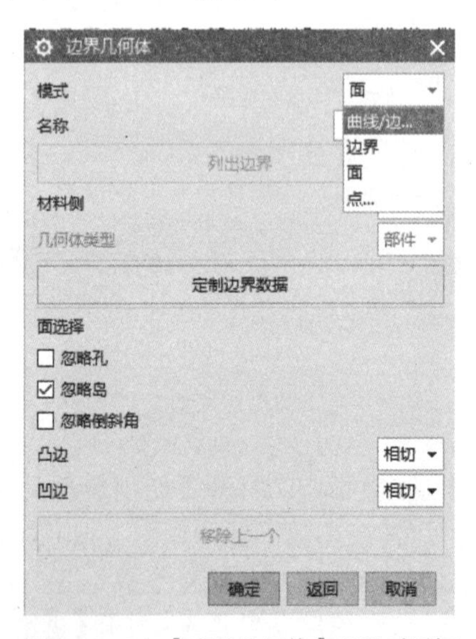

图 2–1–34 【边界几何体】设置对话框

3）底面限定设置：单击【指定底面】设定按钮，进入【平面（刨）】对话框，选择图 2–1–36 所示平面，【偏置 距离】设为“0”，单击【确定】返回。

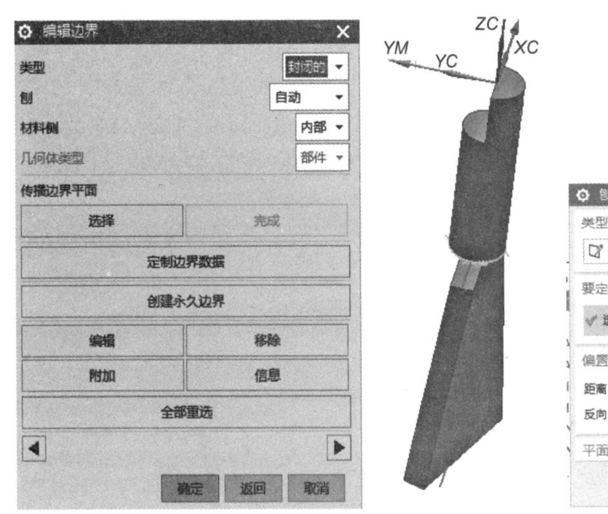

图 2-1-35 【编辑边界】界面

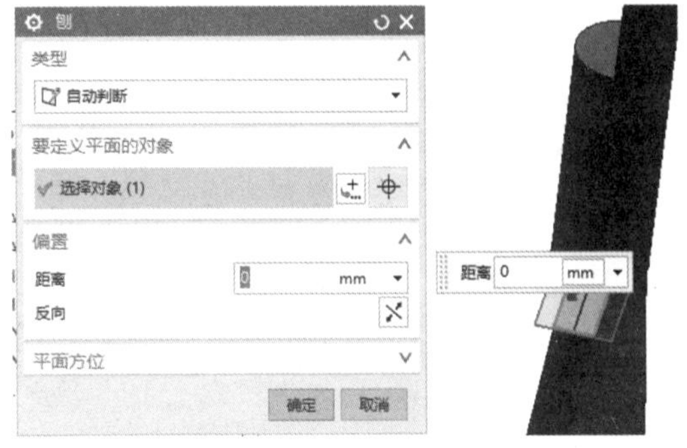

图 2-1-36 底面限定设置

4）刀轴和刀轨设置：如图 2-1-37 所示，将【刀轴】设为“+ZM 轴”，【切削模式】设为“轮廓”，【附加刀路】设为“0”，其余参数保持不变。

5）切削层设定：如图 2-1-38 所示，在【切削层】对话框，将【类型】设为“恒定”，【每刀切削深度】设为“0”，单击【确定】返回。

图 2-1-37 【刀轴】和【刀轨设置】界面

图 2-1-38 【切削层】设置

6）切削参数设定：如图 2-1-39、图 2-1-40 所示，在【切削参数】对话框中，将【策略】选项卡中的【切削方向】设为“边界反向”（注意：此处勾选取决于部件边界选取顺序），将【余量】选项卡中的【部件余量】和【最终底面余量】分别设为“0”和“0.01”，其他参数保持不变。

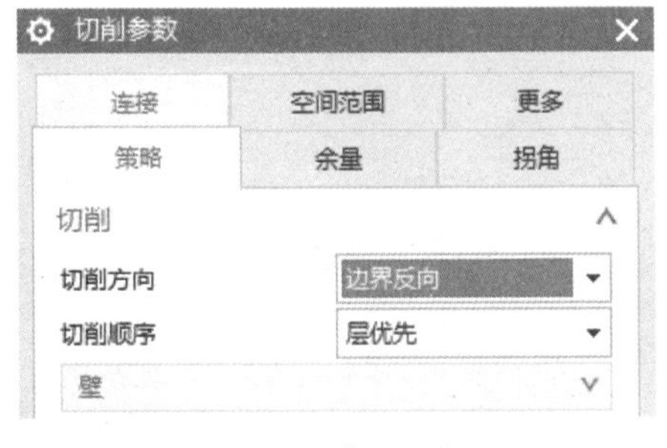

图 2-1-39 【策略】设置

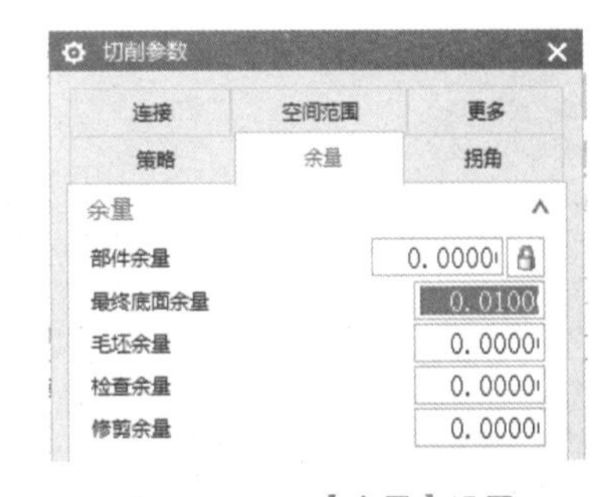

图 2-1-40 【余量】设置

7）非切削参数设定：如图 2-1-41 所示，在【非切削移动】对话框中，将【进刀】选项卡的【封闭区域 进刀类型】设为“与开放区域相同”，将【开放区域 进刀类型】设为“线性”（长度 6 mm，旋转角度 90°，高度 3 mm，最小安全距离 6 mm）；在【退刀】选项卡中将【退刀类型】设为“与进刀相同”；将【起点/钻点】设为与“1_CU_CAVITY_MILL”一致。

8）进给率和速度参数设定：打开【进给率和速度】对话框，将【主轴速度】设为“8 000”，【进给率】设为“1 500”。

9）刀路生成：参数设置完成后，单击【刀路生成】按钮查看该策略编程刀路，如图 2-1-42 所示。

图 2-1-41 【进刀】设置

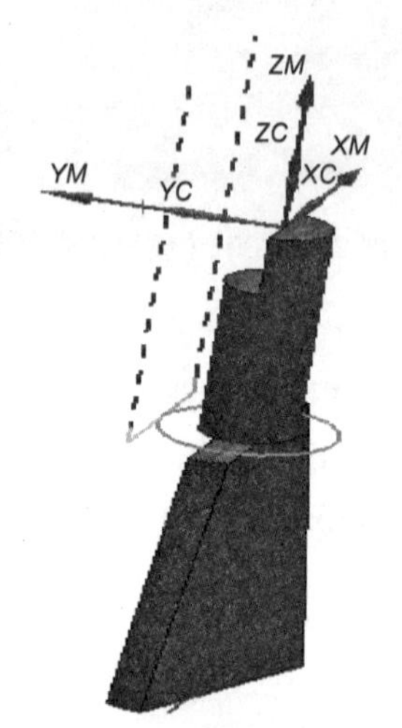

图 2-1-42 圆柱侧壁精加工

（4）圆柱顶面精加工

1）刀路创建：右击【工序一】内的“1_JB1_PLANAR_MILL”程序进行复制，再次右击粘贴至其下方，命名为“1_JD2_PLANAR_MILL”，如图 2-1-43 所示。双击打开该策略进行参数修改。

2）部件边界设定：单击【指定部件边界】按钮，进入【编辑边界】对话框，单击【移除】，在弹出的【边界几何体】对话框中，将【模式】设为“面”，【材料侧】设为“内部”，如图 2-1-44 所示。单击【确定】返回【编辑边界】，单击【编辑】进入【编辑成员】界面

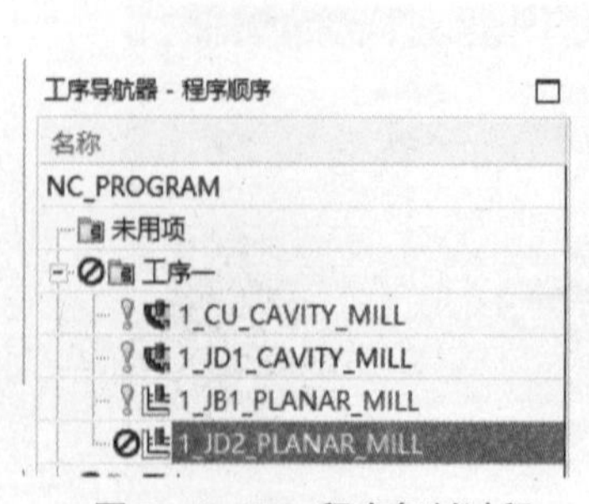

图 2-1-43 程序复制过程

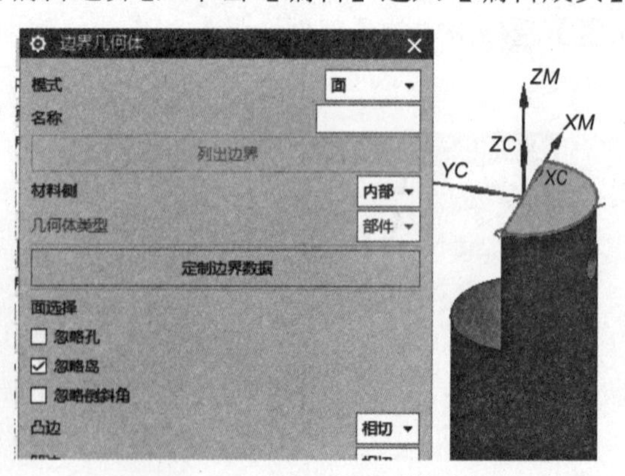

图 2-1-44 部件边界类型修改界面

后，将当前【刀具位置】设为“对中”，点选下方光标箭头，再次修改【刀具位置】为“对中”，如图 2-1-45、图 2-1-46 所示。单击【确定】两次后返回【平面铣】设置对话框。

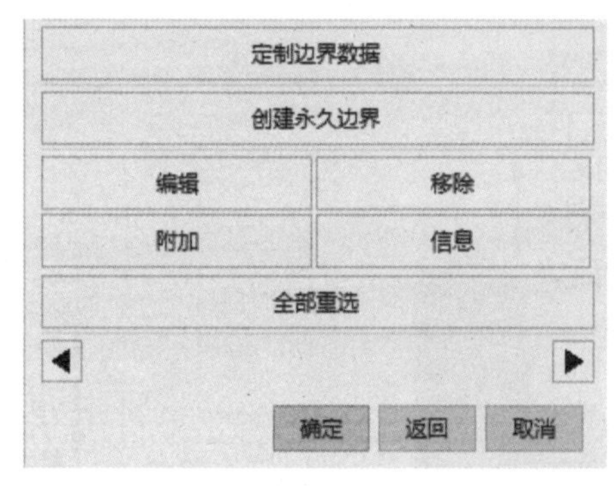

图 2-1-45　边界编辑按钮

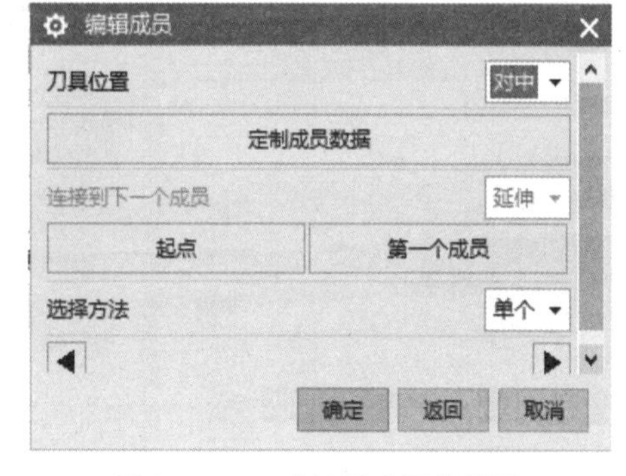

图 2-1-46 【编辑成员】界面

3）底面限定设置：单击【指定底面】按钮，在弹出对话框后，选择图 2-1-47 所示表面，【偏置 距离】设为“0”。

4）切削层设定：【切削层】类型设为“恒定”。

5）切削参数设定：如图 2-1-48 所示，将【余量】选项卡中的【部件余量】和【最终底面余量】均设为“0”。

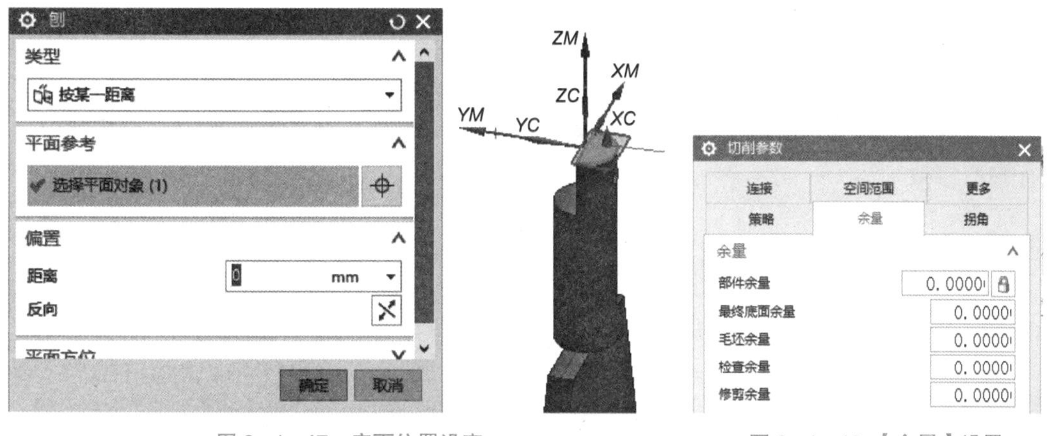

图 2-1-47　底面位置设定

图 2-1-48 【余量】设置

6）非切削参数设定：在【起点/钻点】选项卡中，展开【列表】内容，单击右侧按钮✕，删除原有数据，再单击指定点，选择图 2-1-49 所示的拐点作为新的起始点，其余内容保持不变。

7）进给率和速度参数设定：打开【进给率和速度】对话框，将【主轴速度】设为“8 000”，【进给率】设为“1 500”。

8）刀路生成：参数设置完成后，单击【刀路生成】按钮查看该策略编程刀路，如图 2-1-50 所示。

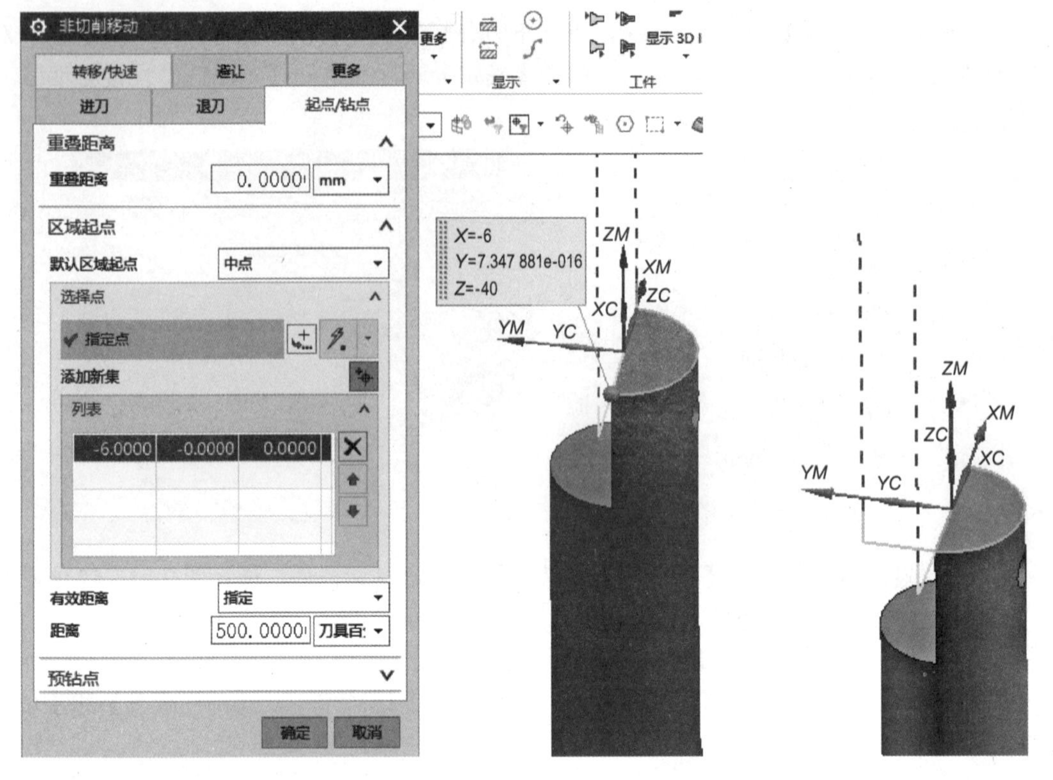

图 2–1–49 【起点/钻点】设置　　图 2–1–50 圆柱顶面精加工

（5）垂直壁精加工

1）刀路创建：右击【工序一】内的“1_JB1_PLANAR_MILL”程序进行复制，再次右击粘贴至其下方，命名为“1_JB2_PLANAR_MILL”，如图 2–1–51 所示。双击打开该策略进行参数修改。

图 2–1–51 程序复制过程

小贴士：观看“程序复制”，可以扫描二维码 2–1–1 学习。

二维码 2–1–1

2）部件边界设置：单击【移除】弹出【边界几何体】对话框，【模式】保持切换为“曲线/边”，在弹出的【创建边界】对话框中，【类型】设为“开放的”，【材料侧】设为“左”，并选择图2-1-52所示边线；单击【编辑】按钮进入【编辑成员】后，单击【起点】，进入【修剪边界起点】界面，点选“延伸”，以距离方式设置2 mm起点偏置，如图2-1-53；返回后，单击【终点】按钮，再次进入【修剪边界终点】界面，点选“延伸”，以距离设置（12+2）mm终点偏置，如图2-1-54所示，设定完成后，单击【确定】返回。

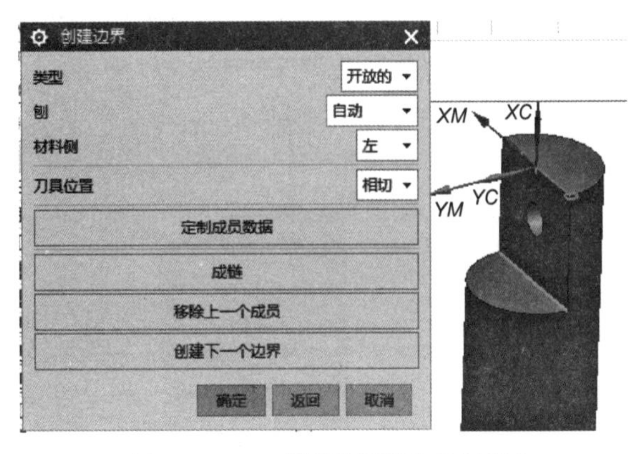

图2-1-52　部件边界类型修改界面

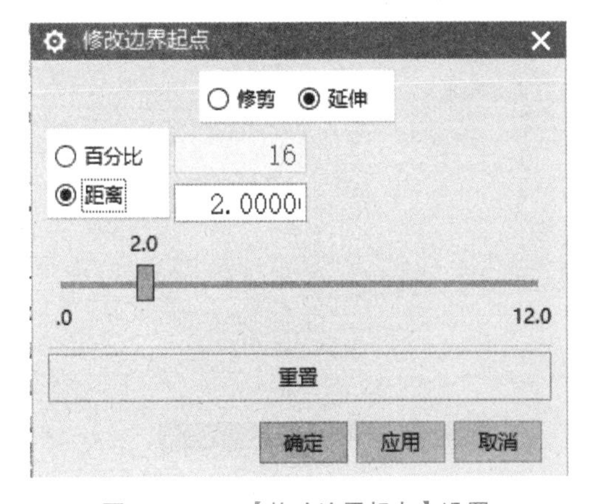

图2-1-53 【修改边界起点】设置

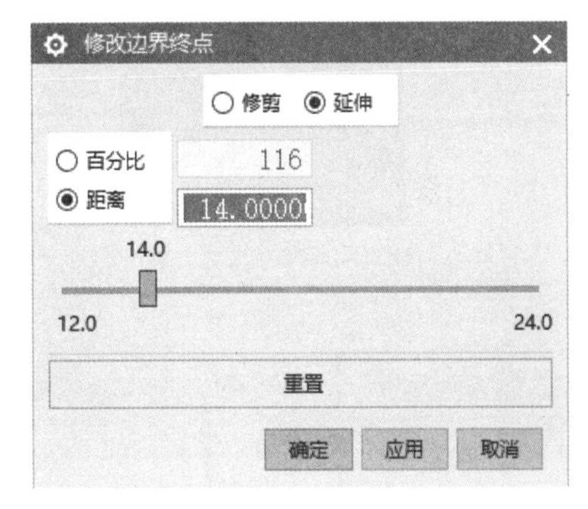

图2-1-54 【修改边界终点】设置

3）底面限定设置：如图2-1-55所示，将原设置修改为图示表面作为底面，其余参数保持不变。

4）切削层设定：【切削层】参数保持不变。

5）切削参数设定：将【策略】选项卡中【切削方向】设为“边界反向”，【余量】选项卡中的【部件余量】和【最终底面余量】均设为“0”。

6）非切削移动参数设定：在【进刀】选项卡中，将【开放区域 进刀类型】设为“圆弧”（半径2 mm，角度90°，高度0 mm，最小安全距离6 mm），如图2-1-56所示；同时，展开【起点/钻点】选项卡的列表内容，删除原有数据。

7）进给率和速度参数设定：打开【进给率和速度】对话框，将【主轴速度】设为“8 000”，【进给率】设为“1 500”。

8）刀路生成：参数设置完成后，单击【刀路生成】按钮查看该策略编程刀路，如图2-1-57所示。

（6）钻孔加工

1）刀路创建：右击【工序一】程序组，依次选择【插入】-【工序】，在【类型】下拉列表中选择【hole_making】，【工序子类型】选择【钻孔】，刀具选择“T4ZT2.5”，在【名称】

下方方框中输入“1_ZK_DRILLING”，如图 2-1-58 所示。单击【确定】进入【钻孔】参数设置页面。

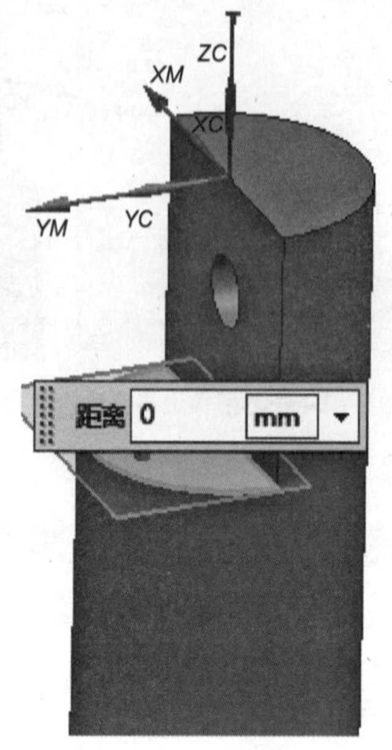

图 2-1-55　底面限制设定

图 2-1-56 【进刀】参数设置

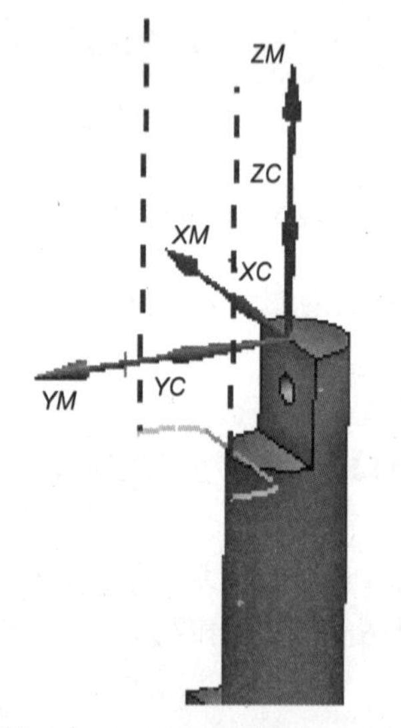

图 2-1-57　垂直壁精加工刀路

图 2-1-58　钻孔【创建工序】界面

2）特征设定：单击【指定特征几何体】设定按钮，弹出【特征几何体】对话框，选择现有孔；观察 Z 向钻孔方向是否正确，如果错误，则单击【反向】符号，得到图 2-1-59 所示结果。

3）刀轨设置：如图 2-1-60 所示，【运动输出】选择“机床加工周期”，【循环】选择“钻”。

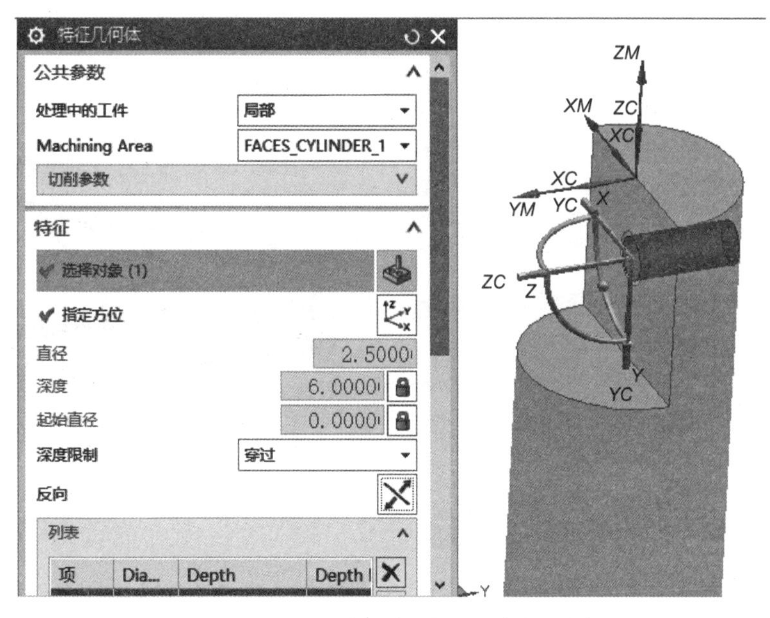

图 2-1-59　特征选取与下刀方向设置

小贴士：钻孔特征选取可以通过扫描二维码 2-1-2 学习。

二维码 2-1-2

4）切削参数设定：如图 2-1-61 所示，在【切削参数】对话框的【策略】选项卡中，【顶偏置】设为“2”，【底偏置】设为“2”，其他参数保持不变。

图 2-1-60　刀轨设置

图 2-1-61 【策略】参数设置

5）非切削移动参数设定：无须设定，保持参数不变即可。

6）进给率和速度参数设定：如图 2-1-62 所示，在【进给率和速度】对话框中，将【主轴速度】设为“1 200”，【进给率】设为“200”。

7）刀路生成：参数设置完成后，单击【刀路生成】按钮查看该策略编程刀路，如图 2-1-63 所示。

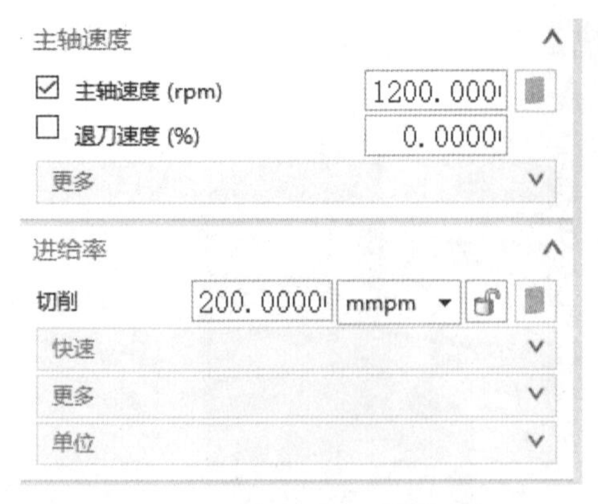

图 2-1-62 【进给率和速度】设置

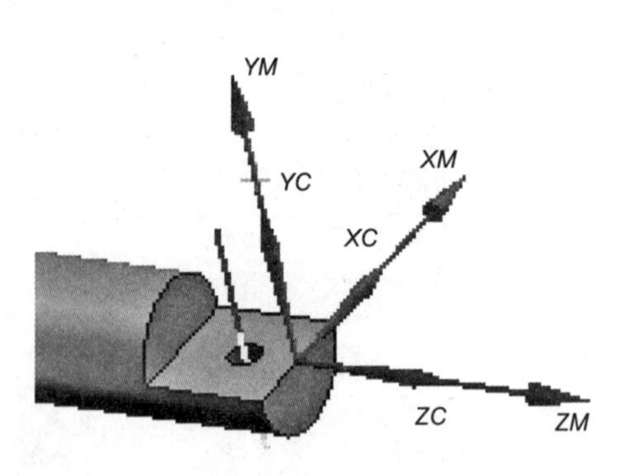

图 2-1-63 钻孔刀路

3. 翼片加工程序创建

（1）翼片粗加工

1）刀路创建：右击【工序二】程序组，依次选择【插入】-【工序】，在【类型】下拉列表中选择【mill_contour】，【工序子类型】选择【型腔铣】，刀具选择“T1D12”，并在【名称】下方的方框中输入“2_CU_CAVITY_MILL”，单击【确定】返回【型腔铣】参数设置页面。

2）切削区域设定：单击【指定切削区域】按钮，选择图 2-1-64 所示视图的翼片前面、后面、上面和左面四个要素。

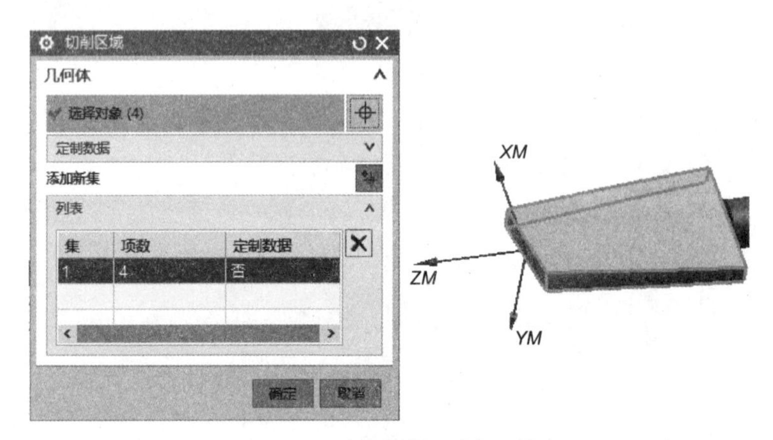

图 2-1-64 【切削区域】设置

3）刀轴设定：在【轴】下拉列表中选择“指定矢量”，单击下方【指定矢量】，点选图 2-1-65 所示表面，自动形成刀轴矢量。

4）切削层设定：进入【建模】环境，激活菜单栏【曲线】选项卡，选择“点”工具，参照图 2-1-66 所示坐标数据绘制一个空间点。然后，切换至【加工】环境。在【切削层】对话框中，设置【最大距离】为“0.5”，选择空间点作为【范围 1 的顶部】，【范围深度】设为“17.5”，如图 2-1-67 所示。

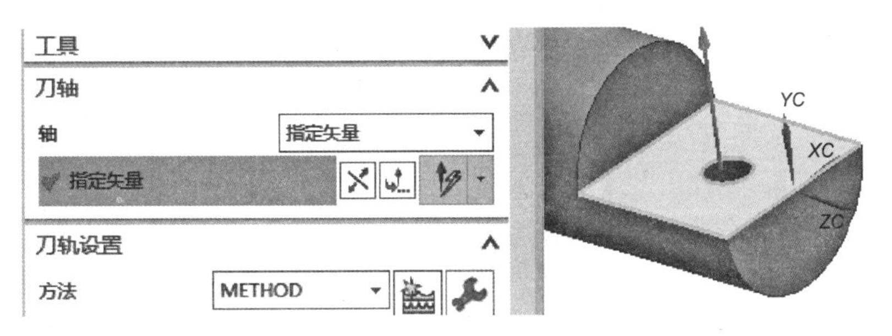

图 2-1-65　刀轴矢量设置

图 2-1-66　空间点坐标数据

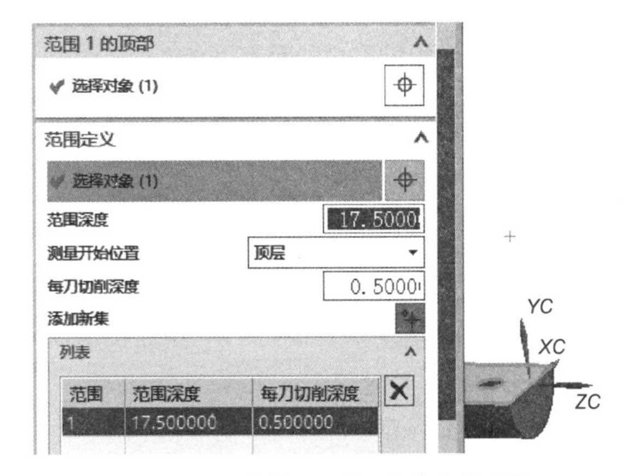

图 2-1-67 【范围 1 的顶部】参数设置

5）切削参数设定：如图 2-1-68 所示，在【策略】选项卡中将【刀路方向】设为“向内”;【余量】选项卡中，勾选“使底面余量与侧面余量一致”，将【部件侧面余量】设为“0.2”，其他参数保持不变，单击【确定】返回。

6）非切削移动参数设定：【进刀】选项卡中将【封闭区域 进刀类型】设为“与开放区域相同”，将【开放区域 进刀类型】设为“圆弧”（半径 1 mm，角度 90°，高度 1 mm，最小安全距离 65%）；在【退刀】选项卡中将【退刀类型】设为“与进刀相同”；在【起点/钻点】选项卡中，指定图 2-1-69 所示表面接近中点位置为“区域起点”。

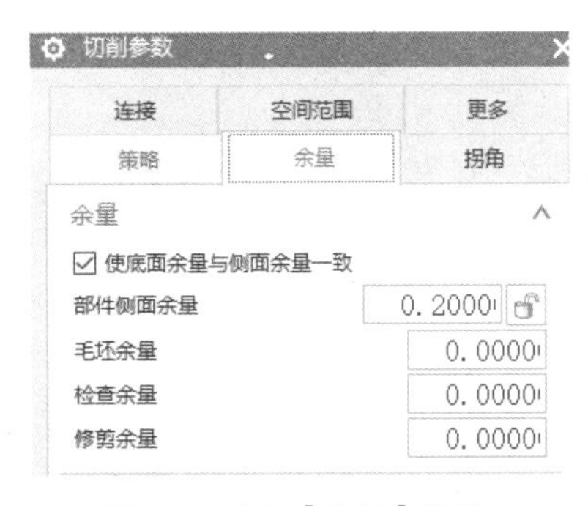

图 2-1-68 【余量】设置

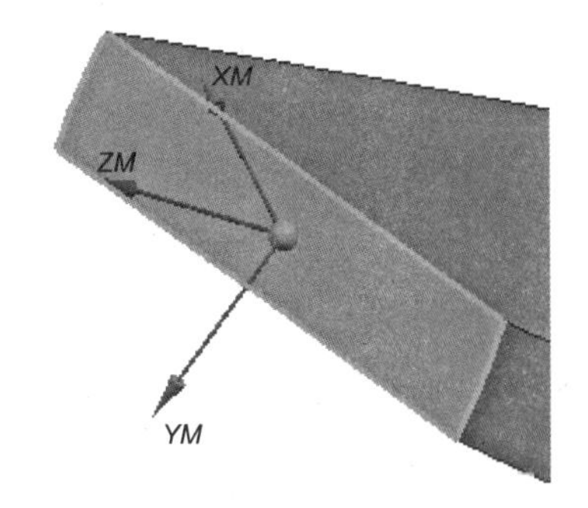

图 2-1-69　区域起点设置

7）进给率和速度参数设定：在【进给率和速度】对话框中，将【主轴速度】设为“6 000”，【进给率】设为“2 000”。

8）刀路变换：如图 2-1-70 所示，右击【工序二】“2_CU_CAVITY_MILL”，依次选择【对象】-【变换】；在弹出的【变换】对话框中，将【类型】设为“绕直线旋转”，【直线方法】设为“点和矢量”，选择圆心作为指定点，选择 ZC 方向作为矢量方向，【角度】设为“180”，【结果】点选“实例”，【距离/角度分割】和【实例数】均设为“1”。单击【预览】查看刀路，单击【确定】，【工序二】出现“2_CU_CAVITY_MILL_INSTANCE”程序，如图 2-1-71 所示。

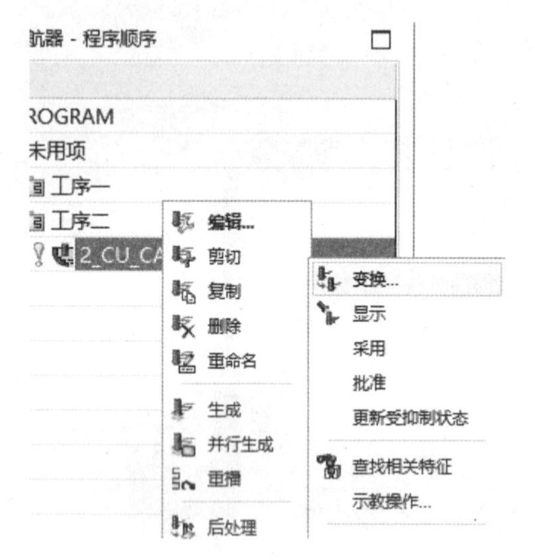

图 2-1-70　刀路变换操作

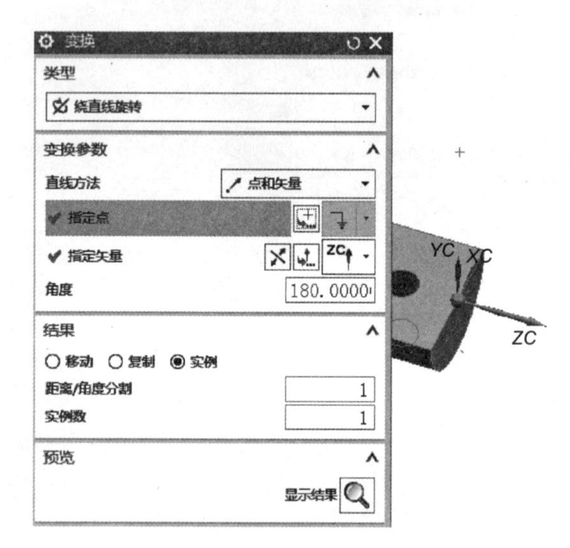

图 2-1-71　【变换】参数设置

9）刀路生成：参数设置完成后，单击【刀路生成】按钮依次查看源刀路和变换刀路，如图 2-1-72 所示。

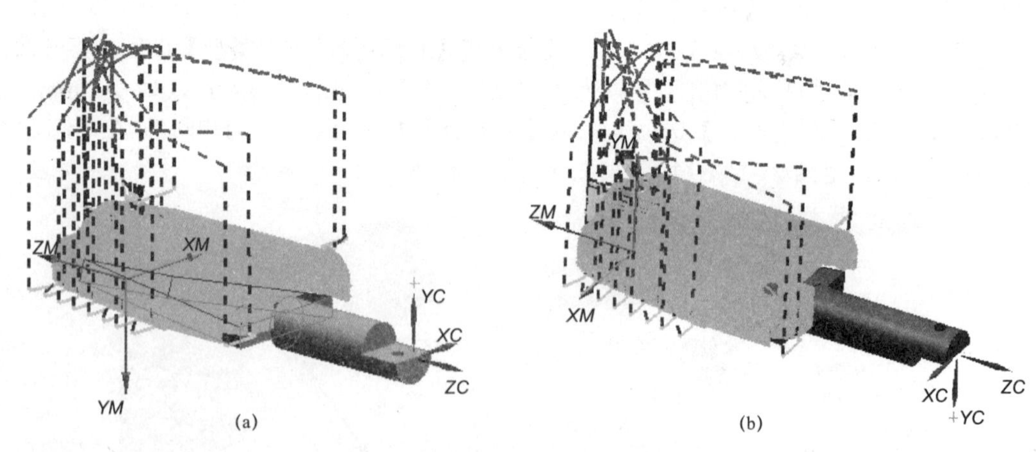

图 2-1-72　源刀路和变换刀路检查

（a）源刀路；（b）变换刀路

（2）翼片精加工

1）辅助体创建：激活【建模】环境，在当前坐标系下构建一个空间圆柱片体，如图 2－1－73 所示，将其直径设为 45 mm，长度拉伸范围设为 40～90 mm。

2）刀路创建：切换至【加工】环境，右击【工序二】程序组，依次选择【插入】－【工序】，在【类型】下拉列表中选择【mill_muti-axis】，【工序子类型】选择【可变轮廓铣】，刀具选择“D4R2”，并在【名称】下方的方框中输入“2_JY_VARIABLE_CONTOUR”，如图 2－1－74 所示。

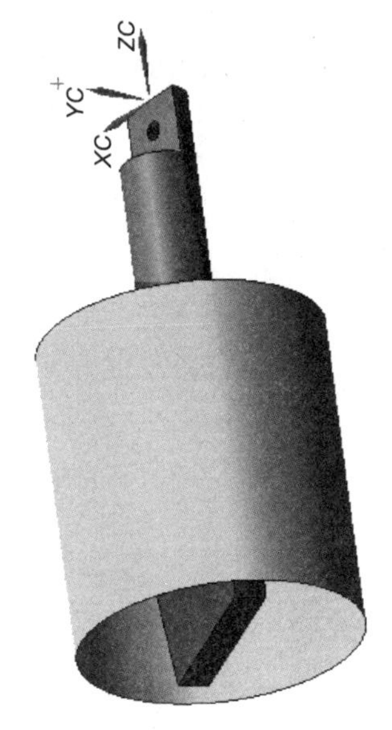

图 2－1－73　空间圆柱片体建模

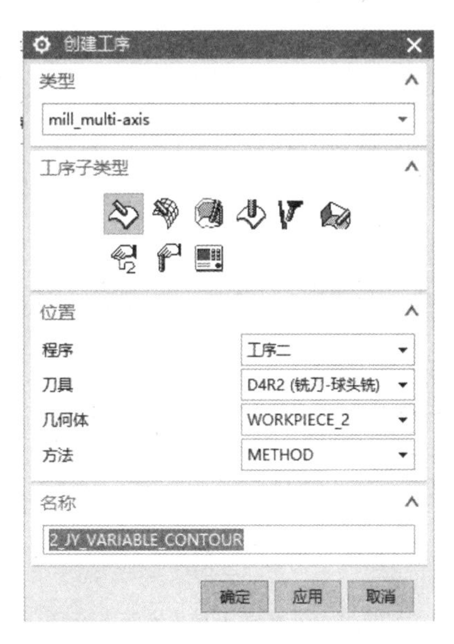

图 2－1－74　多轴【创建工序】界面

3）驱动方法设定：选择“曲面”，弹出【曲面区域驱动方法】对话框。单击图 2－1－75 所示的【指定驱动几何体】按钮，选择圆柱片体作为驱动几何，再将【切削区域】中【曲面百分比方法】的【起始步长】设为“－1”，【结束步长】设为“101”，如图 2－1－76 所示；单击图 2－1－77 所示的【切削方向】按钮，正确设定加工方向；如图 2－1－78 示，调整刀具加工侧。在图 2－1－79 所示的【驱动设置】中，将【切削模式】设为“螺旋”，【步距】设为“数量”，【步距数】设为“300”。

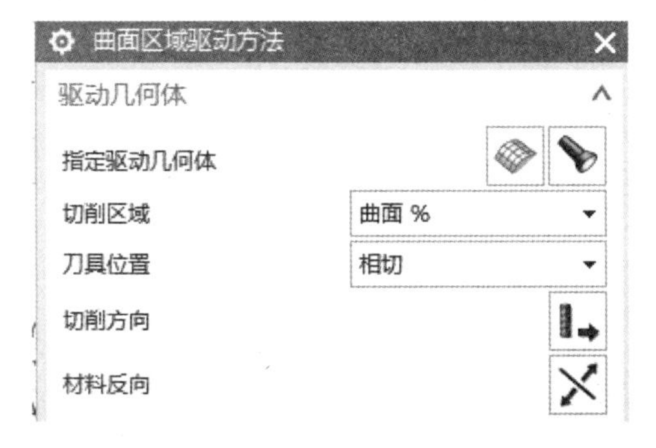

图 2－1－75【曲面区域驱动方法】设置对话框

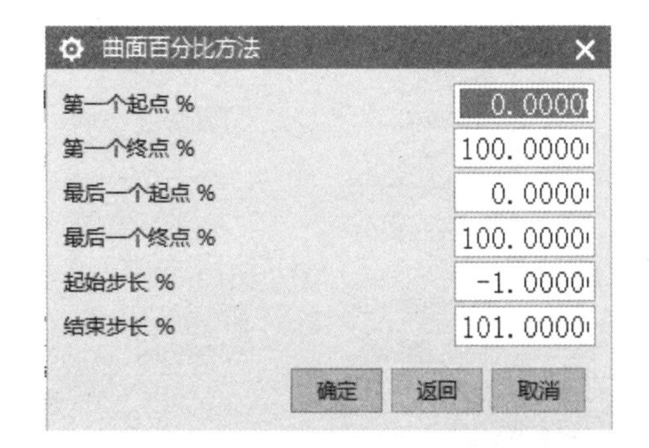

图 2－1－76【曲面百分比方法】设置

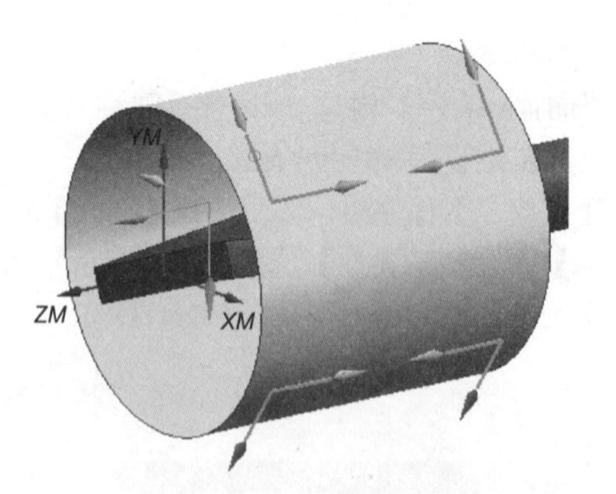

图 2-1-77　切削方向设置

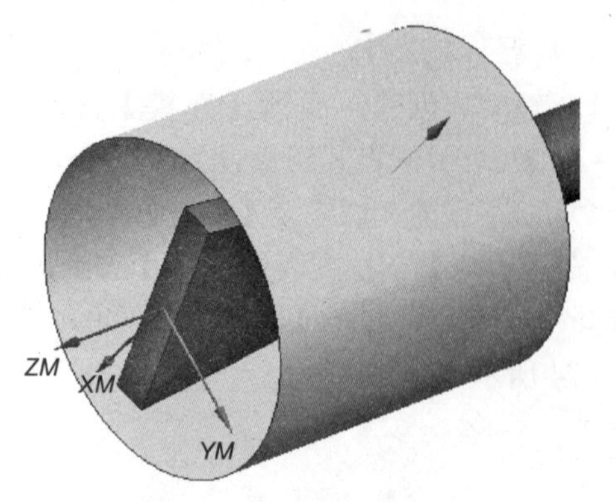

图 2-1-78　切削加工侧设置

4）投影矢量与刀轴设定：【投影矢量】选择“刀轴”；【刀轴】选择“相对于驱动体”，将【前倾角】和【侧倾角】设为“0”，如图 2-1-80 所示。

图 2-1-79 【切削模式】和【步距】设置

图 2-1-80　【投影矢量】和【刀轴】设置

5）非切削参数设定：如图 2-1-81 所示，将【转移/快速】选项卡的【公共安全设置】设为“使用继承的”。

6）进给率和速度设定：如图 2-1-82 所示，【主轴转速】设为“8 000”，【进给率】设为“2 000”。

图 2-1-81 【转移/快速】设置

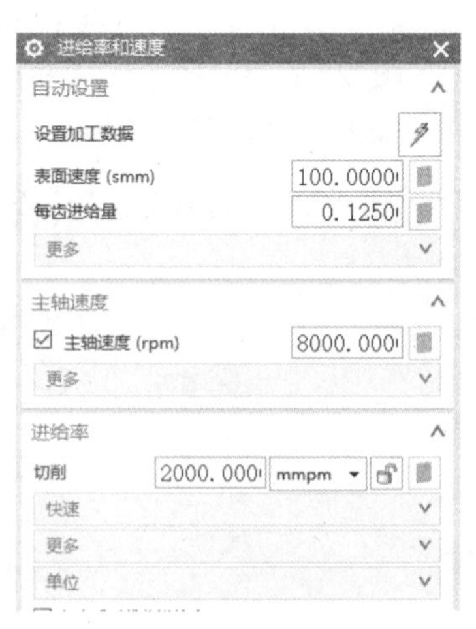

图 2-1-82 【进给率和速度】设置

7）刀路生成：参数设置完成后，单击【刀路生成】按钮查看该策略刀路，如图 2-1-83 所示。

8）刀轨确认：单击【NC_PROGRAM】将全部工序选定，然后单击工序选项卡中的【确认刀轨】按钮，完成全部工序的加工仿真，仿真结果如图 2-1-84 所示。

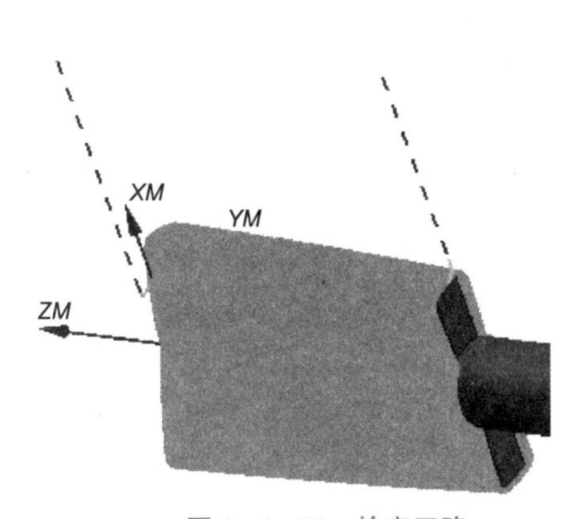

图 2-1-83　检查刀路

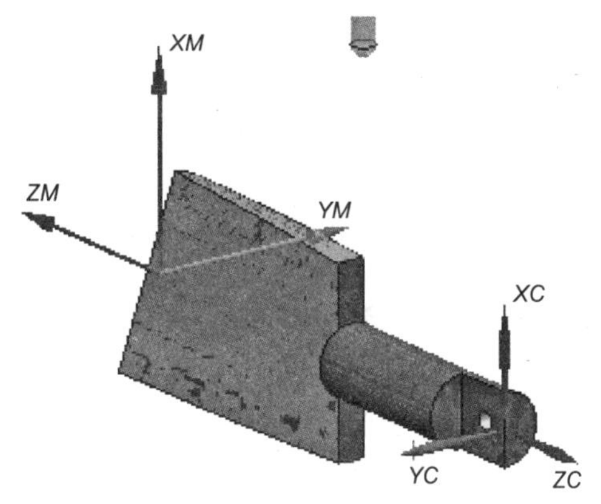

图 2-1-84　全工序仿真结果

小贴士：观看“翼片加工”，可以扫描二维码 2-1-3 学习。

二维码 2-1-3

四、后置处理

右击已经编制完的刀轨文件，选择【后处理】命令，如图 2-1-85 所示。弹出【后处理】对话框，选择合适的【后处理器】，正确设置输出目录和文件名，根据系统类型实际设置文件扩展名（本例为.mpf 格式），并将【单位】设为“公制/部件”，如图 2-1-86 所示。单击【确定】按钮，生成机床可执行的加工指令，在相应机床上完成转动翼产品加工。

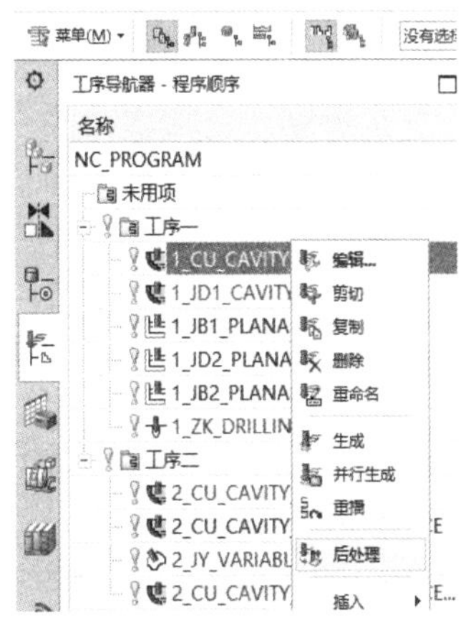

图 2-1-85　检查刀路

图 2-1-86 【后处理】对话框

知识链接

型腔铣加工方法简介

型腔铣是UG自动编程开粗时通用的加工方法，它根据型腔和型芯区域的形状，将要切除的部位在 Z 轴方向上分成多个切削层，每一切削层可以指定不同的深度，是在多个垂直于刀轴矢量的平面上以给定的切削模式生成的刀具路径，属于2.5轴的加工方法。

1. 型腔铣的操作子类型

型腔铣的子类型有型腔铣、型腔插削残料加工、拐角粗加工、深度轮廓铣和拐角深度轮廓铣六种方式，其中，型腔铣、型腔插削残料加工用于开粗操作，其他选项用于半精加工和精加工。

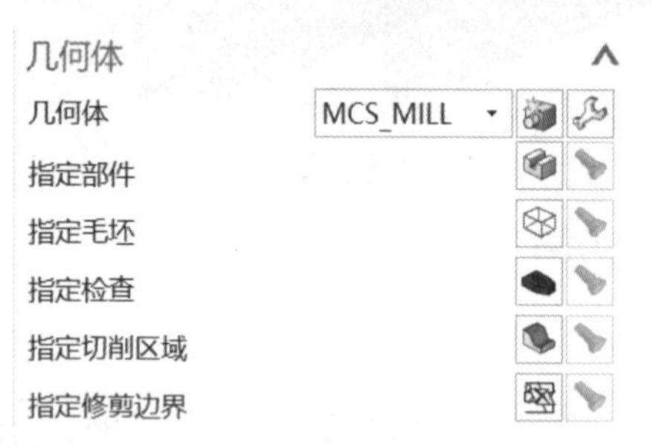

图2-1-87 型腔铣几何体

2. 型腔铣加工几何体类型

型腔铣加工所涉及的加工几何体包括部件几何体、毛坯几何体、检查几何体和修剪几何体，如图2-1-87所示。

3. 型腔铣的参数

（1）切削层

型腔铣中的切削层为型腔铣操作指定的切削平面。切削层由切削深度范围和每层切削深度来定义。一个范围由两个垂直于刀轴矢量的小平面来定义同时可以定义多个切削深度范围。一个切削层范围只能定义一个切削深度，如图2-1-88所示。

每个切削范围可以根据部件几何体的形状确定切削层的深度，一般部件表面区域如果比较平坦，则设置较小的切削层深度，如果比较陡峭，则应设置较大的切削层深度。

（2）范围类型选项

用于确定定义切削范围的方法，在【范围类型】下拉列表框中有3个选项可以用来定义切削范围的类型。

1）自动。在【范围类型】下拉列表框中选择“自动”，如图2-1-89所示。系统会自动在加工部件上任何水平面对齐的位置生成一个切削范围。只要没有手动添加或修改局部范

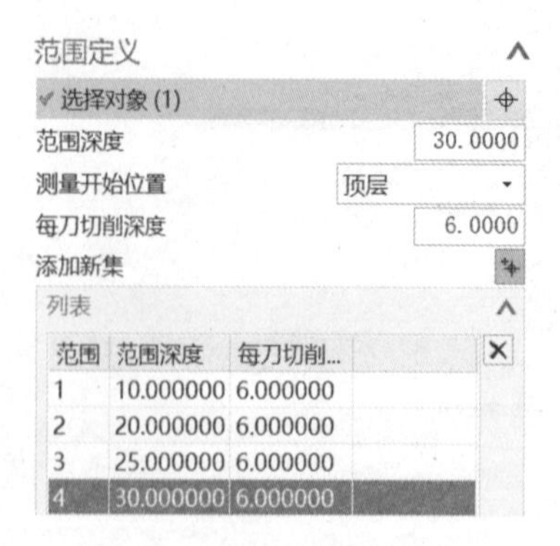

图2-1-88 型腔铣切削层

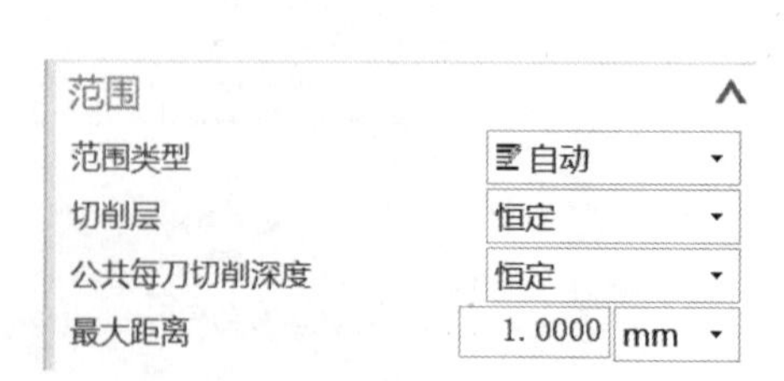

图2-1-89 切削层范围设置

围，切削层都保持与部件的关联性。选择这种方式定义切削层时，系统会自动寻找部件中垂直于刀轴矢量的平面。在两个平面之间定义一个切削范围，并且在两个平面上生成一种较大的三角形平面和一种较小的三角形平面，每两个较大的三角形平面之间表示一个切削层，每两个较小的三角形平面之间表示范围内的切削深度。

2）用户定义。允许用户通过定义每个新范围的底面来创建范围，通过选择面定义的范围将保持与部件的关联性，但不会检测新的水平表面，选择方法如图 2-1-90 所示。

3）单个。根据部件和毛坯几何体设置一个切削范围，选择方式如图 2-1-91 所示。

图 2-1-90　切削层用户定义方式　　图 2-1-91　切削层单个选择方式

本章节以转动翼的粗精加工为例，详细讲解了型腔铣、可变轮廓铣、孔加工、平面铣等刀路的创建方法。希望读者能够举一反三完成同等类型工件的加工工艺制定，使用 UG NX10.0 软件完成自动化编程，更好地完成同类工件的加工工艺编制与加工，如图 2-1-92 所示为转动翼的加工工艺思维导图。

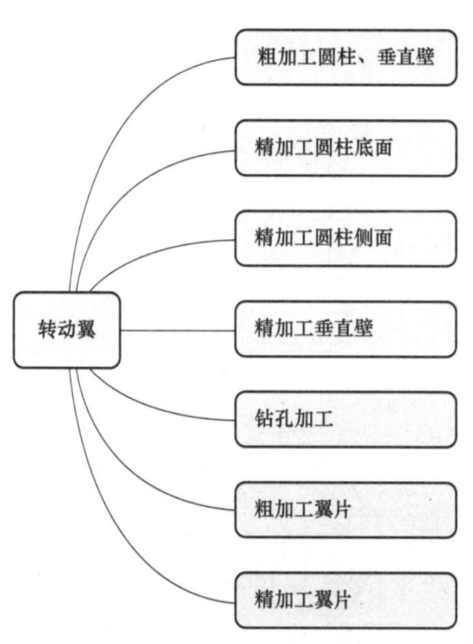

图 2-1-92　转动翼加工工艺思维导图

任务 2-2　左右半球的多轴加工

任务描述

本次任务要求加工图 2-2-1 所示的左、右两个半球。两个半球互相咬合后通过下侧 M30×1.5-6h 的螺纹与主舱装配为一体，如图 2-2-2 所示。任务实施过程中，不仅要求学生对零件进行数控加工工艺分析，也要求学生能够利用 UG NX10.0 软件完成自动编程。通过本次任务学习，培养学生达到以下主要目标：

知识目标：

① 学会分析主要形位公差，掌握常用的保证手段。

② 熟悉球体类工件数控加工工艺过程。

③ 掌握可变轮廓铣加工球面主要参数设置内容。

能力目标：

① 能够准确使用型腔铣策略完成双向粗加工编程。

② 能够准确使用钻孔策略完成球面上孔特征的加工编程。

③ 能够准确使用平面铣策略完成零件三轴精加工编程。

④ 能够准确使用可变轮廓铣策略完成球面精加工编程。

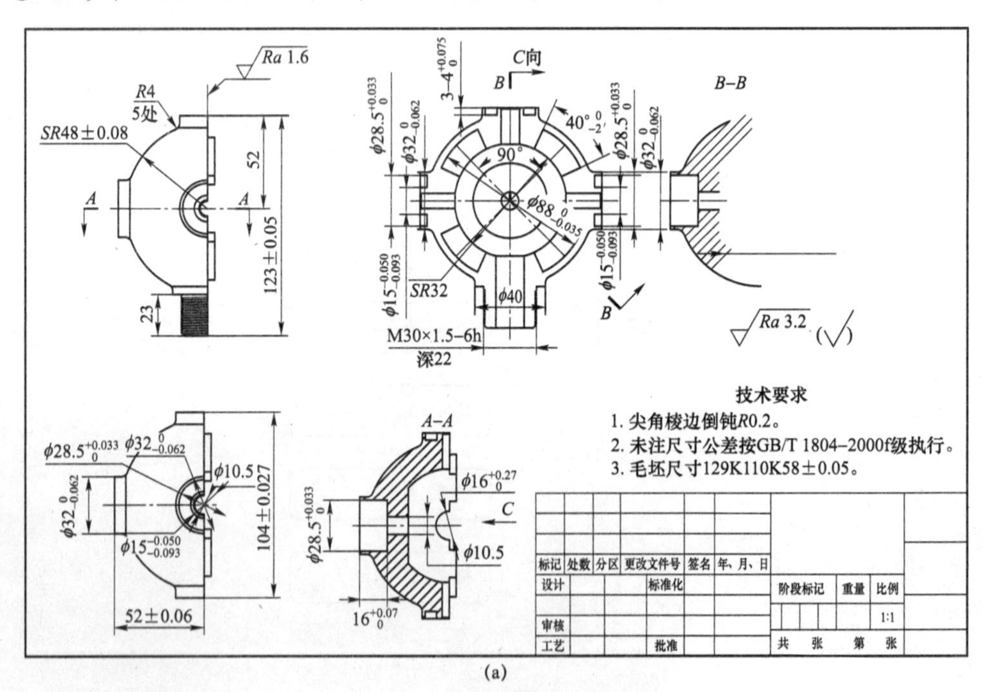

图 2-2-1　航空舱左右半球零件图

（a）航空舱左半球零件图

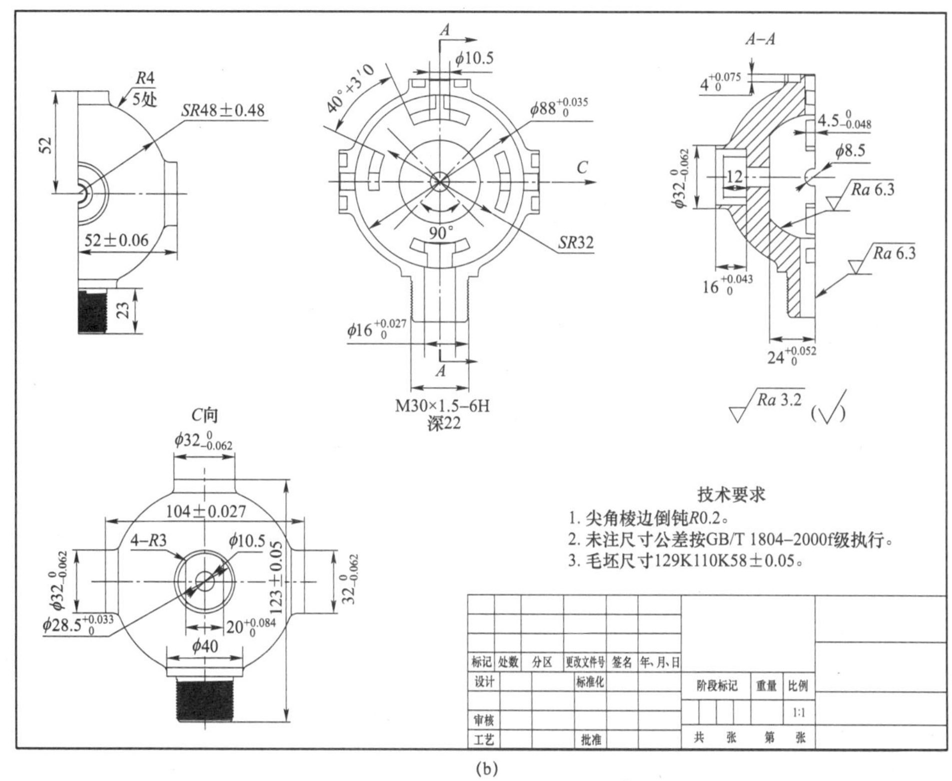

(b)

图 2-2-1 航空舱左右半球零件图（续）

（b）航空舱右半球零件图

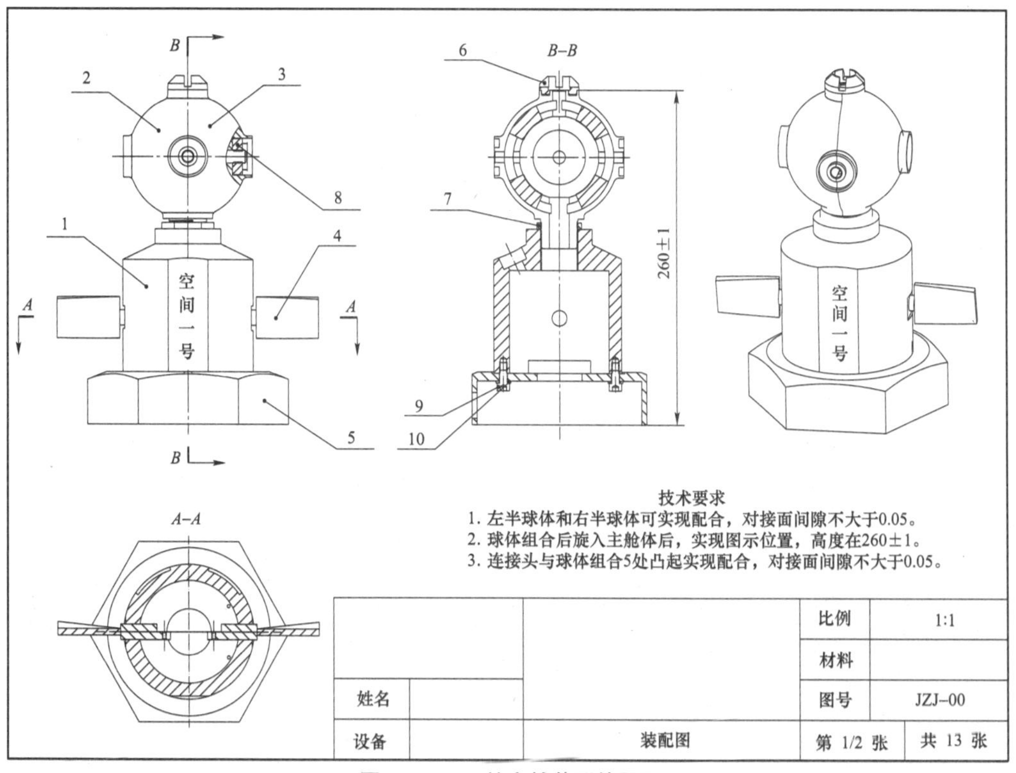

图 2-2-2 航空舱装配效果图

素质目标：

① 认真分析航空舱的构造，了解自己职业与祖国航空事业的联系，增强学生爱国主义情怀。

② 通过各种加工方法的学习，培养学生养成高尚的职业道德，树立正确劳动观与价值观。

③ 培养学生协同合作的团队精神，有良好的组织纪律性，能够有团队合作精神。

一、零件图样分析

分析半球毛坯及零件图，半球的加工工步主要是对球面部分的加工，可以分开两半球完成所有的加工任务，加工难点在于球面部位曲面形状复杂，必须使用多轴联动刀路才能够完成加工。

二、加工方案制定

结合该零件结构特点和加工实际情况，左、右半球加工毛坯选用规格分别为 129 mm×110 mm×62 mm 和 129 mm×110 mm×58 mm 的铝件为毛坯，材料为 2Al2。两半球除要求对内腔部分和外球部分进行加工外，均需要对上侧、左侧、右侧、前侧和后侧的“回”型特征等完成加工。左右半球加工工艺如表 2-2-1 所示。

表 2-2-1　左右半球加工工艺表

序号	装夹	加工工步	加工策略	加工刀具	加工参数		余量/mm
					转速/($r \cdot min^{-1}$)	进给/($mm \cdot min^{-1}$)	
1	左半球	平面铣削	平面铣	立铣刀 T1D16	8 000	1 500	0
2		凸台粗铣工序	型腔铣	立铣刀 T1D16	8 000	1 500	0.2
3	左半球	内腔粗铣	型腔铣	立铣刀 T1D16	8 000	1 500	0.2
4		凸台精铣工序	型腔铣	立铣刀 T2D12	8 000	1 500	0
5		底面精铣	平面铣	立铣刀 T2D12	8 000	1 000	0
6		球面精铣	深度轮廓加工	球头刀 T3D8R4	10 000	1 000	0
7	右半球	内腔粗铣	型腔铣	立铣刀 T1D16	8 000	1 000	0.3
8		凹腔粗铣	型腔铣	立铣刀 T4D6	8 000	1 500	0.3
9		凹腔精铣	型腔铣	立铣刀 T4D6	10 000	1 000	0
10		底面精铣	平面铣	立铣刀 T4D6	8 000	1 000	0

三、参考步骤

1. 左半球加工加工环境配置

1）导入模型：打开 UG NX10.0 软件，选择“左半球.prt”文件（见本书随赠的素材资源包中）。进入建模模块，通过“删除面”工具删除全部孔特征，删除后再通过“替换面”工具去除上侧、左侧、右侧的凹陷平面。双击激活 WCS 坐标系，将其方位按照图 2-2-3 所示调整。

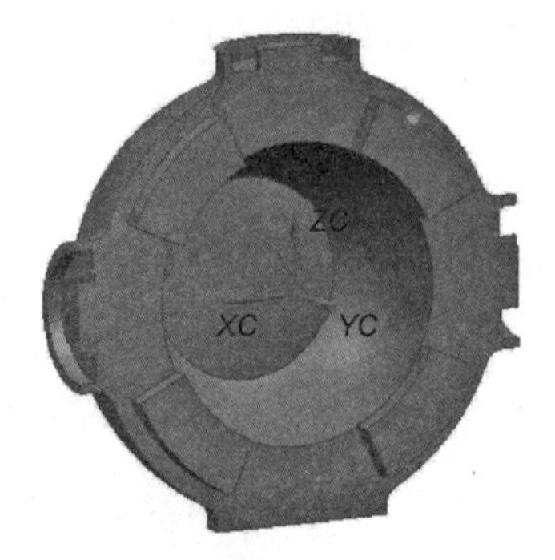

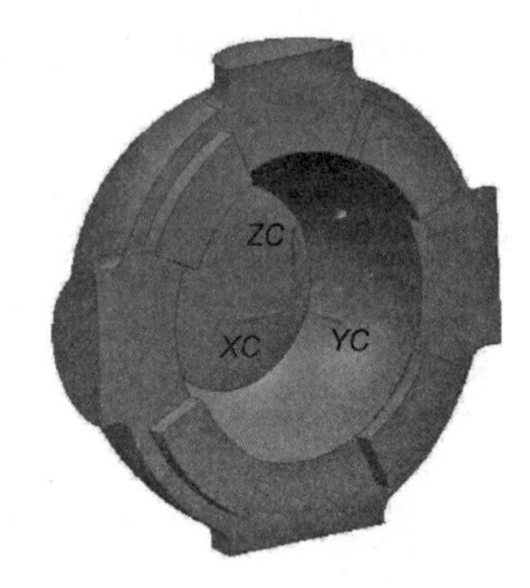

图 2-2-3　设置 WCS 过程

2）毛坯创建：在建模环境下，搭建 129 mm×110 mm×62 mm 的长方体毛坯，将左半球完全覆盖，如图 2-2-4 所示。

3）刀具建立：进入加工环境，建立加工所需的刀具：T1D16（立铣刀）、T2D12（立铣刀）和 T3D8R4（球头刀），如图 2-2-5 所示。

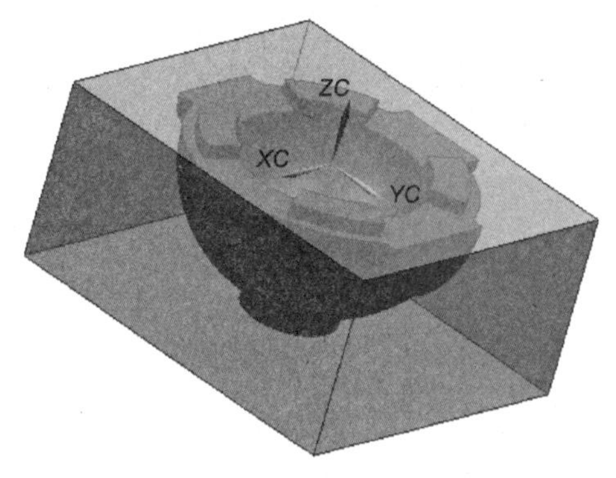

图 2-2-4　设置半球毛坯过程

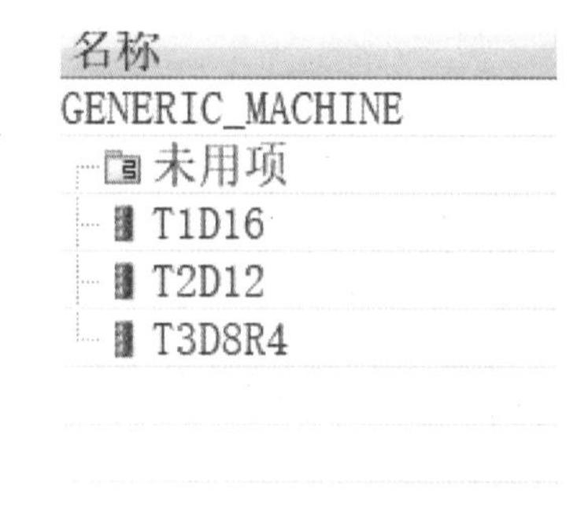

图 2-2-5　刀具创建界面图

4）加工几何体设置：在【加工环境】中打开【几何视图】，将加工坐标系 MCS 设置在毛坯上表面中心处，在【安全设置选项】下拉列表中选择“平面（刨）”，【安全距离】设为“30”，完成安全平面设置，如图 2-2-6 所示。WORKPIECE 设置毛坯为长方体，部件为左半球。

5）重命名程序组：将【程序顺序】视图下的【PROGRAM】改为“左半球工序一”

2. 左半球加工刀路创建

（1）平面铣削刀路

1）刀路创建：依次选择【插入】-【工序】，

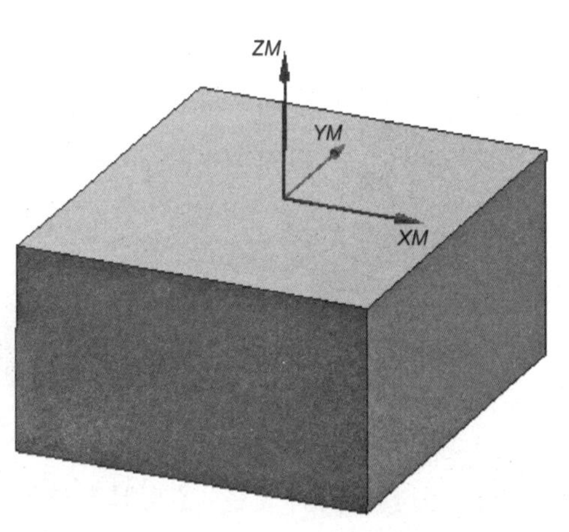

图 2-2-6　CSYS 设置

在【类型】下拉列表中选择【PLANAR_MILL】,【名称】下方的方框中输入“平面铣削_PLANAR_ MILL”。

2）部件边界设置：在“曲线/边”模式下，选择图 2-2-7 所示曲线作为边界，然后进入【编辑边界】设置环境，依次设为“封闭的”“自动”“外部”，并选择【编辑】调整刀具位置为“对中”。

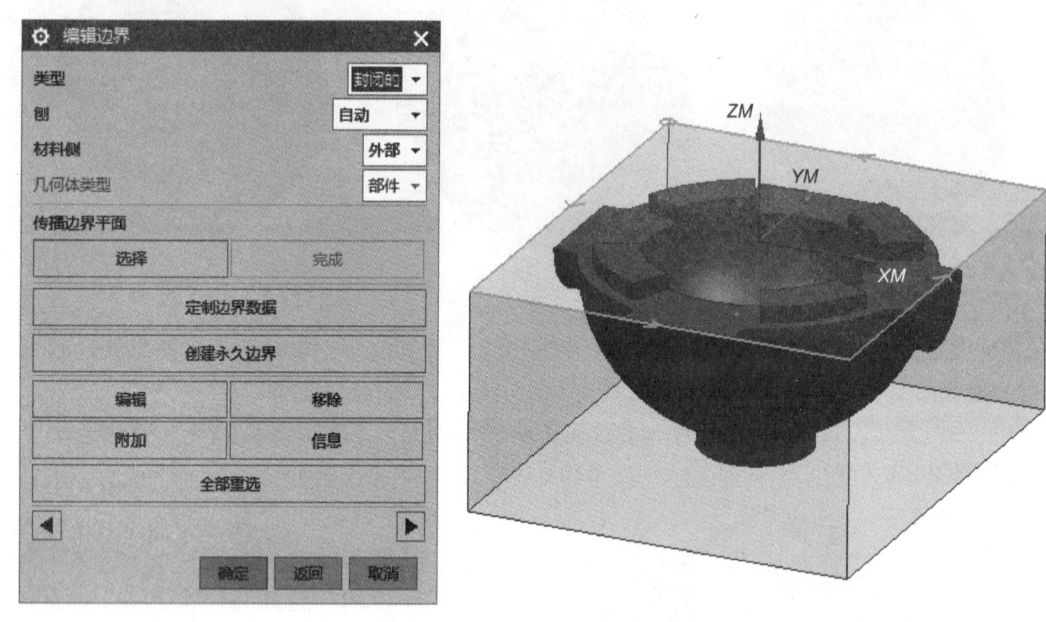

图 2-2-7　平面铣【编辑边界】

3）指定底面：选择图 2-2-8 所示平面作为参考平面,【距离】输入“0”。

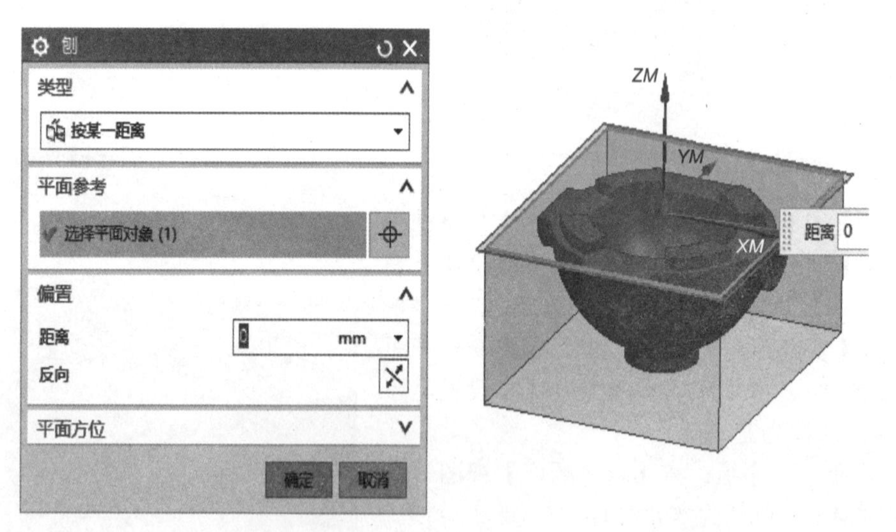

图 2-2-8　平面铣加工底面设置

4）刀具及刀轴设置:【刀具】选择为“T1D16”,【刀轴】设为“+ZM 轴”。

5）刀轨设置:【切削模式】设为“跟随周边”,【步距】设为“刀具平直百分比”,【平面直径百分比】设为“75%”,【切削层】设为“仅底面”,其他参数保持不变。

6）切削参数设置:【策略】选项卡内【刀路方向】设为“向内”;【余量】选项卡内,部件余量均设为“0”,其他参数保持不变。

7）非切削参数设置:【进刀】选项卡中,将【封闭区域 进刀类型】设为“与开放区域相同”,将【开放区域 进刀类型】设为“线性”(长度 10 mm,旋转角度 0°,斜背角 0°,高度 3 mm,最小安全距离 1 mm),如图 2-2-9 所示;在【退刀】选项卡中将【退刀类型】设为“抬刀”,【高度】设为“0.5”。

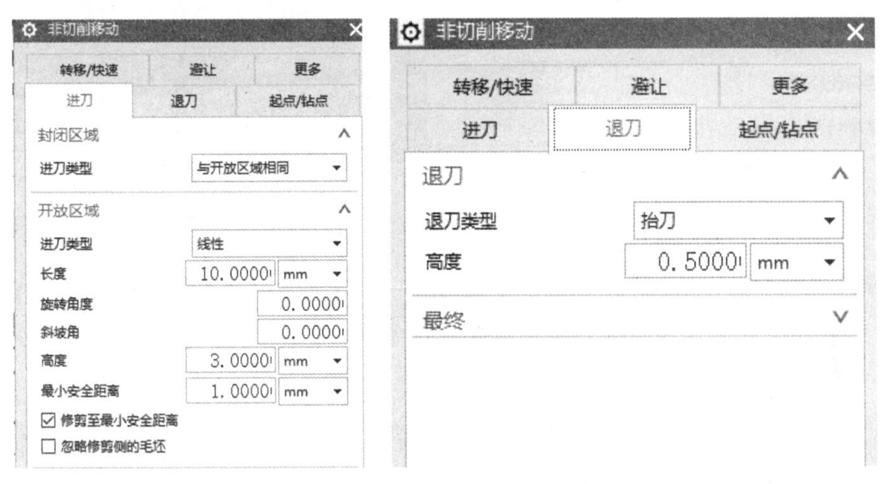

图 2-2-9 平面铣【非切削移动】设置

8）进给率和速度设置:【主轴速度】设为“8 000”,【进给率】设为“1 500”。计算后返回。

9）刀路生成:参数设置完成后,单击【刀路生成】按钮查看该策略编程刀路,如图 2-2-10 所示。

（2）凸台粗铣刀路

1）刀路创建:依次选择【插入】-【工序】,在【类型】下拉列表中选择【mill_contour】,【工序子类型】选择【型腔铣】,【名称】下方的方框中输入“凸台粗铣_CAVITY_MILL”,具体参数设置如下:

2）刀具及刀轴设置:【刀具】选择为“T1D16”,【刀轴】设为“+ZM 轴”。

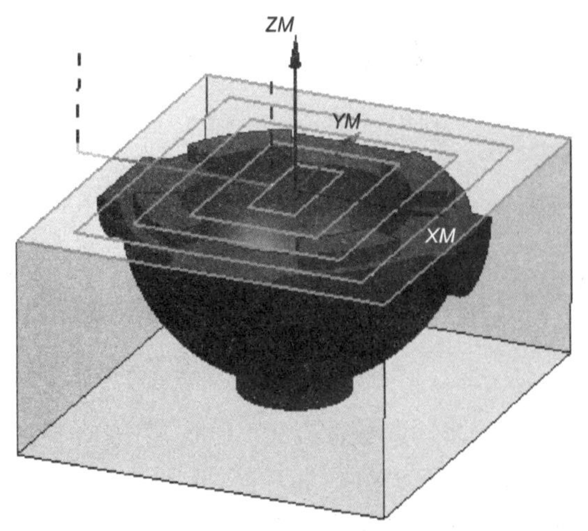

图 2-2-10 平面铣进给速率设置

3）刀轨设置:【切削模式】设为“跟随周边”,【步距】设为“刀具平直百分比”,【平面直径百分比】设为“50%”,【公共每刀切削深度】设为“恒定”,【最大距离】设为“1”,如图 2-2-11 所示。

4）切削层设置:【范围类型】设为“自动”,【切削层】设为“恒定”,选择图 2-2-12 所示平面作为范围底部,其他参数保持不变。

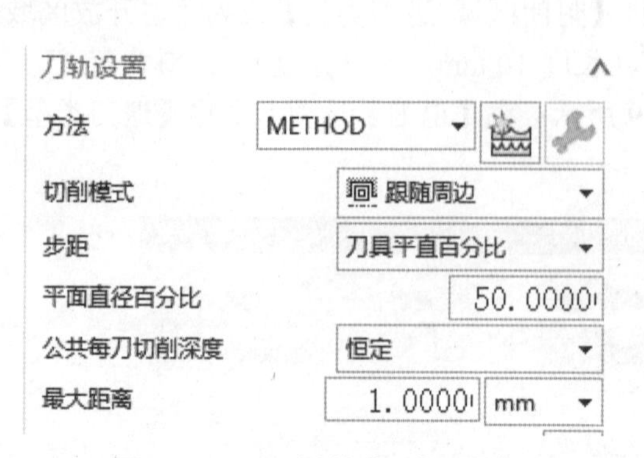

图 2-2-11　型腔铣【刀轨设置】

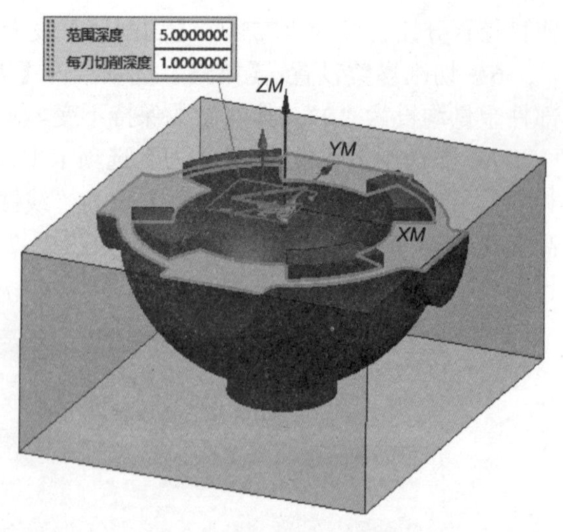

图 2-2-12　型腔铣切削层设置

5）切削参数设置：【策略】选项卡中，【切削方向】设为“顺铣”，【切削顺序】设为“层优先”，【刀路方向】设为“向内”；【余量】选项卡中，【部件侧面余量】设为“0.3”，其余参数保持不变，如图 2-2-13 所示。

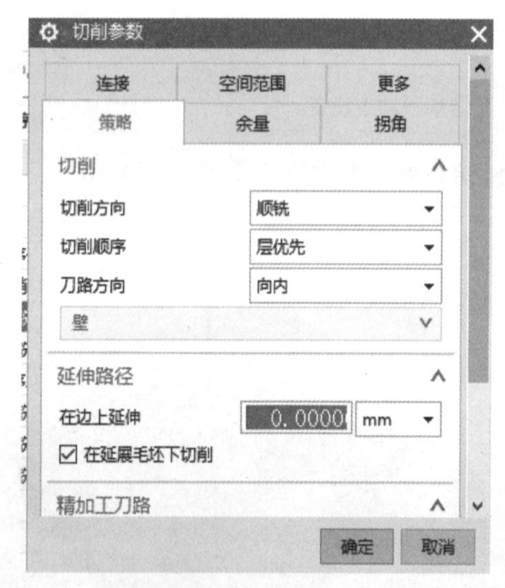

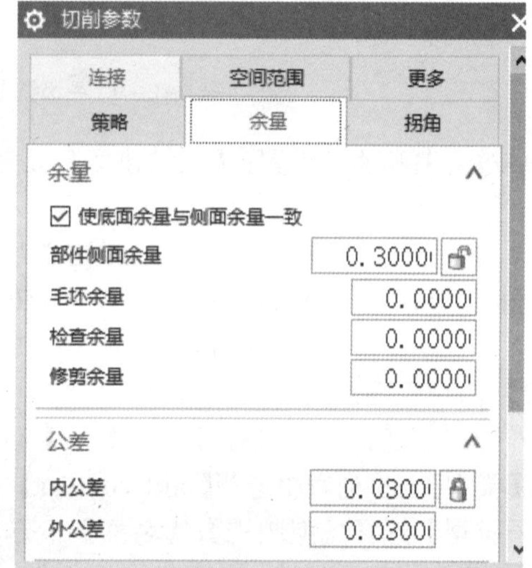

图 2-2-13　型腔铣【切削参数】设置

6）非切削参数设置：【进刀】选项卡中，将【封闭区域 进刀类型】设为“与开放区域相同”，将【开放区域 进刀类型】设为“圆弧”（半径 1 mm，圆弧角度 90°，高度 0.5 mm，最小安全距离 50%），如图 2-2-14 所示；【退刀】选项卡中，将【退刀类型】设为“抬刀”，【高度】设为“1”。

7）进给率和速度设置：【主轴速度】设为“8 000”，【进给率】设为“1 500”。

8）刀路生成：参数设置完成后，单击【刀路生成】按钮查看该策略编程刀路以及 3D 仿真效果，如图 2-2-15 所示。

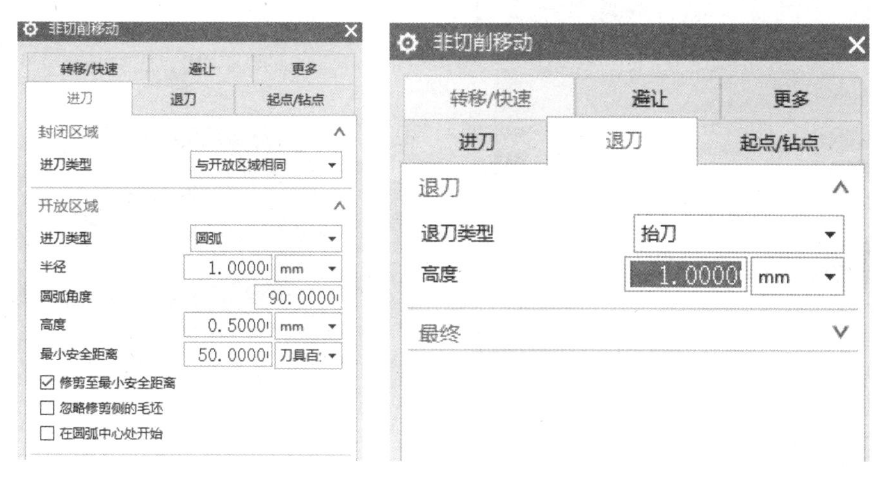

图 2-2-14 型腔铣【非切削移动】设置

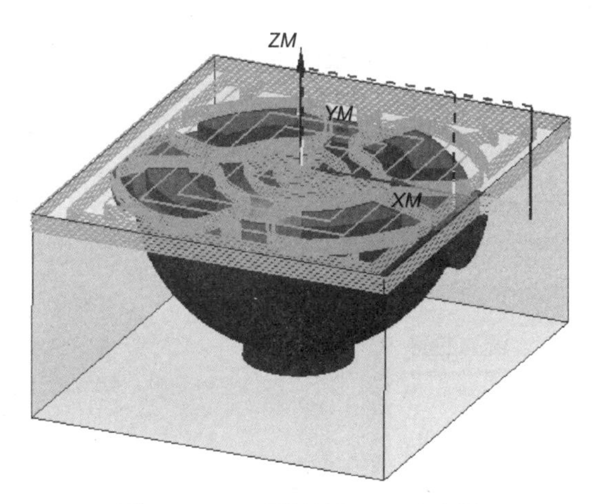

图 2-2-15 型腔铣加工刀路设置

小贴士：观看“型腔铣加工刀路设置”，可以扫描二维码 2-2-1 学习。

二维码 2-2-1

（3）内腔粗铣工序

1）刀路创建：依次选择【插入】-【工序】，在【类型】下拉列表中选择【mill_contour】，【工序子类型】选择【型腔铣】，【名称】下方的方框中输入“内腔粗铣_CAVITY_MILL”。

2）几何体设置：选择“WORKPIECE”，切削区域选择图 2-2-16 所示曲面。其他保持不变。

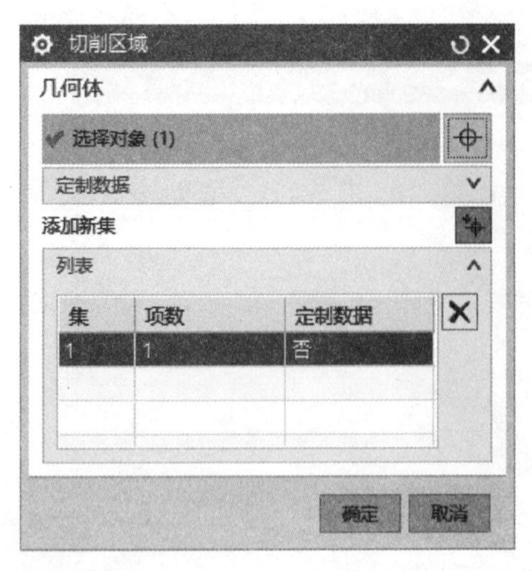

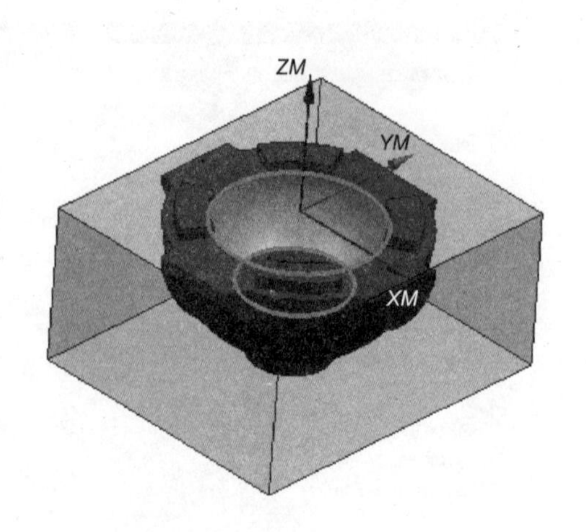

图 2-2-16　内腔型腔铣【切削区域】设置

3）刀具及刀轴设置：【刀具】选择为“T1D16”，【刀轴】设为“+ZM”轴。

4）刀轨设置：【切削模式】设为“跟随周边”，【步距】设为“刀具平直百分比”，【平面直径百分比】设为“50%”，【公共每刀切削深度】设为“恒定”，【最大距离】设为“1”。

5）切削层设置：【范围类型】设为“自动”，设置图 2-2-17 所示平面为范围顶部，深度数据自动生成，其他参数保持不变。

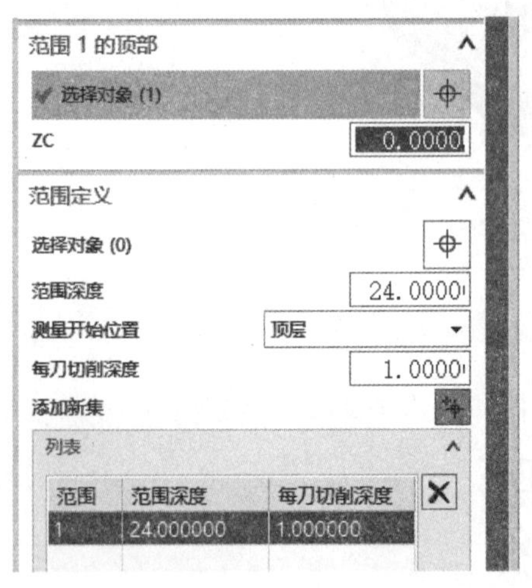

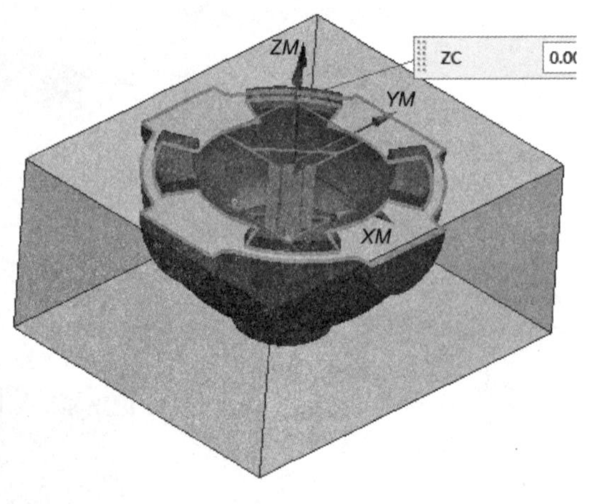

图 2-2-17　内腔型腔铣切削范围设置

6）切削参数设置：【策略】选项卡中，【切削方向】设为“顺铣”，【切削顺序】设为“层优先”，【刀路方向】设为“向内”；【余量】选项卡中，【部件侧面余量】设为“0.3”，其他参数保持不变。

7）非切削参数设置：【进刀】选项卡中，将【封闭区域 进刀类型】设为“沿形状斜进刀”（斜坡角 1°，高度 0.5 mm，高度起点前一层，最大宽度无，最小安全距离 0 mm，最小斜面长度 70%）；【退刀】选项卡中，【退刀类型】设为“抬刀”，【高度】设为“1”，如图 2-2-18 所示。

图 2-2-18　内腔型腔铣【非切削移动】设置

8）进给率和速度设置：【主轴速度】设为“8 000”，【进给率】设为“1 500”。

参数设置完成后，单击【刀路生成】按钮查看该策略编程刀路以及 3D 仿真效果，如图 2-2-19 所示。

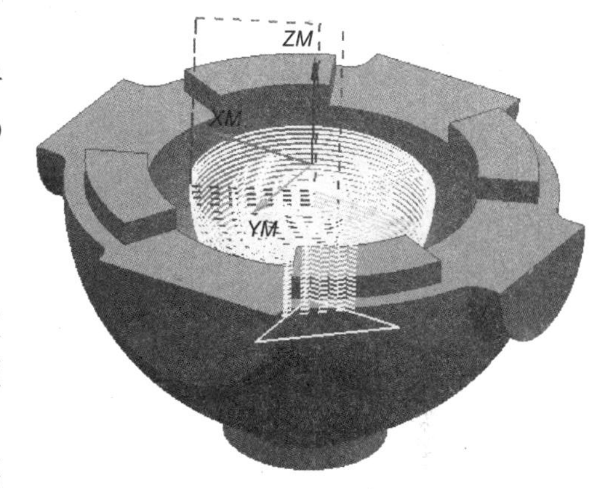

图 2-2-19　刀路查看

（4）创建凸台精铣工序

1）刀路创建：依次选择【插入】-【工序】，在【类型】下拉列表中选择【mill_contour】，【工序子类型】选择【型腔铣】，【名称】下方的方框中输入“凸台精铣_CAVITY_MILL”。

2）几何体设置：选择“WORKPIECE”，其他保持不变。

3）刀具及刀轴设置：【刀具】选择为“T2D12”，【刀轴】设为“+ZM 轴”。

4）刀轨设置：【切削模式】设为“跟随周边”，【步距】设为“刀具平直百分比”，【平面直径百分比】设为“55%”，【公共每刀切削深度】设为“恒定”，【最大距离】设为“10”，如图 2-2-20 所示。

5）切削层设置：【范围类型】设为“自动”，【切削层】设为“仅在范围底部”，选择图 2-2-21 所示平面作为范围底部，其他参数不变。

6）切削参数设置：【策略】选项卡中，设置【切削方向】设为“顺铣”，【切削顺序】设为“层优先”，【刀路方向】设为“向内”；【余量】选项卡中，部件余量均设为“0”，其余参数保持不变，如图 2-2-22 所示。

7）非切削参数设置：【进刀】选项卡中，将【封闭区域 进刀类型】设为“与开放区域相同”，将【开放区域 进刀类型】设为“线性”（长度 2 mm，旋转角度 0°，斜坡角 0°，高度 3 mm，最小安全距离 3 mm），如图 2-2-23 所示；【退刀】选项卡中，将【退刀类型】

设为“抬刀”,【高度】设为“1”。

图 2-2-20 内腔型腔铣【刀轨设置】

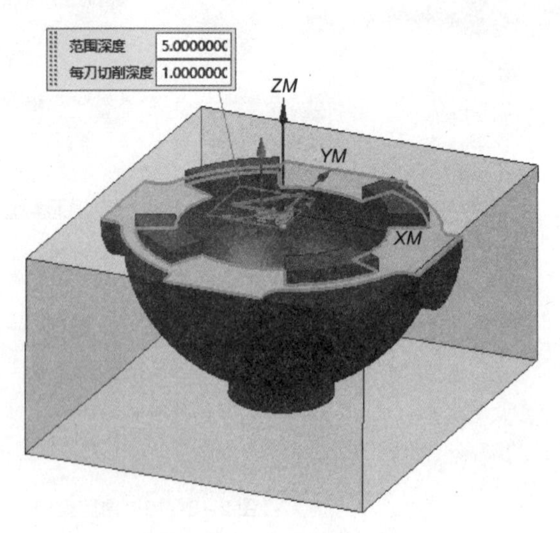

图 2-2-21 凸台精铣切削层设置

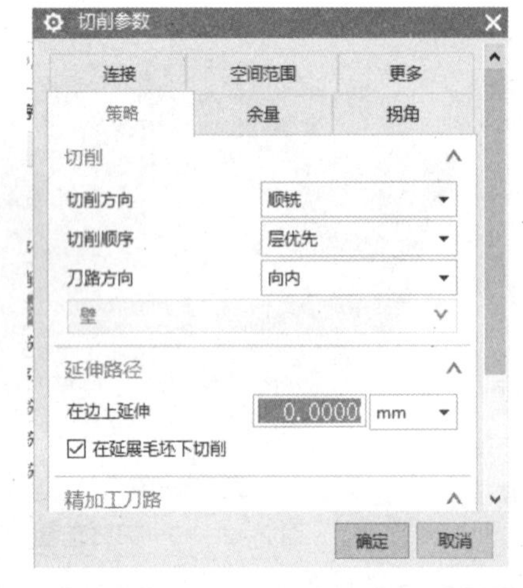

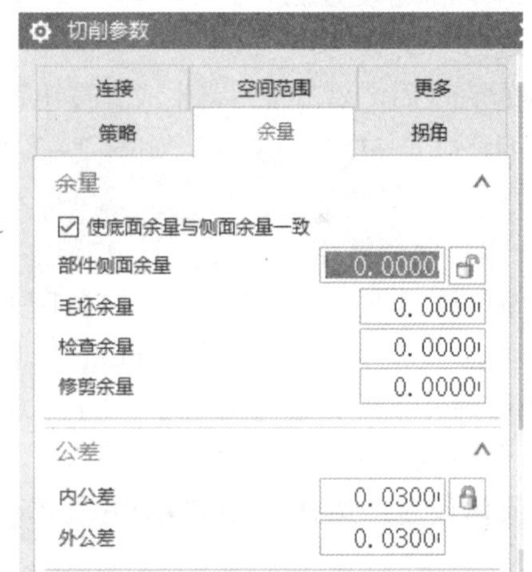

图 2-2-22 凸台精铣【切削参数】设置

图 2-2-23 凸台精铣【非切削移动】设置

8）进给率和速度设置：【主轴速度】设为“8 000”，【进给率】设为“1 500”。

9）刀路生成：参数设置完成后，单击【刀路生成】按钮查看该策略编程刀路以及 3D 仿真效果，如图 2–2–24 所示。

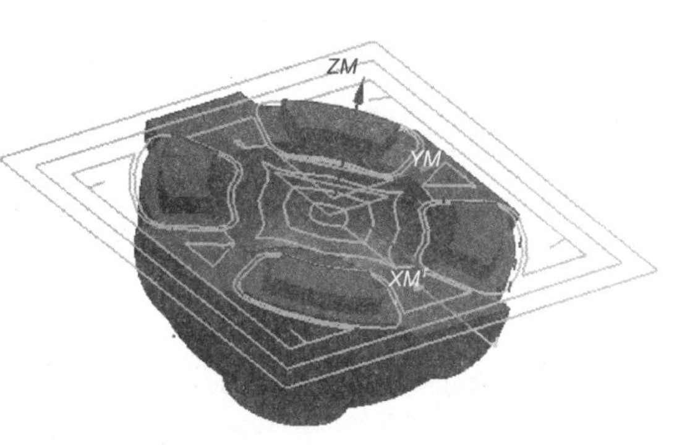

图 2–2–24　凸台精铣加工刀路

（5）创建球面精铣工序

1）刀路创建：依次选择【插入】–【工序】，在【类型】下拉列表中选择【mill_contour】，【子类型】选择“深度轮廓加工”，【名称】下方的方框中输入“球面精铣 _ZLEVEL_MILL”，如图 2–2–25 所示。

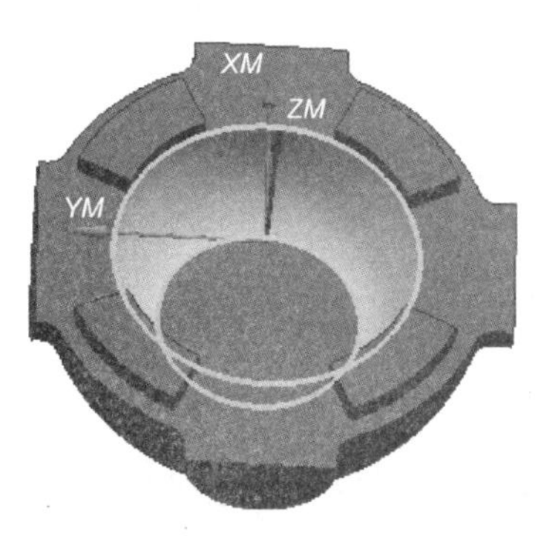

图 2–2–25　球面精铣【切削区域】设置

2）几何体设置：选择“WORKPIECE”。

3）切削区域设置：选择图 2–2–26 所示曲面作为加工区域。

4）刀具及刀轴设置：【刀具】选择为“T3D8R4”，【刀轴】设为“+ZM 轴”。

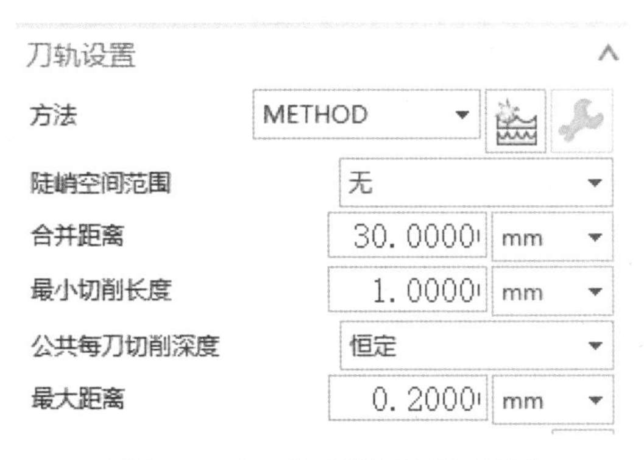

图 2–2–26　球面精铣【刀轨设置】

5）刀轨设置：【陡峭空间范围】设为“无”，【合并距离】设为“30”，【最小切削长度】设为“1”，【公共每刀切削深度】设为“恒定”，【最大距离】设为“0.2”，其他参数保持不变，如图 2-2-26 所示。

6）切削参数设置：【策略】选项卡中，【切削方向】设为“混合”，【切削顺序】设为“深度优先”；【余量】选项卡中，部件余量均设为“0”，其余参数保持不变；【连接】选项卡中，【层到层】设为“直接对部件进刀”，其余参数保持不变，如图 2-2-27 所示。

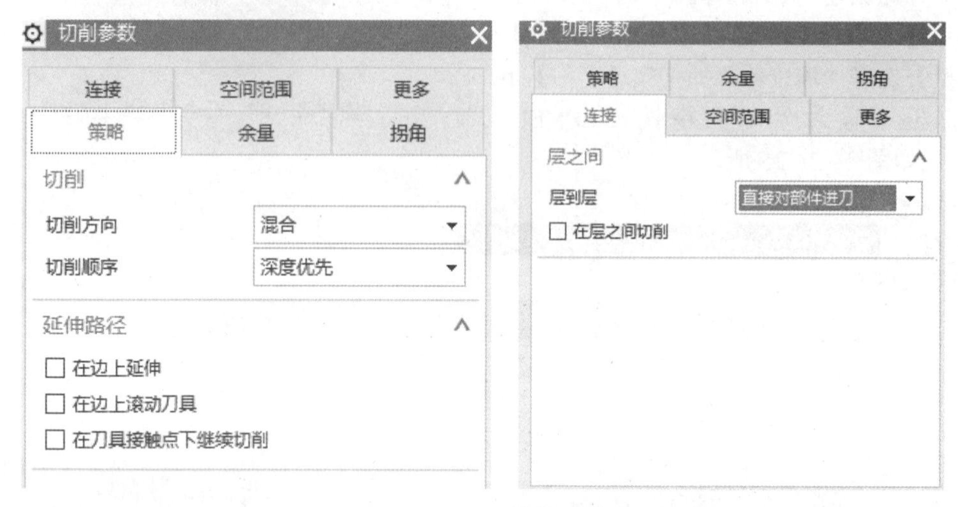

图 2-2-27　球面精铣【切削参数】设置

7）非切削参数设置：【进刀】选项卡中，将【封闭区域 进刀类型】设为“与开放区域相同”，将【开放区域 进刀类型】设为“圆弧”（半径 2 mm，圆弧角度 90°，高度 1 mm，最小安全距离 1 mm），如图 2-2-28 所示；【退刀】选项卡中，将【退刀类型】设为“圆弧-平行于刀轴”（半径 2 mm，圆弧角度 90°，旋转角度 45°）。

图 2-2-28　球面精铣【非切削移动】设置

8）进给率和速度设置：【主轴速度】设为“10 000”，【进给率】设为“1 000”，计算后返回。

9）刀路生成：参数设置完成后，单击【刀路生成】按钮查看该策略编程刀路，如图 2-2-29 所示。

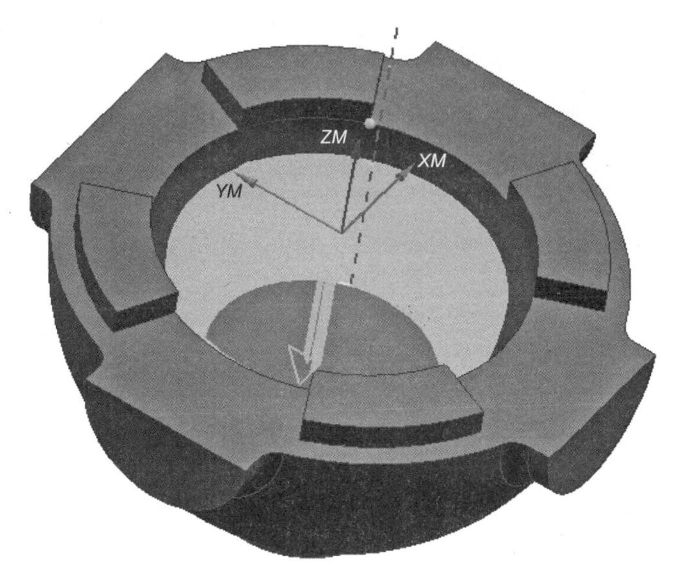

图 2-2-29 球面精铣刀路

3. 右半球加工环境配置

1）文件导入：打开 UG NX10.0 软件，选择“右半球.prt”文件（见本书随赠的素材资源包中）打开。进入建模模块，通过“删除面”工具删除全部孔特征，再通过“替换面”工具去除上侧、左侧、右侧的凹陷平面。双击激活 WCS 坐标系，将其方位按照图 2-2-30 所示调整。

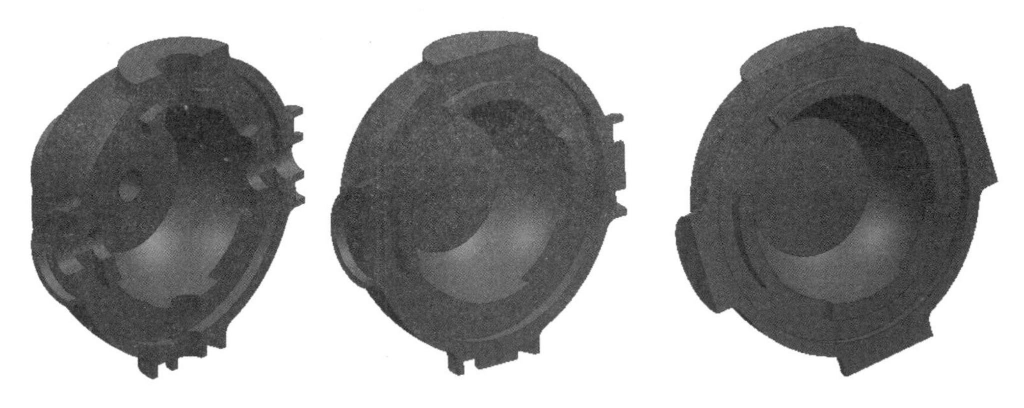

图 2-2-30 右半球

2）毛坯创建：在建模环境下，搭建 129 mm×110 mm×58 mm 的长方体毛坯，将右半球完全覆盖，如图 2-2-31 所示。

3）刀具建立：进入加工环境，建立加工所需的刀具：T1D16（立铣刀）、T2D12（立铣刀）和 T3D8R4（球头刀），如图 2-2-32 所示。

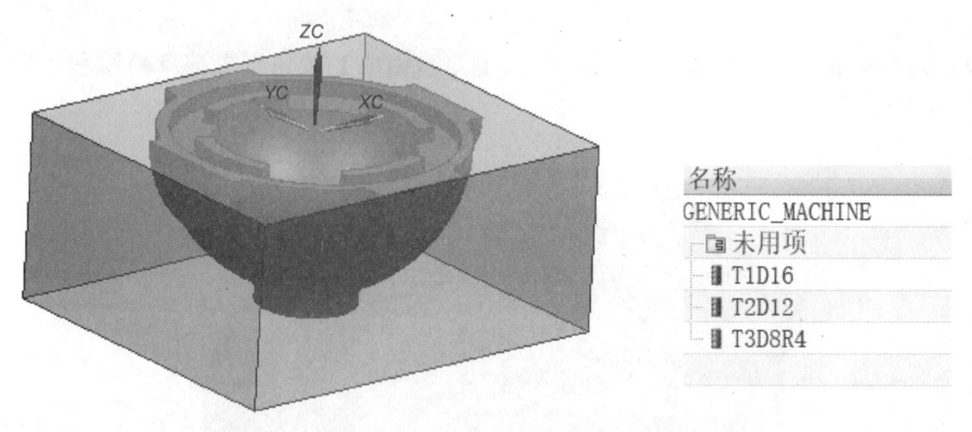

图 2-2-31　右半球毛坯　　　　图 2-2-32　右半球加工刀具设置

4）MCS 铣削设置：在【加工环境】中打开【几何视图】，将加工坐标系 MCS 设置在毛坯上表面中心处，在【安全设置选项】下拉列表中选择“平面（刨）”，【安全距离】设为“30”，完成安全平面设置，如图 2-2-33 所示。WORKPIECE 设置毛坯为长方体，部件为右半球。

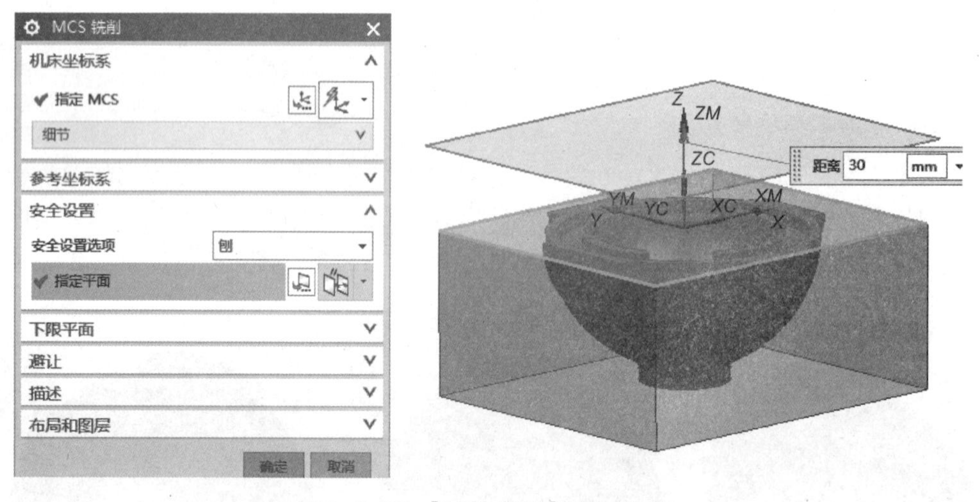

图 2-2-33 【MCS 铣削】设置对话框

4. 右半球加工刀路创建

（1）新建工序组

创建程序组，命名为“右半球工序一”。

（2）创建平面铣削工序

1）刀路创建：依次选择【插入】-【工序】，在【类型】下拉列表中选择【PLANAR_MILL】，【名称】下方的方框中输入“平面铣削_PLANAR_MILL”。

2）几何体设置：选择“WORKPIECE”。

3）部件边界：在“面”模式下，选择图 2-2-34 所示曲线作为边界，然后进入边界设置环境，依次设为“封闭的”“自动”“外部”，并选择【编辑】调整刀具位置为“对中”。

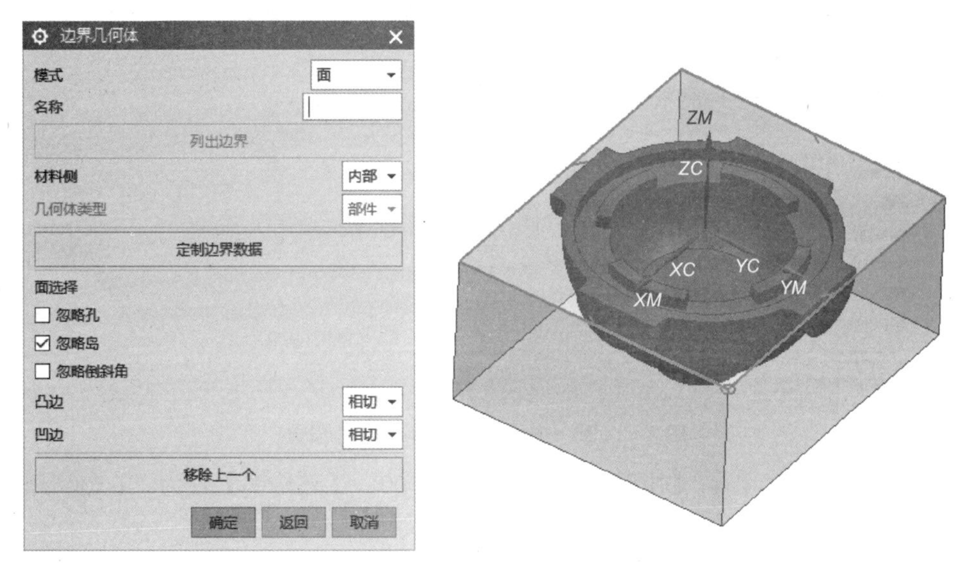

图 2-2-34　右半球毛坯选择

4）指定底面：选择如图 2-2-35 所示平面作为参考平面，【距离】输入“0”。

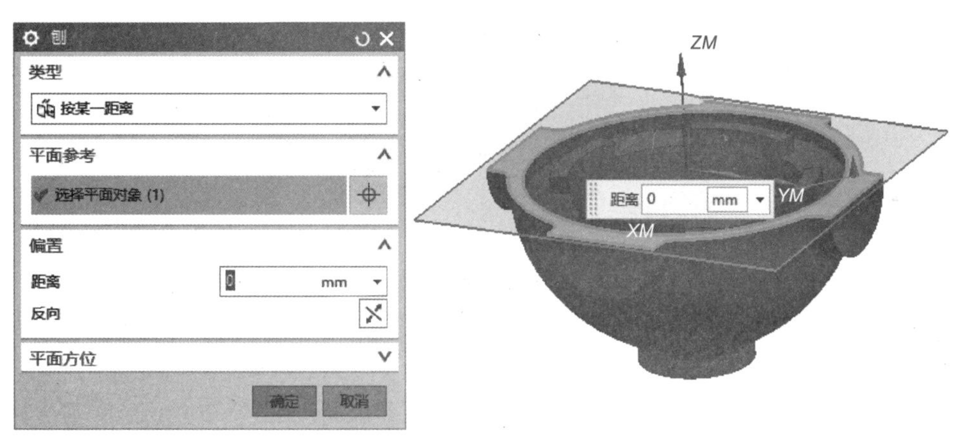

图 2-2-35　右半球加工底面选择

5）刀具及刀轴设置：【刀具】选择为“T1D16”，【刀轴】设为“+ZM 轴”。

6）刀轨设置：【切削模式】设为“跟随周边”，【步距】设为“刀具平直百分比”，【平面直径百分比】设为“75%”，【切削层】设为“仅底面”，其他参数保持不变。

7）切削参数设置：【策略】选项卡内【刀路方向】设为“向内”；【余量】选项卡中，部件余量均设为“0”，其余参数保持不变。

8）非切削参数设置：【进刀】选项卡中，将【封闭区域 进刀类型】设为“与开放区域相同”，将【开放区域 进刀类型】设为“线性”（长度 10 mm，旋转角度 0°，斜坡角 0°，高度 3 mm，最小安全距离 1 mm），如图 2-2-36 所示；在【退刀】选项卡中将【退刀类型】设为“抬刀”，【高度】设为“0.5”。

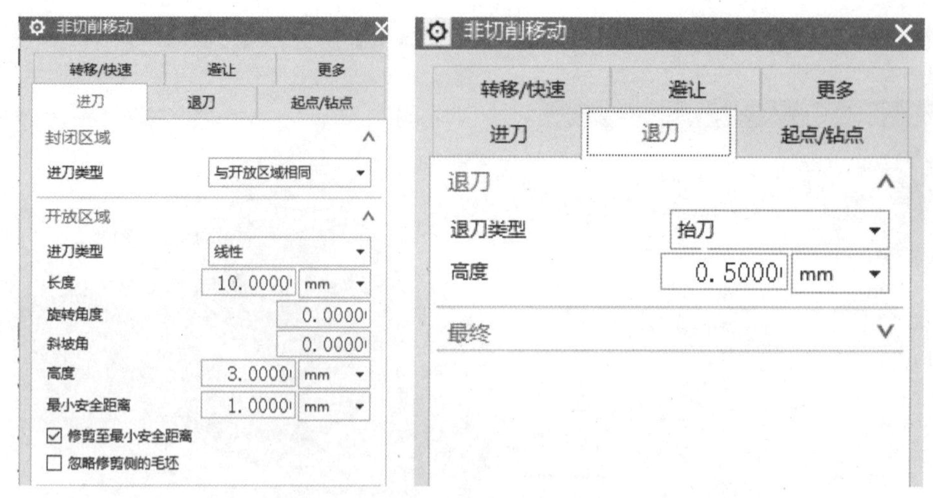

图 2-2-36 右半球【非切削移动】设置

9）进给率和速度设置：【主轴速度】设为“8 000”，【进给率】设为“1 500”，计算后返回。

10）刀路生成：参数设置完成后，单击【刀路生成】按钮查看该策略编程刀路，如图 2-2-37 所示。

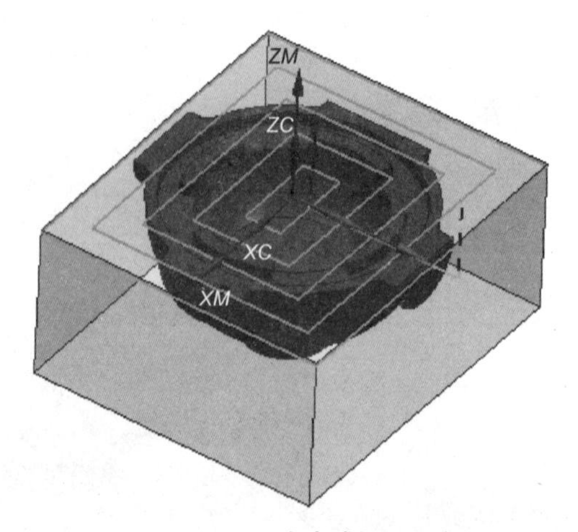

图 2-2-37 右半球加工刀路

小贴士：观看“右半球加工刀路”，可以扫描二维码 2-2-2 学习。

二维码 2-2-2

（3）创建内腔粗铣工序

内腔粗铣工序参照左半球粗铣操作进行。

（4）新建程序组

新建程序组命名为“右半球工序二”

（5）创建凹腔精铣工序

1）刀路创建：依次选择【插入】–【工序】，在【类型】下拉列表中选择【mill_contour】，【工序子类型】选择【型腔铣】，【名称】下方的方框中输入“凹腔精铣_CAVITY_MILL”。

2）几何体设置：选择“WORKPIECE”，修剪边界同上一步，其他参数保持不变。

3）刀具及刀轴设置：【刀具】选择为“T4D6”，【刀轴】设为“+ZM 轴”。

4）刀轨设置：【切削模式】设为“跟随周边”，【步距】设为“刀具平直百分比”，【平面直径百分比】设为“50%”，【公共每刀切削深度】设为“恒定”，【最大距离】设为“1”。

5）切削层设置：【范围类型】设为“用户自定义”，【切削层】设为“仅在范围底部”设置范围顶部为凸台角点，【范围深度】保持“4.5”，其他参数保持不变，如图 2–2–38 所示。

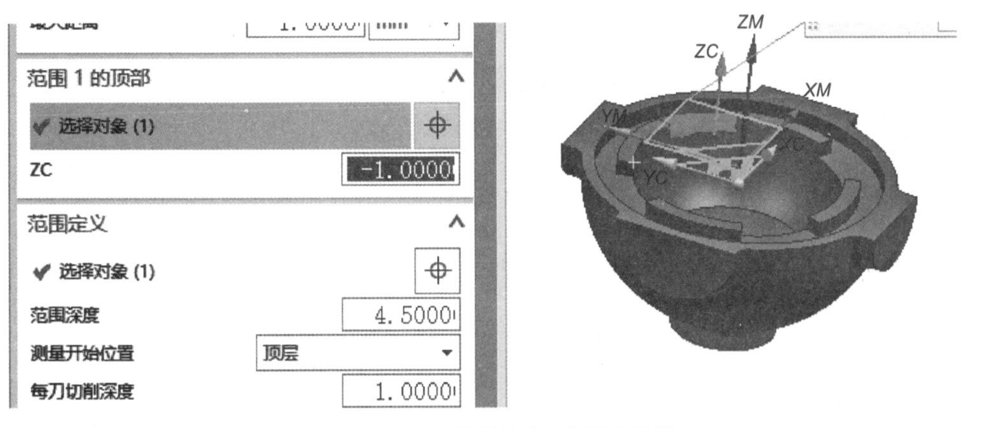

图 2–2–38　凹腔精铣【切削层】设置

6）切削参数设置：【策略】选项卡中，【切削方向】设为“顺铣”，【切削顺序】设为“层优先”，【刀路方向】设为“向外”；【余量】选项卡中，部件余量均设为“0”，其他参数保持不变，如图 2–2–39 所示。

图 2–2–39　凹腔精铣【切削参数】设置

7）非切削参数设置：【进刀】选项卡中，将【封闭区域 进刀类型】设为“与开放区域相同”，将【开放区域 进刀类型】设为“圆弧”（半径 1 mm，圆弧角度 90°，高度 0.5 mm，最小安全距离 50%），【退刀】选项卡中，将【退刀类型】设为“抬刀”，【高度】设为“1”，如图 2-2-40 所示。

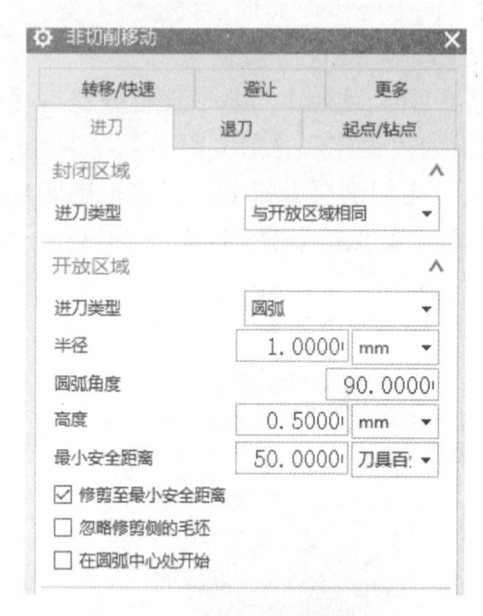

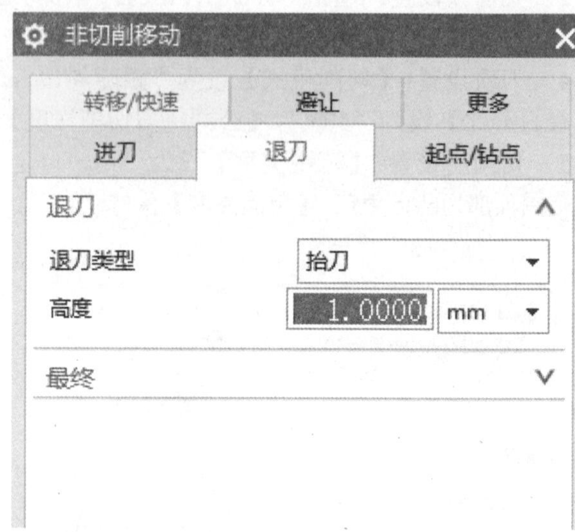

图 2-2-40　凹腔精铣【非切削移动】设置

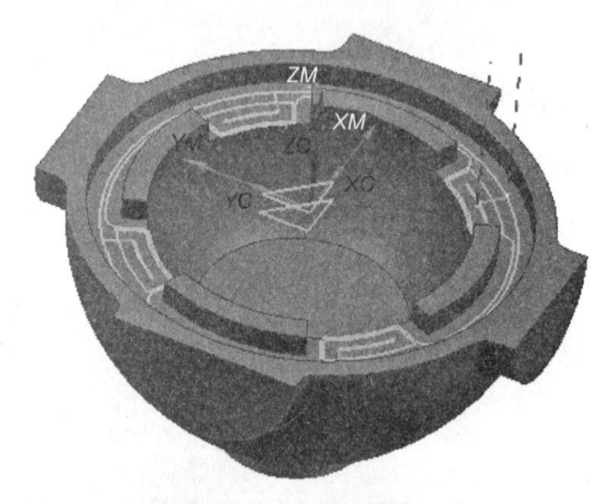

图 2-2-41　凹腔精铣刀路

8）进给率和速度设置：【主轴速度】设为“10 000”，【进给率】设为“1 000”。

9）刀路创建：参数设置完成后，单击【刀路生成】按钮查看该策略编程刀路以及 3D 仿真效果，如图 2-2-41 所示。

（6）右半球精加工工序创建

右半球底面精铣工序、球面精铣工序可参照左半球相同工序完成。

（7）创建凸台精铣工序

1）刀路创建：依次选择【插入】-【工序】，在【类型】下拉列表中选择【PLANAR_MILL】，【名称】下方的方框中输入“凸台精铣_PLANAR_MILL”。

2）几何体设置：选择“WORKPIECE”。

3）部件边界设置：在“面”模式下，选择图 2-2-42 所示平面作为边界，然后进入【编辑边界】设置环境，依次设定“封闭的”“自动”“内部”，并选择【编辑】调整刀具位置为“相切”。

4）指定底面：选择图 2-2-43 所示平面作为参考平面，【距离】输入“0”。

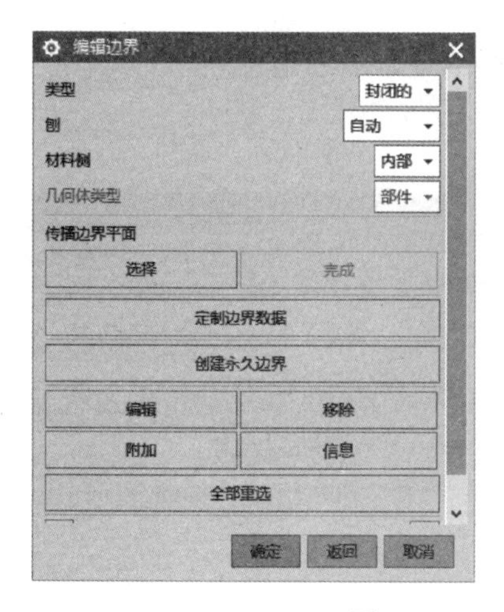

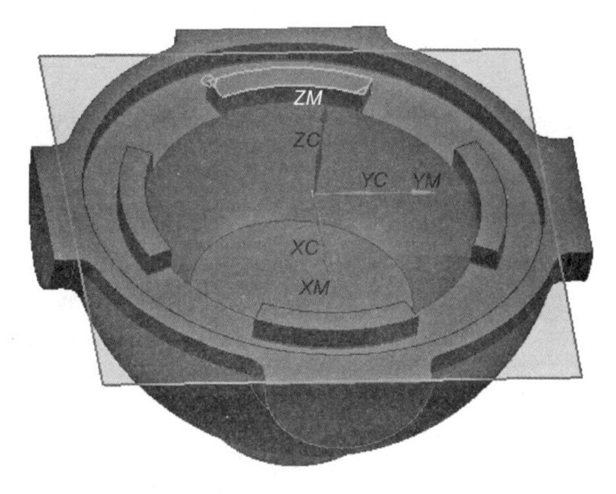

图 2-2-42　凸台精铣部件【编辑边界】

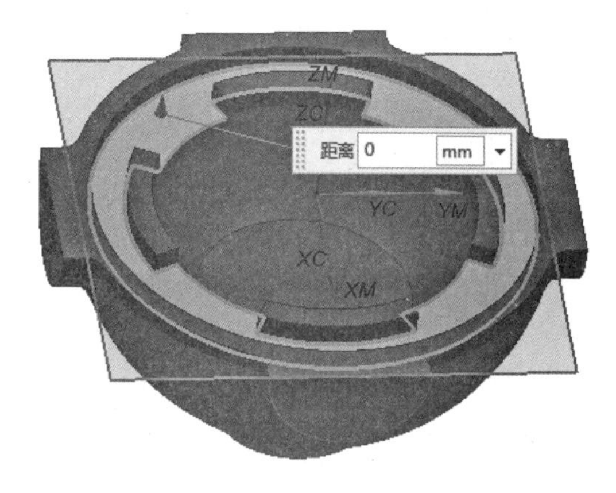

图 2-2-43　凸台精铣底面设置

5）刀具及刀轴设置：【刀具】选择为“T4D6”，【刀轴】设为“+ZM 轴”。

6）刀轨设置：【切削模式】设为“轮廓”，【步距】设为“刀具平直百分比”，【平面直径百分比】设为“50%”，【附加刀路】设为“0”，【切削层】设为“仅底面”，其他不变，如图 2-2-44 所示。

图 2-2-44　凸台精铣【刀轨设置】

7）切削参数设置：【策略】选项卡中，【切削方向】设为“顺铣”，【切削顺序】设为“层优先”，【刀路方向】设为“向外”；【余量】选项卡中，部件余量均设为“0”，其他参数保持不变。

8）非切削参数设置：【进刀】选项卡中，将【封闭区域 进刀类型】设为“与开放区域相同”，将【开放区域 进刀类型】设为“圆弧”（半径 0.5 mm，圆弧角度 90°，高度 1 mm，最小安全距离 1 mm），如图 2-2-45 所示；【退刀】选项卡中，将【退刀类型】设为“与进刀相同”;【起点/钻点】选项卡中，选择图 2-2-46 所示圆心点为指定点。

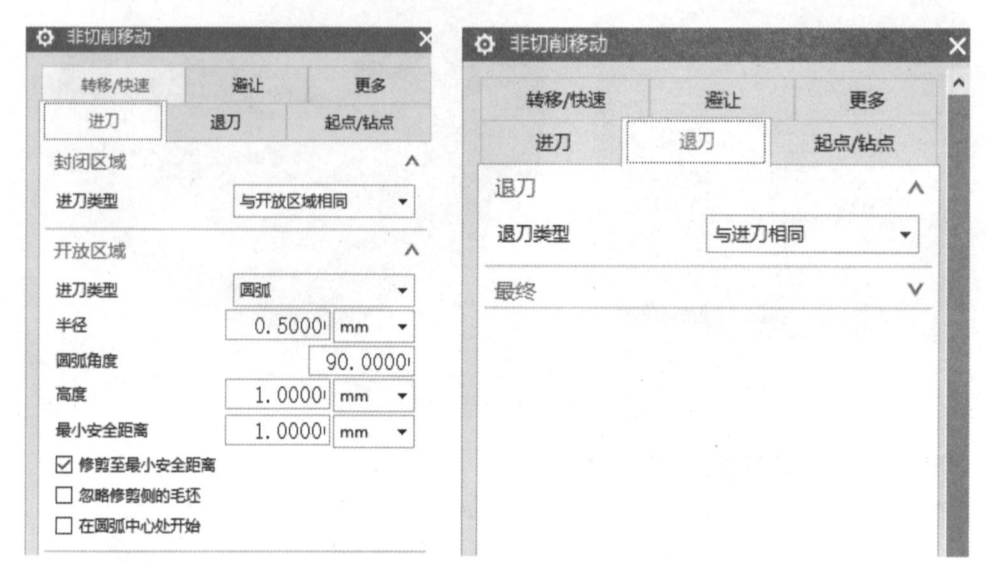

图 2-2-45　凸台精铣【非切削移动】设置

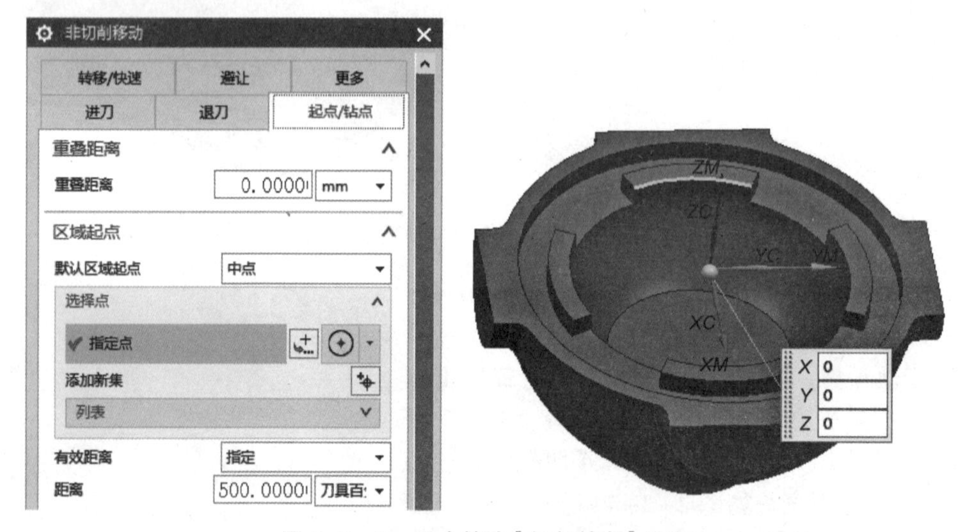

图 2-2-46　凸台精铣【起点/钻点】设置

9）进给率和速度设置：【主轴速度】设为“8 000”,【进给率】设为“1 000”。计算后返回。

10）刀路生成：参数设置完成后，单击【刀路生成】按钮生成刀路；右击该刀路选择对象，进入【变换】界面，按照图 2-2-47 所示参数设置将刀路复制三份，然后查看四个凸台的编程刀路状况。

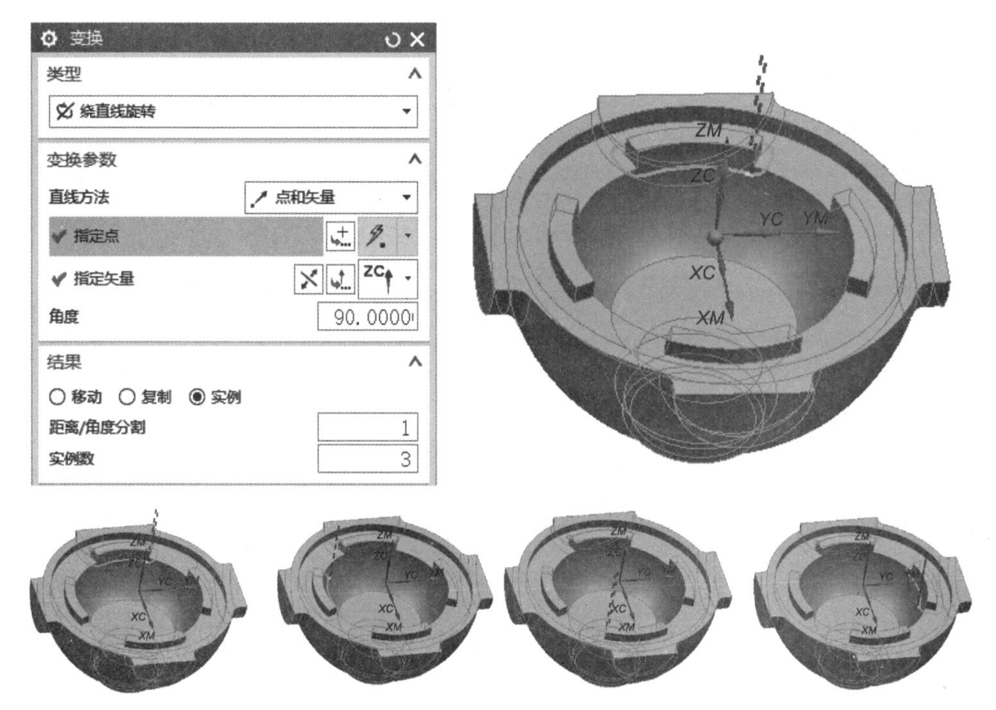

图 2-2-47　凸台的编程刀路

5. 外部特征加工

(1) 球体建模环境配置

1) 导入模型：打开 UG NX10.0 软件，选择"半球装配体.prt"文件（见本书随赠的素材资源包中）。打开后，将该模型备份至图层 100 中并隐藏，以备后用。进入建模模块，通过"删除面"工具删除全部孔特征，再通过"替换面"工具去除上侧、左侧、右侧的凹陷平面。双击激活 WCS 坐标系，将其方位按照图 2-2-48 所示调整。

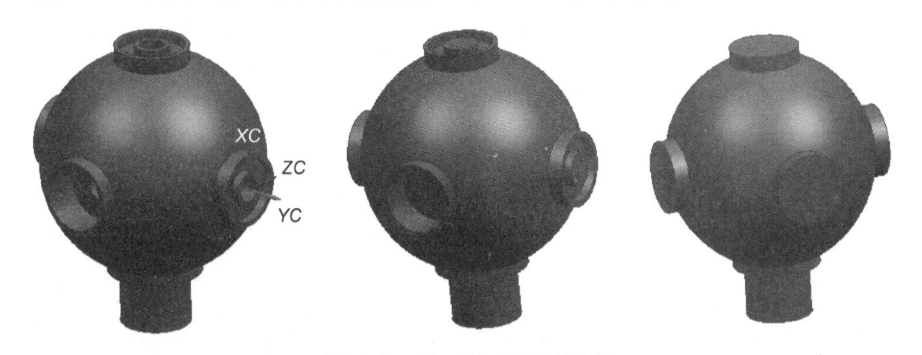

图 2-2-48　设置 WCS 过程

2) 毛坯创建：在建模环境下，结合实际加工工艺情况，对左、右两半球装配后所得到的外部特征进行建模，搭建如图 2-2-49 所示的长方体毛坯，确保将半球装配体完全覆盖。

3) 刀具建立：进入加工环境，建立加工所需的刀具：T1D16（立铣刀）、T2D12（立铣刀）和 T3D8R4（球头刀），如图 2-2-50 所示。

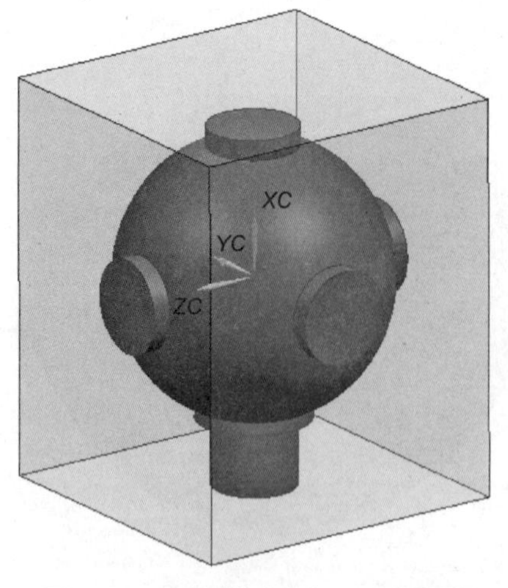

图 2-2-49　球体底部加工毛坯设置

名称
GENERIC_MACHINE
未用项
T1D16
T2D12
T3D8R4

图 2-2-50　加工环境界面

4）加工环境 MCS 设置：在【加工环境】中打开【几何视图】，将加工坐标系 MCS 设置在毛坯上表面中心处，重命名为“MCS_01”，在【安全设置选项】下拉列表中选择“平面（刨）”，【安全距离】设为“30”，完成安全平面设置，WORKPIECE 设置毛坯为长方体，部件为半球装配体，如图 2-2-51 所示。

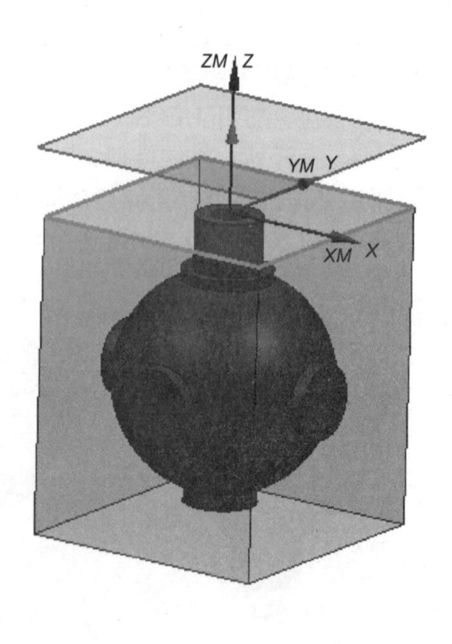

图 2-2-51　加工环境【MCS 铣削】

6. 球体加工刀路创建

（1）新工序创建

新建程序组，命名为“半球装配体工序一”。

（2）创建配合圆柱粗铣工序

1）刀路创建：右键依次选择【插入】–【工序】，在【类型】下拉列表中选择【mill_contour】，【工序子类型】选择【型腔铣】，【名称】下方的方框中输入“配合圆柱粗铣_CAVITY_MILL”。

2）几何体设置：选择“WORKPIECE”，其余参数保持不变。

3）刀具及刀轴设置：【刀具】选择为“T1D16”，【刀轴】设为“+ZM 轴”。

4）刀轨设置：【切削模式】设为“跟随周边”，【步距】设为“刀具平直百分比”，【平面直径百分比】设为“75%”，【公共每刀切削深度】设为“恒定”，【最大距离】设为“1”。

5）切削层设置：【范围类型】设为“自动”，【切削层】设为“恒定”，选择图 2–2–52 所示平面作为范围底部，其他参数保持不变。

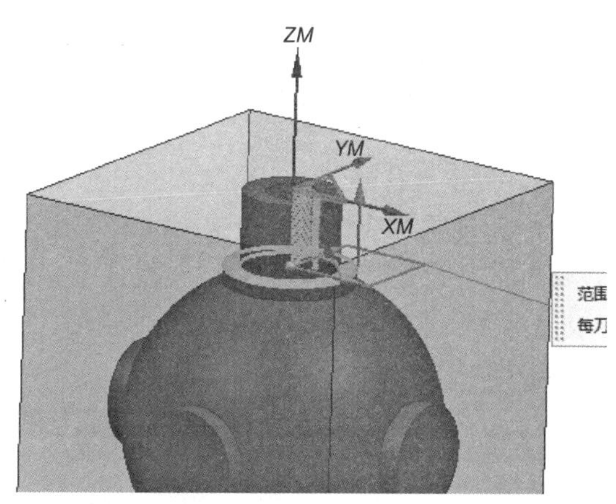

图 2–2–52　球体底部【切削层】设置

6）切削参数设置：【策略】选项卡中，【切削方向】设为“顺铣”，【切削顺序】设为“层优先”，【刀路方向】设为“向内”；【余量】选项卡中，【部件底面余量】和【部件侧面余量】分别设为“0”和“0.3”，其余参数保持不变，如图 2–2–53 所示。

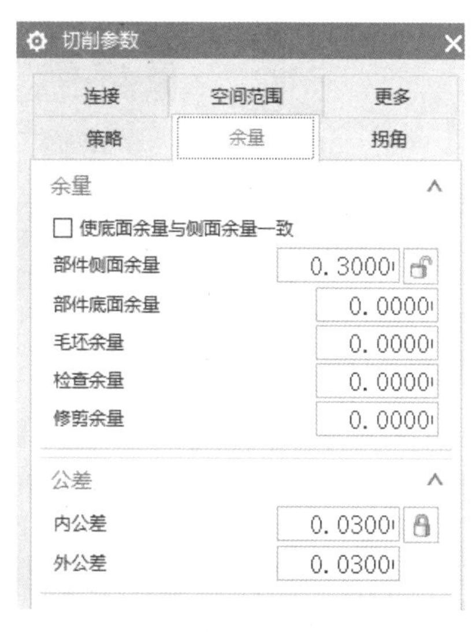

图 2–2–53　球体底部【切削参数】设置

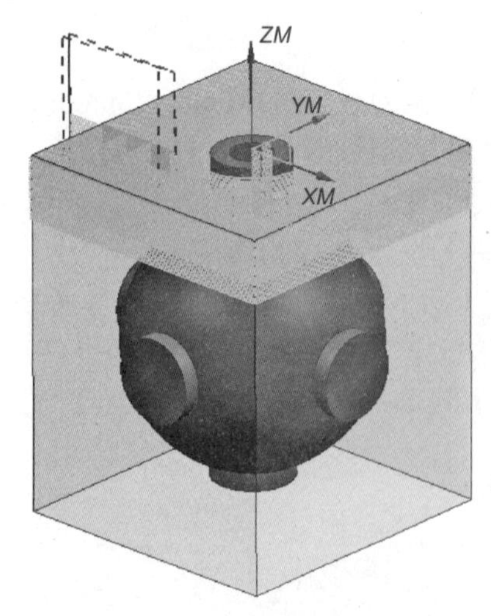

图 2-2-54　球体底部加工刀路

7）非切削参数设置：【进刀】选项卡中，将【封闭区域 进刀类型】设为“与开放区域相同”，将【开放区域进刀类型】设为“圆弧”（半径 1 mm，圆弧角度 90°，高度 0.5 mm，最小安全距离 50%）；【退刀】选项卡中，将【退刀类型】设为“抬刀”，【高度】设为“1”。

8）进给率和速度设置：【主轴速度】设为“8 000”，【进给率】设为“1 500”。

9）刀路生成：参数设置完成后，单击【刀路生成】按钮查看该策略编程刀路以及 3D 仿真效果，如图 2-2-54 所示。

（3）创建配合柱精铣工序

1）刀路创建：依次选择【插入】-【工序】，在【类型】下拉列表中选择【PLANAR_MILL】，【名称】下方的方框中输入“配合柱精铣_PLANAR_MILL”。

2）几何体设置：选择“WORKPIECE”。

3）部件边界设置：在“曲线/边”模式下，选择图示曲线作为边界，然后进入【编辑边界】设置环境，依次设为“封闭的”“自动”“内部”，并选择【编辑】调整刀具位置为“相切”，如图 2-2-55 所示。

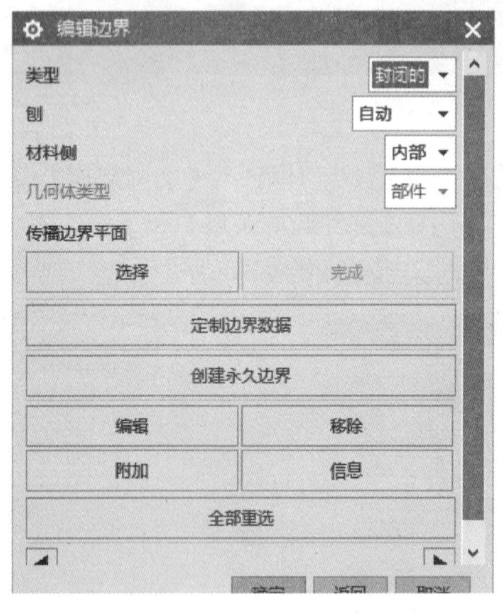

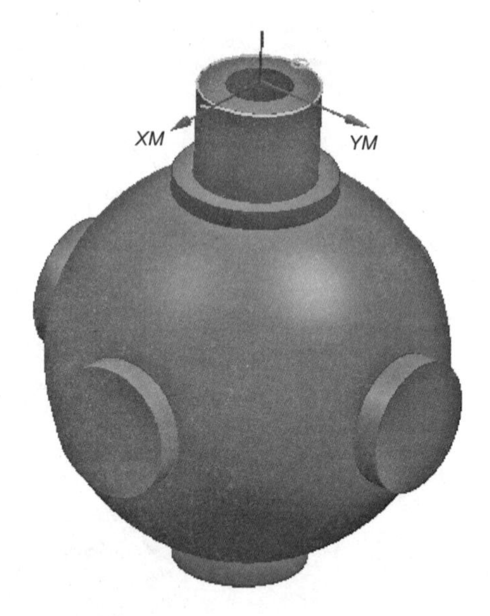

图 2-2-55　配合柱精铣【编辑边界】

4）指定底面：选择图 2-2-56 所示平面作为参考平面，【距离】输入“0”。

5）刀具及刀轴设置：【刀具】选择为“T2D12”，【刀轴】设为“+ZM 轴”。

6）刀轨设置：【切削模式】设为“轮廓”，【步距】设为“刀具平直百分比”，【平面直径百分比】设为“75%”，【切削层】设为“仅底面”，其他参数保持不变，如图 2-2-57 所示。

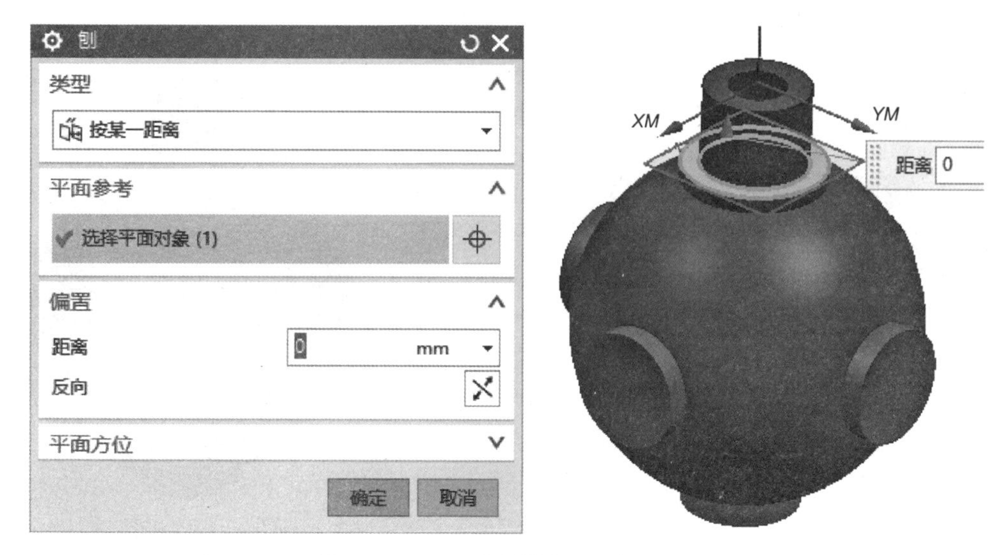

图 2-2-56　配合柱精铣加工底面设置

图 2-2-57　配合柱精铣加工刀具设置

7）切削参数设置：【策略】选项卡内【刀路方向】设为“向内”，【余量】选项卡中，部件余量均设为“0”，其余参数保持不变。

8）非切削参数设置：【进刀】选项卡中，将【封闭区域 进刀类型】设为“与开放区域相同”，将【开放区域 进刀类型】设为“圆弧”（半径 1 mm，圆弧角度 90°，高度 0.5 mm，最小安全距离 50%）；【退刀】·选项卡中，将【退刀类型】设为“与进刀相同”。

9）进给率和速度设置:【主轴速度】设为“8 000”,【进给率】设为“1 000”，计算后返回。

10）刀路生成：参数设置完成后，单击【刀路生成】按钮查看该策略编程刀路，如图 2–2–58 所示。

（4）创建螺纹铣削工序

1）刀路创建：依次选择【插入】–【工序】，在【类型】下拉列表中选择【hole_making】,【工序子类型】选择【BOSS_THREAD_MILLING】,【名称】下方的方框中输入“螺纹铣削_BOSS_THREAD_MILLING”。

2）几何体设置：几何体设为“MCS_01”。

3）指定特征几何体：选择图 2–2–59 所示外圆柱面,【牙型和螺距】设为“从模型”,【螺距】设为“1.5”。

4）刀具设置：新建一把螺纹铣刀。【直径】设为“16”,【刀刃长度】设为“15”,【螺距】设为“1.5”，如图 2–2–60 所示。

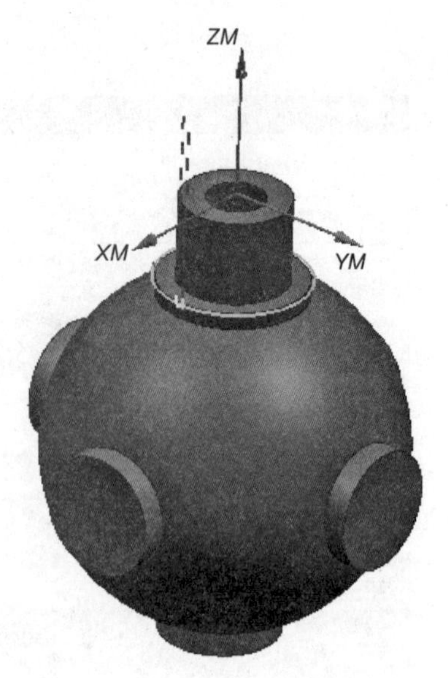

图 2–2–58　配合柱精铣加工刀路

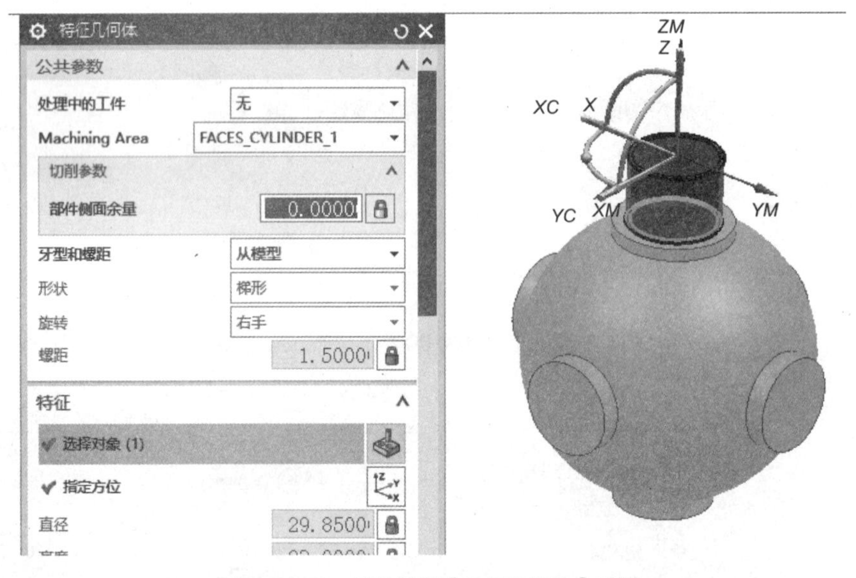

图 2–2–59　螺纹铣削【特征几何体】设置

5）刀轨设置:【轴向步距】设为“牙数 10”,【径向步距】设为“恒定”,【最大距离】和【螺旋刀路】均设为“0”。

6）切削参数设置:【策略】选项卡中,【切削方向】设为“顺铣”，勾选“连续切削”，其他参数保持不变，如图 2–2–61 所示。

7）非切削参数设置:【进刀】选项卡中,【进刀类型】设为“螺旋”,【最小安全距离】设为“0.5”;【退刀】选项卡中，将【退刀类型】设为“与进刀相同”，其余参数不变。

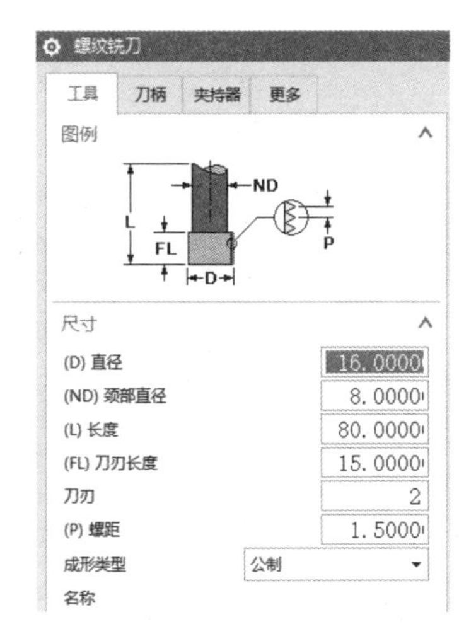

图 2-2-60　螺纹铣削加工刀具选择

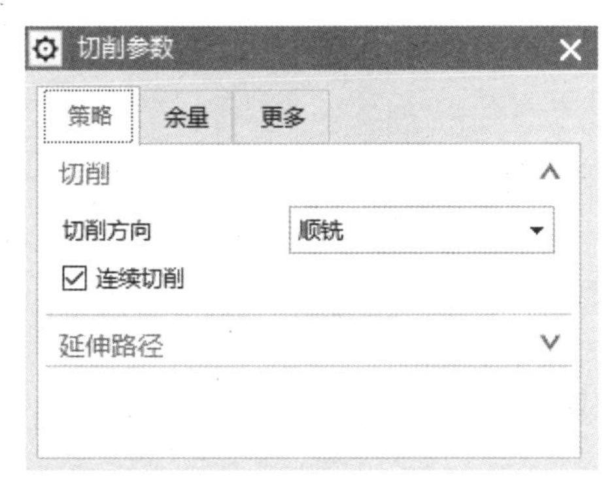

图 2-2-61　螺纹铣削【切削参数】与【非切削移动】设置

8）进给率和速度设置：【主轴速度】设为“1 200”，【进给率】设为“200”，计算后返回。

9）刀路生成：参数设置完成后，单击刀路【刀路生成】按钮查看该策略编程刀路，如图 2-2-62 所示。

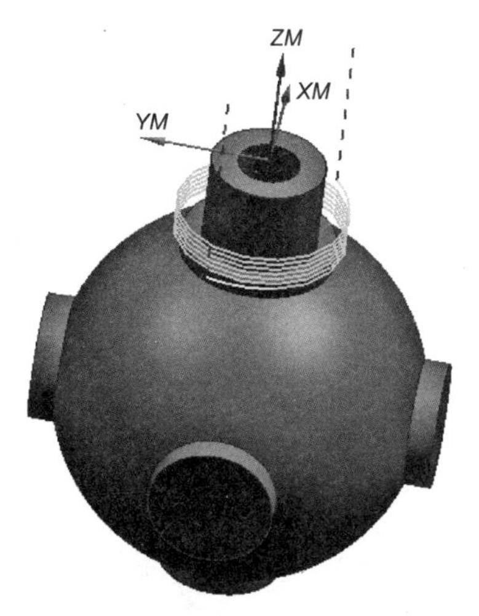

图 2-2-62　螺纹铣削加工刀路

小贴士：观看“螺纹铣削的加工”，可以扫描二维码 2-2-3 学习。

二维码 2-2-3

（5）球体对向开粗环境设置

1）特征设置：在建模环境下，对上一工序毛坯进行调整，调整后刚好露出螺纹部分，如图 2-2-63 所示。

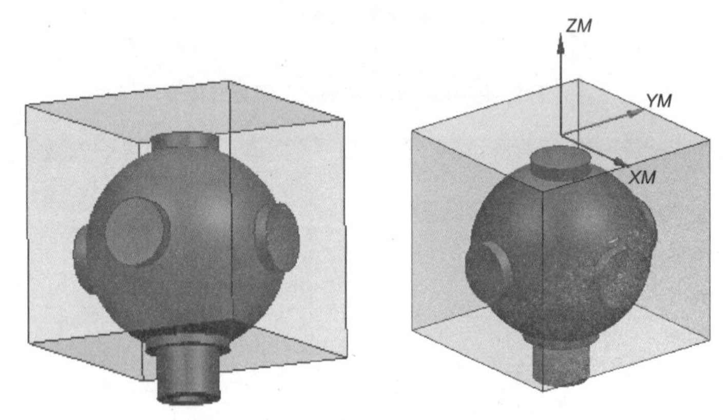

图 2-2-63　球体对向开粗特征设置

2）MCS 设置：进入加工环境，将加工坐标系 MCS 设置在毛坯上表面中心处，重命名为“MCS_02”，【安全设置选项】选择“圆柱”，选择配合柱底部圆心为指定点，选择配合柱外圆为指定矢量，【半径】设为“85”。WORKPIECE 设定：选择方块为毛坯，选择装配体为部件，如图 2-2-64 所示。

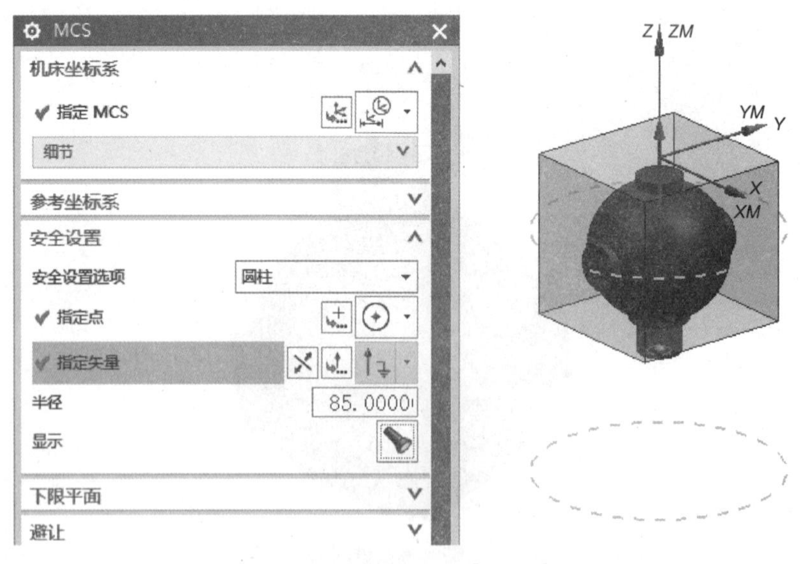

图 2-2-64　球体对向开粗【MCS】设置

（6）新工序创建

新建程序组，命名为“半球装配体工序二”。

（7）创建正向粗铣工序

1）刀路创建：依次选择【插入】–【工序】，在【类型】下拉列表中选择【mill_contour】，【工序子类型】选择【型腔铣】，【名称】下方的方框中输入“正向粗铣_CAVITY_MILL”。

2）几何体设置：选择“WORKPIECE”，其他保持不变。

3）刀具及刀轴设置：【刀具】选择为“T1D16”，【刀轴】设为“指定矢量”，选择图 2–2–65 所示平面。

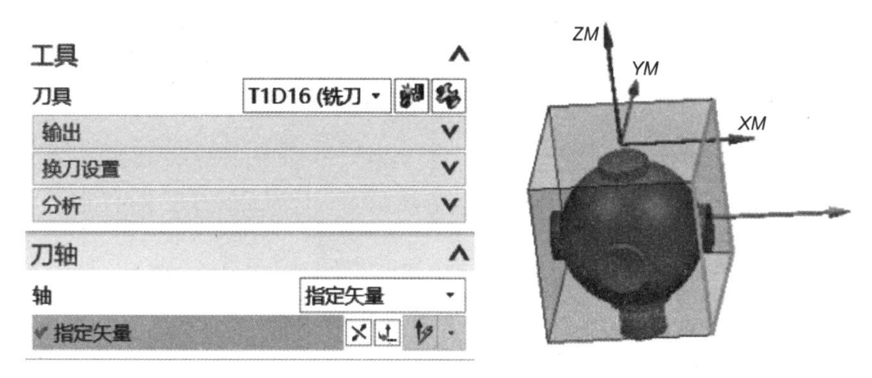

图 2–2–65　球体正向开粗加工刀具设置

4）刀轨设置：【切削模式】设为“跟随周边”，【步距】设为“刀具平直百分比”，【平面直径百分比】设为“75%”，【公共每刀切削深度】设为“恒定”，【最大距离】设为“1”。

5）切削层设置：【范围类型】设为“用户定义”，【切削层】设为“恒定”，【范围深度】输入“55.5”，其他参数保持不变，如图 2–2–66 所示。

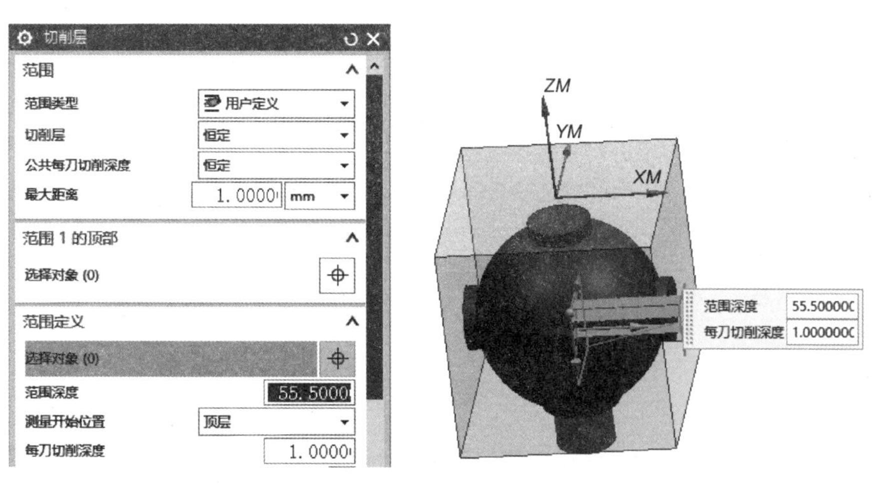

图 2–2–66　球体正向开粗【切削层】设置

6）切削参数设置：【策略】选项卡中，【切削方向】设为“顺铣”，【切削顺序】设为“层优先”,【刀路方向】设为“向内”;【余量】选项卡中,【部件侧面余量】设为“0.3”,其余参数不变,如图 2-2-67 所示。

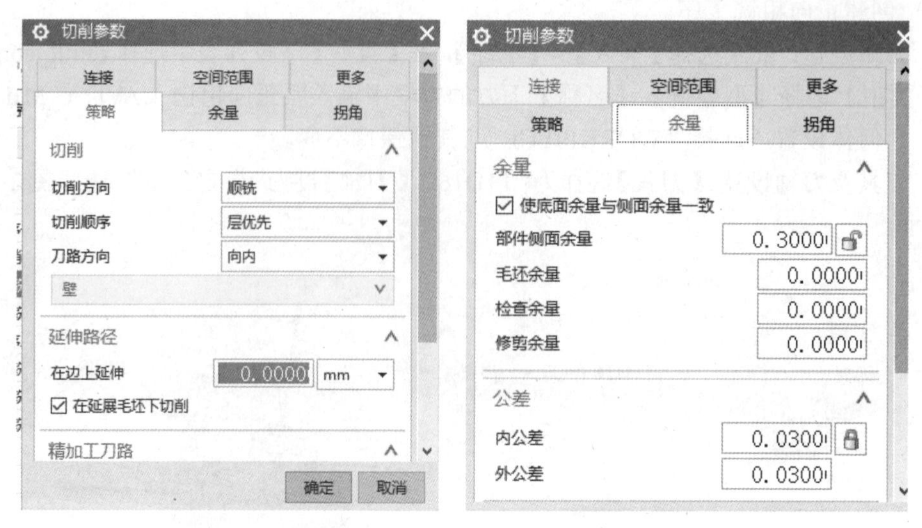

图 2-2-67 球体正向开粗【切削参数】设置

7)非切削参数设置:【进刀】选项卡中,将【封闭区域 进刀类型】设为“与开放区域相同”,将【开放区域 进刀类型】设为“圆弧”(半径 1 mm,圆弧角度 90°,高度 0.5 mm,最小安全距离 50%);【退刀】选项卡中,将【退刀类型】设为“抬刀”,【高度】设为“1”,如图 2-2-68 所示。

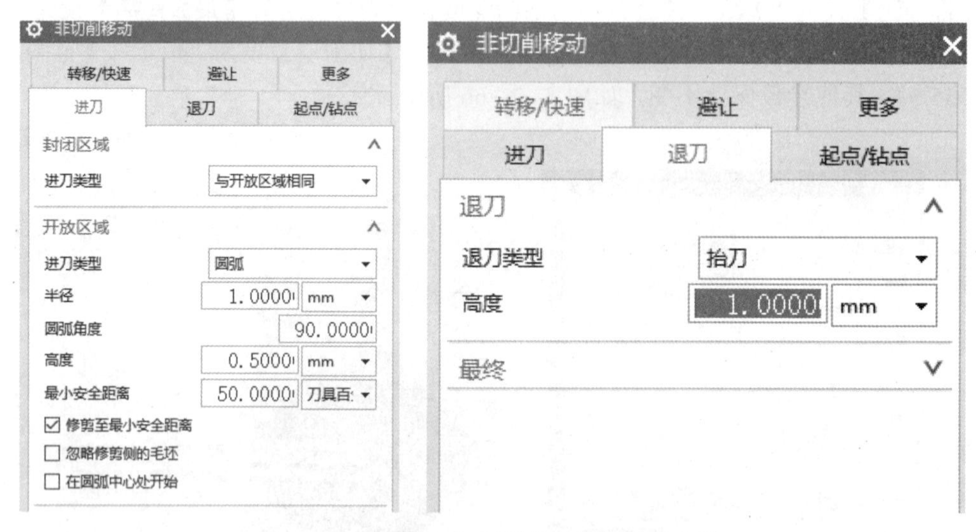

图 2-2-68 球体正向开粗【非切削参数】设置

8)进给率和速度设置:【主轴速度】设为“8 000”,【进给率】设为“1 500”。

9)刀路生成:参数设置完成后,单击【刀路生成】按钮查看该策略编程刀路以及 3D 仿真效果,如图 2-2-69。

（8）创建对向粗铣工序

1）刀路创建：依次选择【插入】–【工序】，在【类型】下拉列表中选择【mill_contour】，【工序子类型】选择【型腔铣】，【名称】下方的方框中输入“对向粗铣_CAVITY_MILL”。

2）几何体设置：选择“WORKPIECE”，其他参数保持不变。

3）刀具及刀轴设置：【刀具】选择为“T1D16”，【刀轴】设为“指定矢量”，选择图 2–2–70 所示平面。

4）刀轨设置：【切削模式】设为“跟随周边”，【步距】设为“刀具平直百分比”，【平面直径百分比】设为“75%”，【公共每刀切削深度】设为“恒定”，【最大距离】设为“1”。

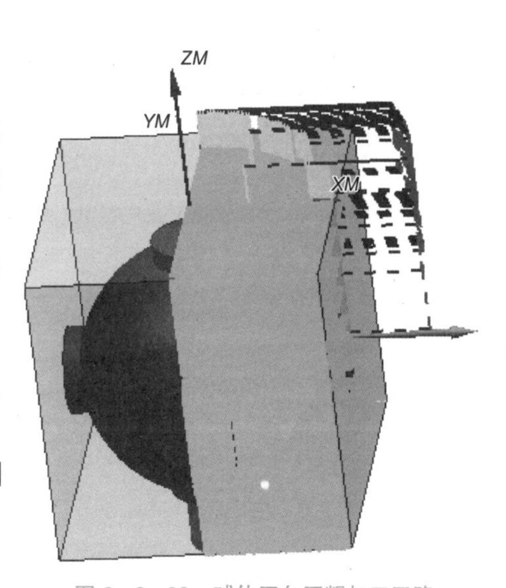

图 2–2–69　球体正向开粗加工刀路

5）切削层设置：【范围类型】设为“用户定义”，【切削层】设为“恒定”，【范围深度】输入“55.5”，其他参数保持不变，如图 2–2–71 所示。

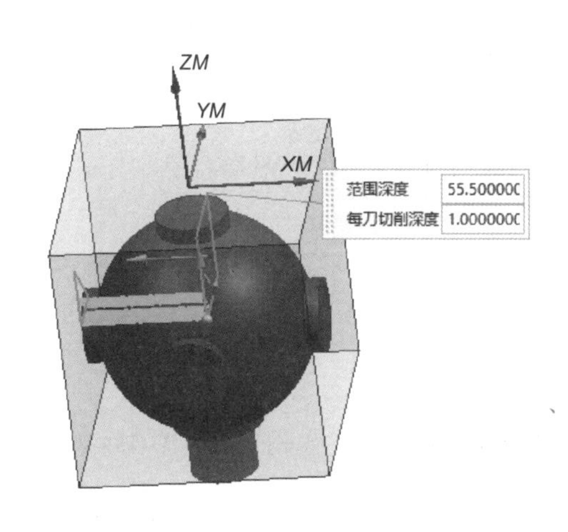

图 2–2–70　球体对向粗铣【刀轴】设置

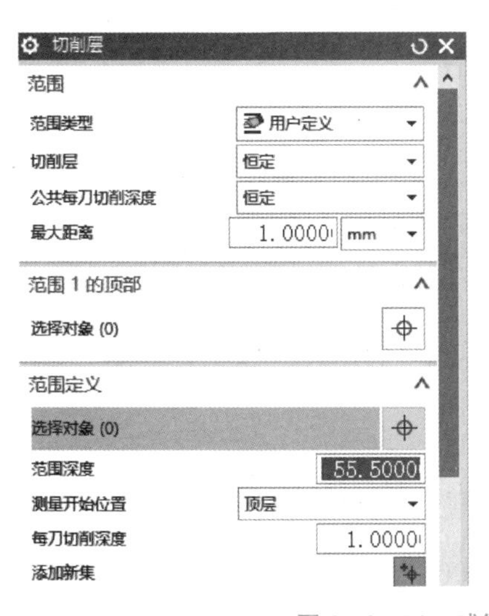

图 2–2–71　球体对向粗铣【切削层】设置

6）切削参数设置：【策略】选项卡中，【切削方向】设为“顺铣”，【切削顺序】设为“层优先”，【刀路方向】设为“向内”；【余量】选项卡中，【部件侧面余量】设为“0.3”，其余参数不变，如图 2-2-72 所示。

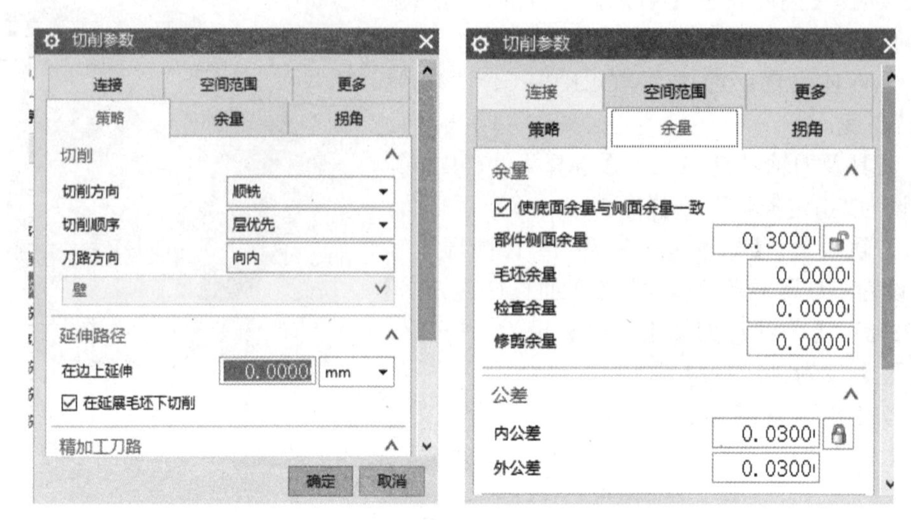

图 2-2-72　球体对向粗铣【切削参数】设置

7）非切削参数设置：【进刀】选项卡中，将【封闭区域 进刀类型】设为“与开放区域相同”，将【开放区域 进刀类型】设为“圆弧”（半径 1 mm，圆弧角度 90°，高度 0.5 mm，最小安全距离 50%）；【退刀】选项卡中，将【退刀类型】设为“抬刀”，【高度】设为“1”，如图 2-2-73 所示。

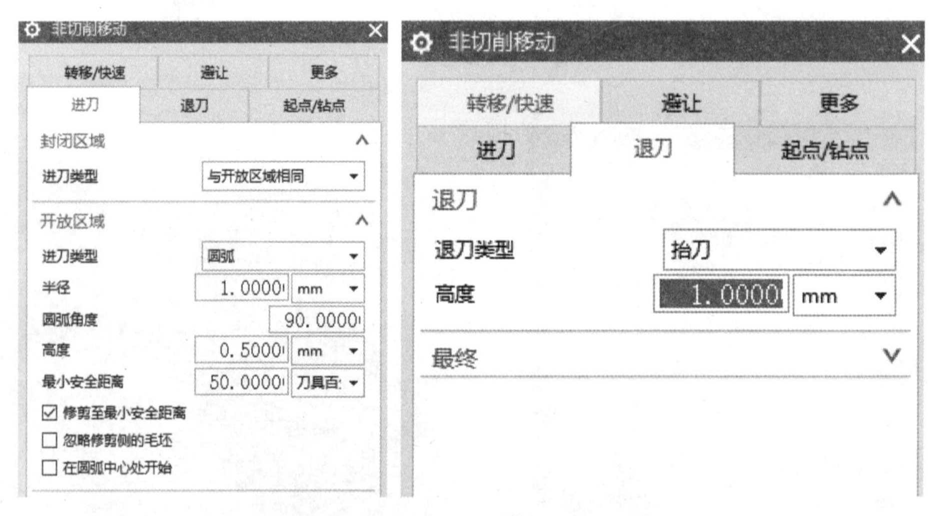

图 2-2-73　球体对向粗铣【非切削移动】设置

8）进给率和速度设置：【主轴速度】设为“8 000”，【进给率】设为“1 500”。

9）刀路生成：参数设置完成后，单击【刀路生成】按钮查看该策略编程刀路以及 3D 仿真效果，如图 2-2-74 所示。

（9）球面精加工刀路创建

1）加工环境设置：进入建模环境，创建如图 2-2-75 所示的两个平面，将半球装配体模型分割为四部分，仅显示其中一部分。

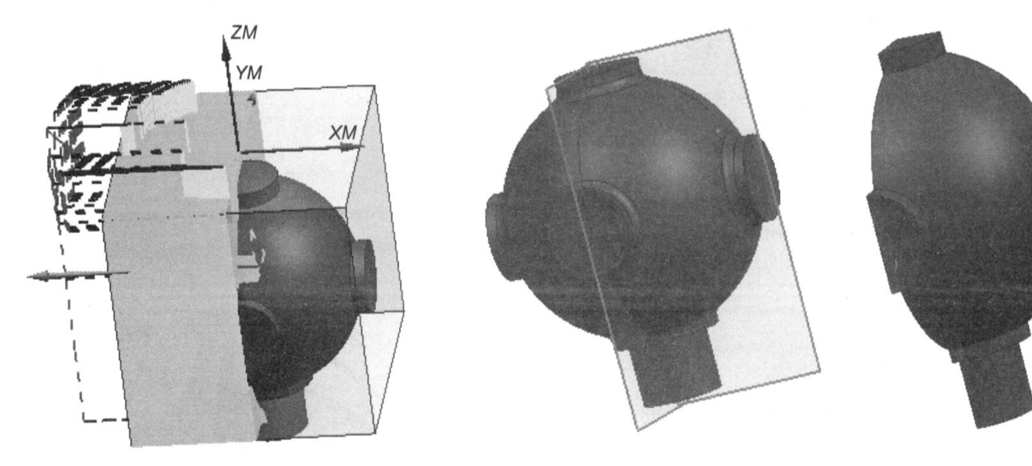

图 2-2-74 球体对向粗铣加工刀路　　图 2-2-75 球面精加工模型

2）刀路创建：进入加工环境，创建球面铣削工序，依次选择【插入】-【工序】，在【类型】下拉列表中选择【mill_muti_axis】，【工序子类型】选择【可变轮廓铣】，【名称】下方的方框中输入“球面铣削_VARIABLE_CONTOUR”。

3）几何体设置：选择“MCS_2”，部件选择当前实体，切削区域选择图 2-2-76 所示曲面。

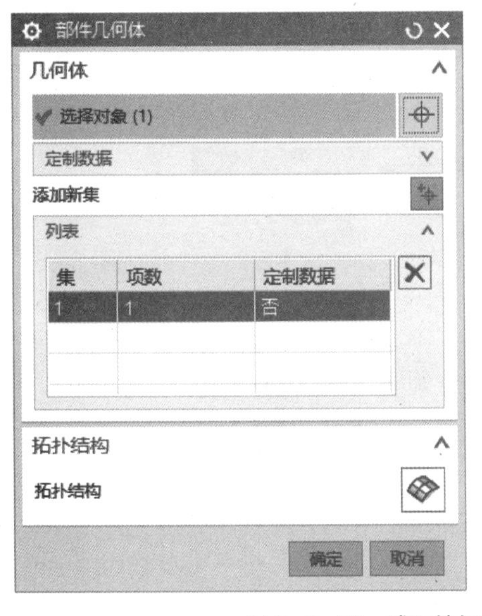

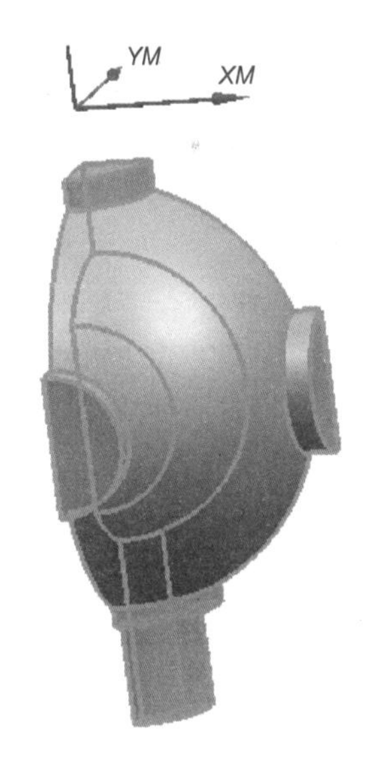

图 2-2-76 球面精加工几何体设置

4）驱动设置：选择“曲面”模式。驱动设为“往复，数量，200”。

5）投影矢量设置：选择“刀轴”。

6）刀具及刀轴设置：【刀具】选择为“T3D8R4”，【刀轴】设为“远离直线”，选择如图 2-2-77 所示配合圆柱面。

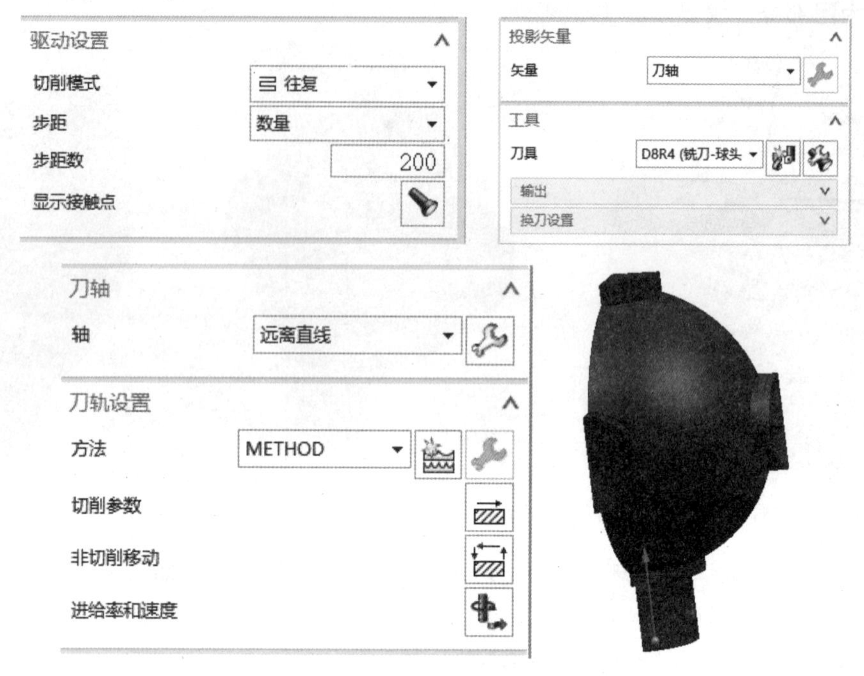

图 2-2-77　球面精加工【驱动设置】

7）切削参数设置：【余量】选项卡中，部件余量均设为“0”，其他参数保持不变。

8）非切削参数设置：【光顺】选项卡中，勾选“替代为光顺连接”，【光顺长度】设为“30%”，【光顺高度】设为“0”，【最大步距】设为“100%”，其余参数不变，如图 2-2-78 所示。

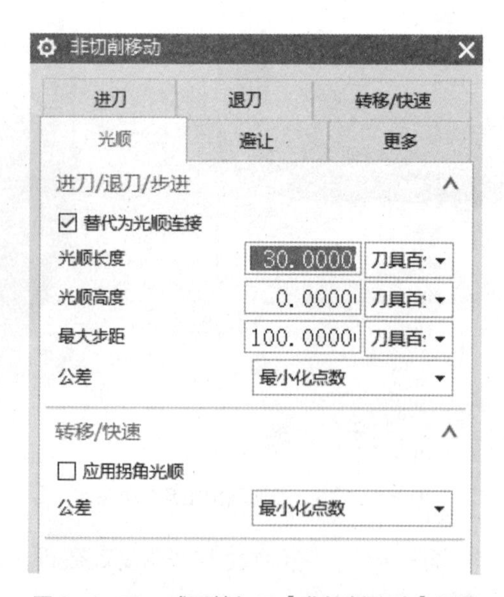

图 2-2-78　球面精加工【非切削移动】设置

9）进给率和速度参数设定：【主轴速度】设为“10 000”，【进给率】设为“1 000”，计算后返回。

10）刀路生成：参数设置完成后，单击【刀路生成】按钮查看该策略编程刀路。显示出其余三部分实体，通过变换，将该刀路绕轴线复制三份，然后查看整体刀路状况，如图 2-2-79 所示。

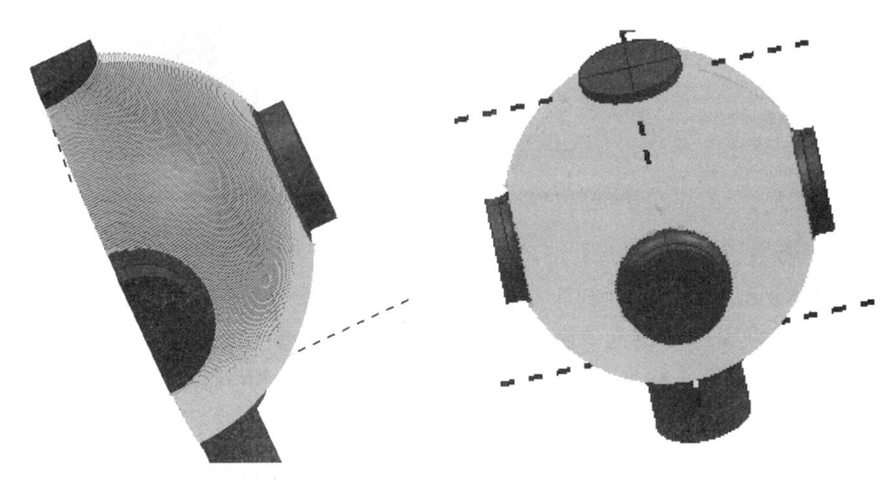

图 2-2-79　球面精加工刀路

（10）凸台圆形腔铣削

1）图层设置：设置图层 100 为工作层，将其与图层前对勾去除，显示出原始模型，如图 2-2-80 所示。

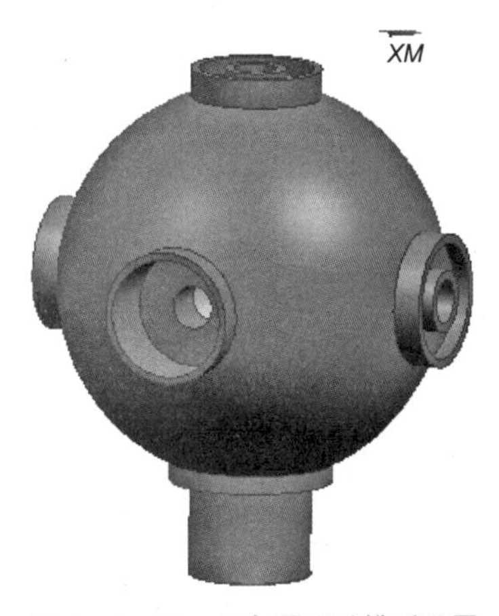

图 2-2-80　凸台圆形腔模型设置

2）刀路创建：进入加工环境，创建凸台圆形腔铣削工序，右击依次选择【插入】-【工序】，在【类型】下拉列表中选择【PLANAR_MILL】，【工序子类型】选择【平面铣】，【名称】下方的方框中输入“凸台圆形腔铣削_PLANAR_MILL”。

3）几何体设置：选择“MCS_2”。

4）刀具及刀轴设置：粗加工时，【刀具】选择“T1D16”，精加工时，【刀具】选择“T2D12”，【刀轴】设为“指定矢量”。

5）部件边界设置：在“曲线/边”模式下，选择与图示边界。在边界设置环境，依次设定“封闭”“用户自定义”“外部”，并选择【编辑】调整刀具位置为“相切”。

6）指定底面：选择与图 2-2-81 所示平面作为参考平面，距离输入“0”。

7）刀轨设置：【切削模式】设为“跟随周边”，【步距】设为“刀具平直百分比”，【平面直径百分比】设为“75%”，【切削层】设为“仅底面”。

8）切削参数设置：【策略】选项卡中，【切削顺序】设定为“层优先”，【刀路方向】设为“向外”；【余量】选项卡中，【余量】选项卡中，【部件侧面余量】设为“0.3”，其余参数保持不变。注意：精加工时，将【部件侧面余量】修改为“0”。

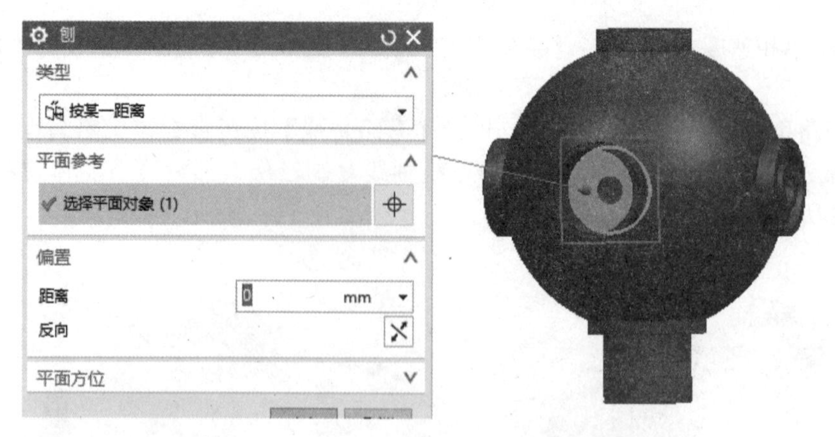

图 2-2-81　凸台圆形腔加工底面设置

9）非切削参数设置：【进刀】选项卡中，将【封闭区域】设为“沿形状斜进刀”（斜坡角 1°，高度 0.5 mm，高度起点前一层，最大宽度无，最小安全距离 0 mm，最小斜面长度 20%）；【退刀】选项卡中，设为“圆弧”（半径 0.5 mm，圆弧角度 90°，高度 1 mm，最小安全距离 1 mm）。注意：精加工时，将“前一层”修改为“当前层”即可，如图 2-2-82 所示。

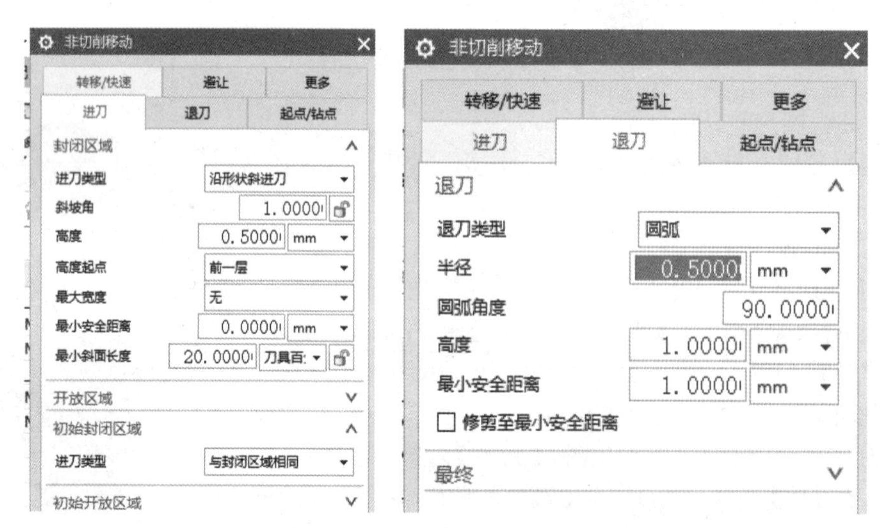

图 2-2-82　凸台圆形腔加工【非切削移动】设置

10）进给率和速度参数设定：【主轴速度】设为“8 000”，【进给率】设为“1 000”。计算后返回，如图 2-2-83 所示。

11）刀路生成：参数设置完成后，单击【刀路生成】按钮查看该策略编程刀路，如图 2-2-83 所示。通过变换，将该刀路绕轴线复制一份，然后查看另一侧刀路状况。

（11）凸台回型腔铣削

1）刀路创建：进入加工环境，创建凸台回形腔粗铣工序，右击依次选择【插入】-【工序】，在【类型】下拉列表中选择【PLANAR_MILL】，【工序子类型】选择【平面铣】，【名称】下方的方框中输入“凸台回形腔粗铣_PLANAR_MILL”。

2）几何体设置：选择“MCS_2”。

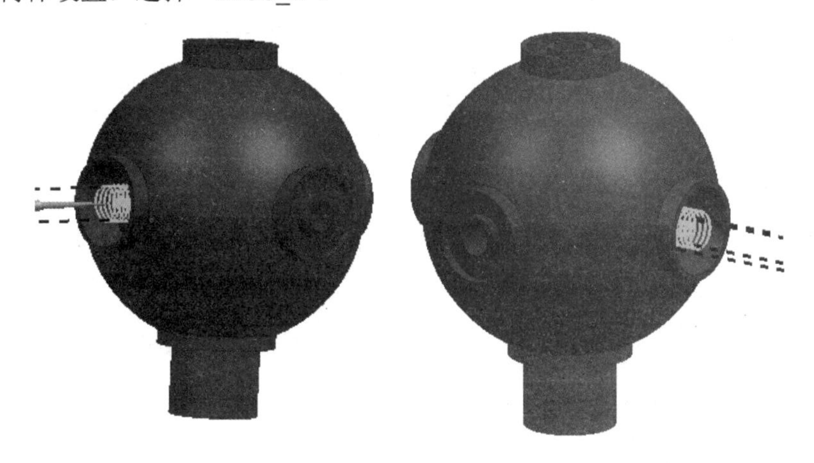

图 2-2-83　凸台圆形腔加工刀路

3）刀具及刀轴设置：【刀具】选择“T4D6”，【刀轴】设为“指定矢量”，按照图 2-2-84 所示设置。

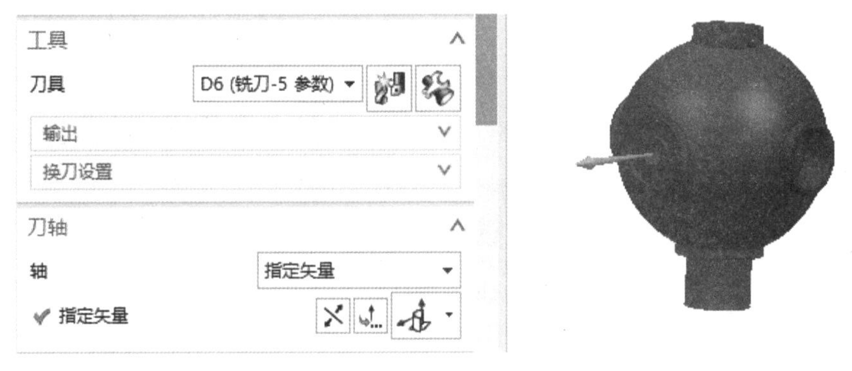

图 2-2-84　凸台回型加工【刀轴】设置

4）部件边界设置：在“曲线/边”模式下，选择与图示边界。在边界设置环境，依次设定“封闭”“用户自定义”“内部”，并选择【编辑】调整刀具位置为“相切”。

5）指定底面：选择与图 2-2-85 所示平面作为参考平面，【距离】输入“0”。

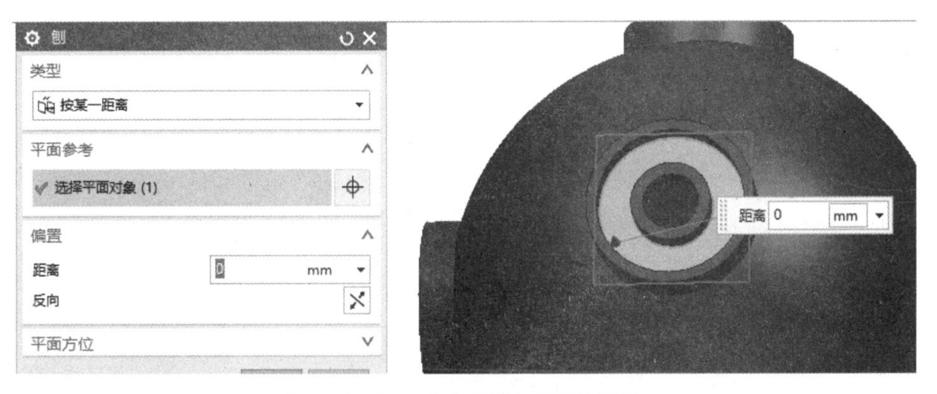

图 2-2-85　凸台回型加工底面设置

6）刀轨设置：【切削模式】设为“轮廓”，【步距】设为“刀具平直百分比”，【平面直径百分比】设为“75%”，【附加刀路】设为“0”，【切削层】设为“仅底面”。

7）切削参数设置：【策略】选项卡中，【切削顺序】设为“层优先”；【余量】选项卡中，【部件侧面余量】量设为“0.25”，其余参数保持不变。

8）非切削参数设置：【进刀】选项卡中，【封闭区域】设为“沿形状斜进刀”（斜坡角 1°，高度 0.5 mm，高度起点前一层，最大宽度无，最小安全距离 0 mm，最小斜面长度 20%）；【退刀】选项卡中，【退刀类型】设为“抬刀”，【高度】设为“1”。注意：精加工时，将“前一层”修改为“当前层”即可，图 2-2-86 所示。

图 2-2-86　凸台回型加工【非切削移动】设置

9）进给率和速度参数设定：【主轴速度】设为“8 000”，【进给率】设为“1 000”，计算后返回。

10）刀路生成：参数设置完成后，单击【刀路生成】按钮，通过变换，将该刀路绕轴线复制两份，查看另三个刀路状况，如图 2-2-87 所示。

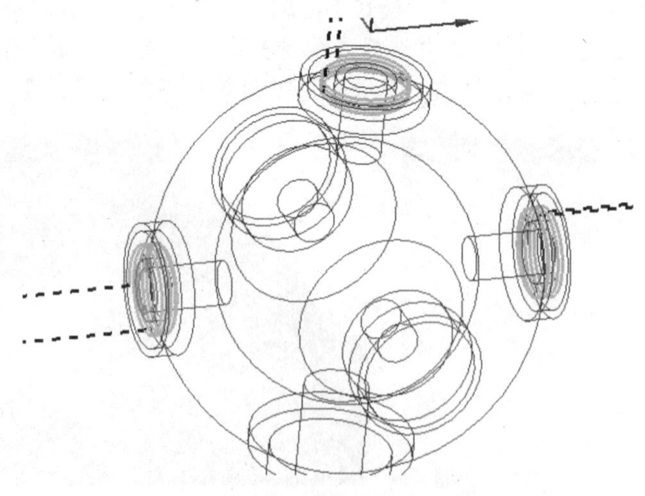

图 2-2-87　凸台回型加工刀路

（12）创建凸台回形腔精铣工序

1）刀路创建：右击依次选择【插入】–【工序】，在【类型】下拉列表中选择【MILL_PLANAR】,【工序子类型】选择【FLOOR_WALL】,【名称】下方的方框中输入“凸台回形腔精铣_FLOOR_WALL”。

2）几何体设置：选择“MCS_2”，部件选择当前实体，底面选择图示曲面，勾选“自动壁”，如图 2–2–88 所示。

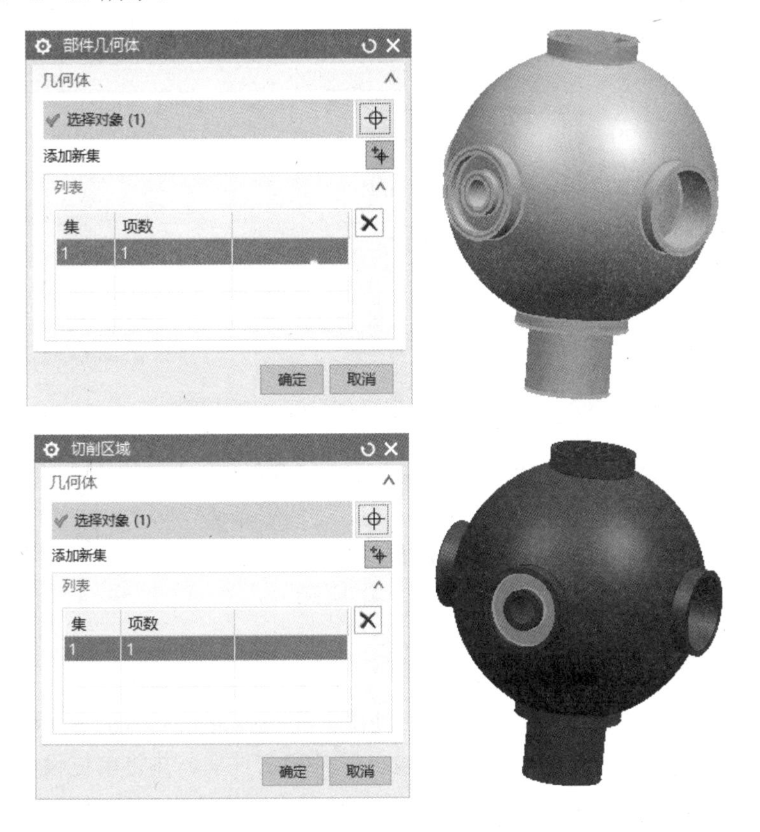

图 2–2–88 凸台回型腔加工模型创建

3）刀具及刀轴设置：【刀具】选择为“T4D6”,【刀轴】设为“垂直于第一个面”。

4）刀轨设置：【切削区域空间范围】选择“底面”,【切削模式】设为“跟随周边”,【步距】设为“刀具平直百分比”,【平面直径百分比】设为“75%”,【切削层】设为“仅底面”，如 2–2–89 所示。

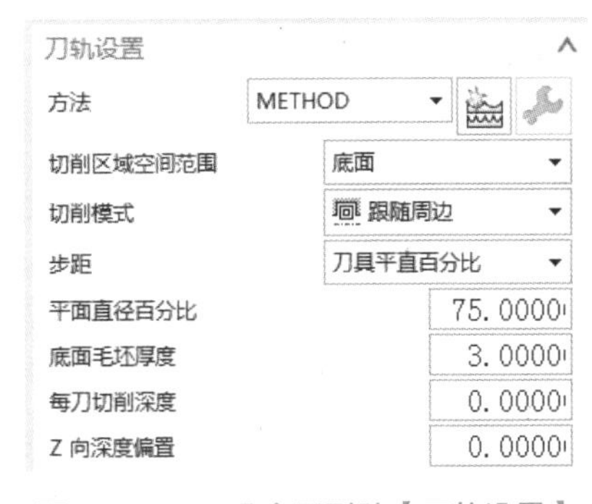

图 2–2–89 凸台回型腔【刀轨设置】

5）切削参数设置：【策略】选项卡中，【切削方向】设为“顺铣”,【刀路方向】设为“向外”,【顺序】设为“层优先”;【余量】选项卡中,【部件侧面余量】设为“0.25”,其他参数保持不变。

6）非切削参数设置：【进刀】选项卡中，将【封闭区域 进刀类型】设为“沿形状斜进刀”（斜坡角 1°，高度 0.5 mm，高度起点前一层，最大宽度无，最小安全距离 0 mm，最小斜面长度 20%）；【退刀】选项卡中，【退刀类型】设为“抬刀”，【高度】设为“1”。注意：精加工时，将“前一层”修改为“当前层”即可，如图 2-2-90 所示。

图 2-2-90　凸台回型腔【非切削移动】设置

7）进给率和速度参数设定：【主轴速度】设为“8 000”，【进给率】设为“1 000”。计算后返回。

8）刀路生成：参数设置完成后，单击【刀路生成】按钮，通过变换，将该刀路绕轴线复制两份，查看另三个刀路状况，如图 2-2-91 所示。

四、后置处理

对已经编制完的刀轨文件右击，选择【后处理】命令，如图 2-2-92 所示。弹出【后处理】对话框，选择合适的【后处理器】，正确设置输出目录和文件名，并将单位设为“公制/部件”。单击【确定】按钮，生成机床可执行的加工指令，在相应机床上完成半球产品加工。

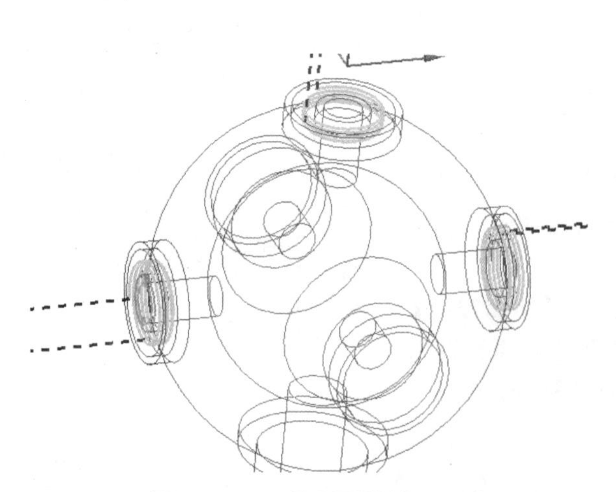

图 2-2-91　凸台回型腔加工刀路

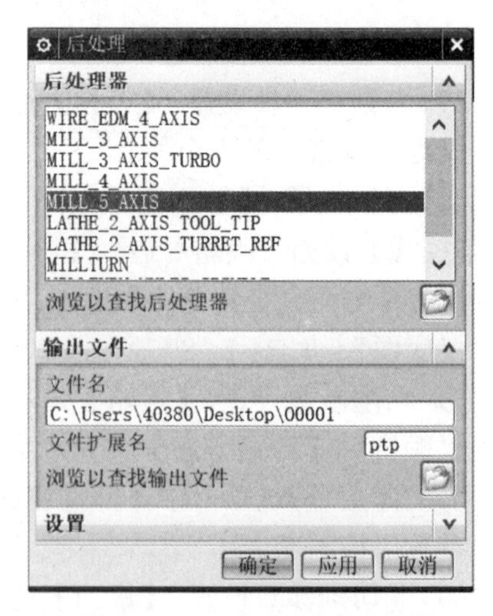

图 2-2-92　【后处理】选择器

知识链接

平面铣泛指一切有关平面的粗加工和精加工的铣削功能，它通过平行于指定的平面进行多层切削来去除材料。平面铣属于 2.5 轴加工方式，它在加工过程首先完成在水平方向的 X、Y 两轴联动，然后再进行 Z 轴方向的下刀，反复进行，最终完成零件加工。使用不同设置平面铣能完成挖槽和外轮廓加工。

（1）平面铣的特点

1）刀具轴垂直于 $X-Y$ 平面，即在切削过程中机床两轴联动。

2）采用边界定义刀具切削运动的区域。

3）调整方便，能很好地控制刀具在边界上的位置。

4）既可以用于粗加工，也可以用于精加工。

基于以上特点，平面铣常用于直壁、底面为平面的零件加工，如型腔底面、型芯顶面、水平分型面、基准面和外形轮廓等。

（2）常见的平面铣操作

常见的平面铣命令有底壁加工、使用边界面铣、平面铣、平面轮廓铣等，如图 2-2-93 所示。

（3）加工边界

在“平面铣”操作中，边界包括“部件边界”“毛坯边界”“检查边界”“修剪边界”和“底平面”，如图 2-2-94 所示。分别说明如下：

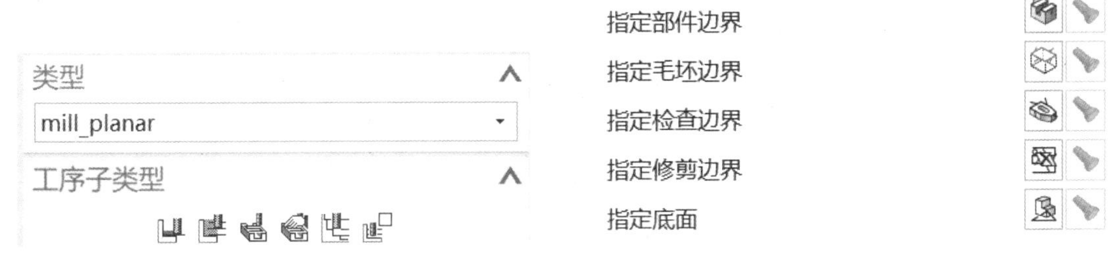

图 2-2-93　平面铣子类型　　　图 2-2-94　平面铣加工边界类型

1）部件边界。部件边界用于描述完成的零件轮廓，它控制刀具的运动方位，可以选择面、点、曲线和永久边界来定义零件边界。选择点时，是将点以选择的顺序用直线连接起来定义切削范围，边界可以是封闭的或开放的；选择面时，以面的边界形成一个封闭的区域来定义。开放边界的材料侧为左侧或右侧，封闭边界的材料侧为内部保留或外部保留。

2）毛坯边界。毛坯边界用于描述将要被加工的材料范围。毛坯边界只能是封闭的，不能开放。毛坯边界不表示最终零件，但可以对毛坯边界直接进行切削或进刀。

3）检查边界。检查边界用于描述刀具不能碰撞的区域，如夹具和压板等位置。检查边界的定义和毛坯边界的定义方法一样，检查边界必须是封闭的。可以通过指定检查边界的余量来定义刀具离开检查边界的距离。

4）修剪边界。修剪边界用于进一步控制刀具的运动范围，可以使用与定义零件边界一样的方法定义修剪边界。修剪边界可以对刀具路径进一步约束，通过指定修剪材料侧为内部还是外部（对于封闭边界），或指定为左侧还是右侧（对于开放边界），可以定义要从操作中排除的切削区域的面积。

5）底平面。在平面铣操作中，底平面用于指定平面铣加工的最低高度。每一个操作中只能有一个底平面，在下一次操作中，又要重新定义底平面。

（4）边界的编辑

平面铣操作使用边界来创建刀具路径，不同的边界组合产生的刀具路径也不一样。如果产生的刀具路径不满足要求，也可以编辑已经定义好的边界几何来改变切削区域。在操作对话框定义了边界几何后，单击相应的“几何体边界”按钮会弹出相应的“编辑边界”对话框，如图 2-2-95 所示。

图 2-2-95 【编辑边界】对话框

本任务以左右半球合并粗精加工为例，详细讲解了此种结构的加工工艺，综合利用了型腔铣、平面铣、可变轮廓铣等刀路的创建方法。如图 2-2-96 所示为左右半球合并加工的工艺思维导图。

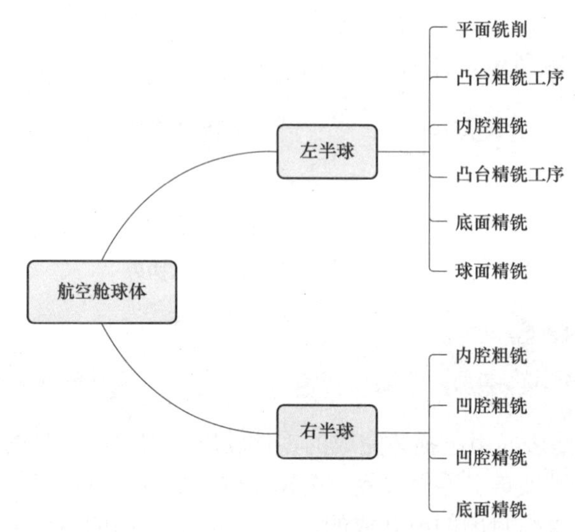

图 2-2-96 航空舱球体加工工艺思维导图

项目三　三叉阀体多轴加工

任务 3-1　三叉左阀体的多轴加工

任务描述

本次任务要求加工图 3-1-1 所示的三叉左阀体零件，该零件主要由三个叉状特征和一个柱状特征构成，该零件是三叉阀体结构的主要组成部分，与其他零部件的装配关系如图 3-1-2 所示。任务实施过程中，不仅要求对零件进行数控加工工艺分析，也要求能够利用 UG NX10.0 软件完成三叉左阀体的自动编程。通过本次任务学习，培养学生达到以下主要目标：

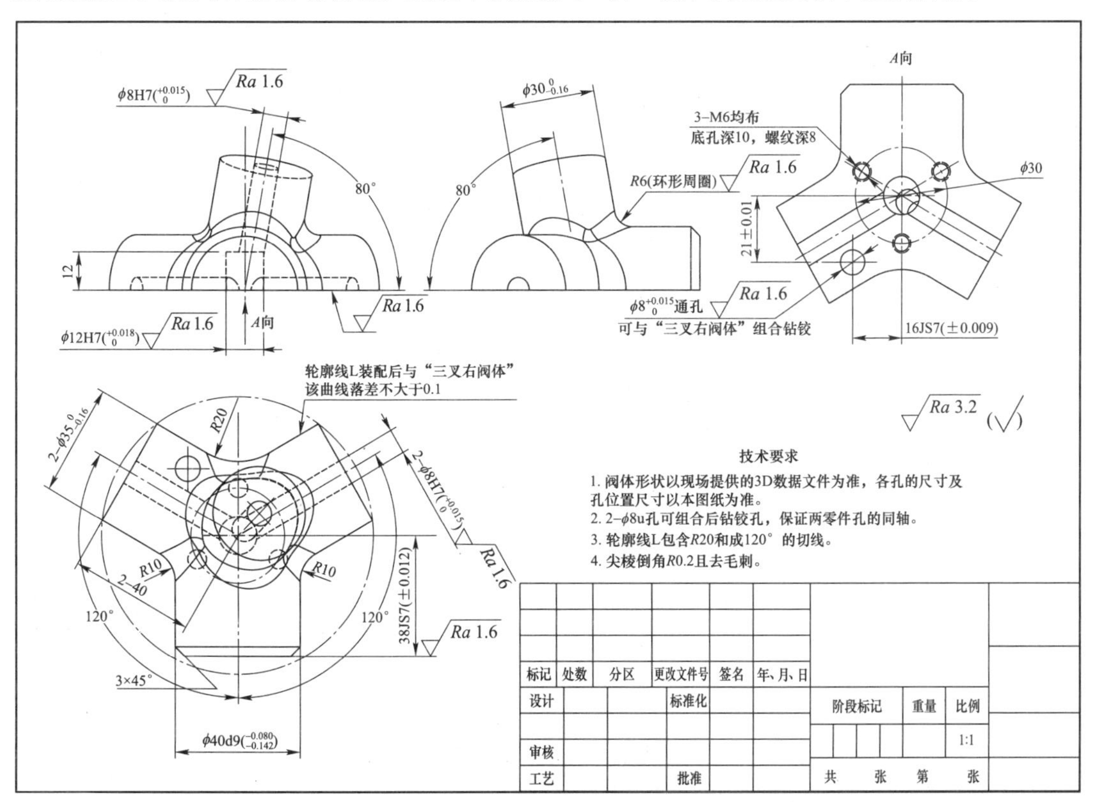

图 3-1-1　三叉左阀体零件图

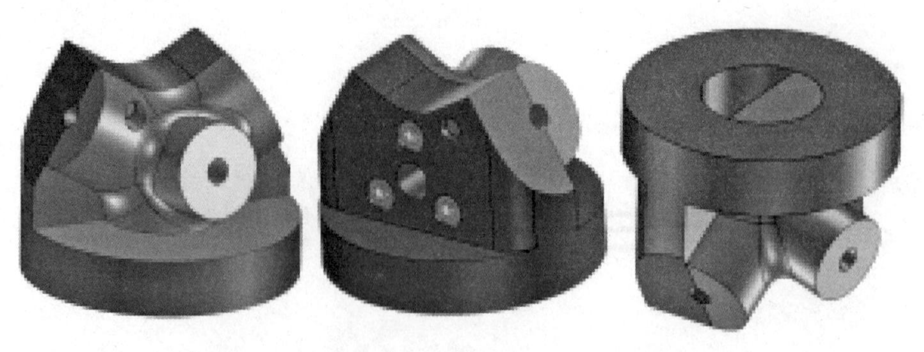

图 3-1-2　三叉阀体装配效果图

知识目标：

① 学会平面铣倒角刀路的创建方法。

② 掌握圆角特征加工刀路的设置方法。

③ 掌握多轴刀路中可变轮廓铣曲面驱动方法主要参数的设置方法。

能力目标：

① 能够根据制定的工艺完成编程前刀具与几何体的设置。

② 能够综合使用型腔铣、平面铣等策略完成平面与孔特征的粗精加工。

③ 能够使用可变轮廓铣策略完成圆柱面和圆角特征加工刀路的编程。

素质目标：

① 具有追求真理、实事求是、勇于探究与实践的科学精神。

② 养成良好的自我学习和信息获取能力。

③ 培养学生良好的交流、沟通和与人合作的能力。

任务实施

一、零件图样分析

分析图 3-1-1 所示三叉左阀体零件图，发现左阀体结构复杂，包含孔、圆柱面、圆角等特征，各特征分布在零件的各个方向，适于利用多轴机床分别装夹两端完成全部加工任务，而且为确保各个加工部分的形位误差，应该在装夹完成后尽可能多的完成工件特征的加工任务，尤其需要注意圆角加工有残留。

二、加工方案设计

结合该零件结构特点和加工实际情况，选用规格为ϕ95 mm×45 mm 的铝件为毛坯，材料为 2Al2。零件要求加工出三个叉状结构、一个柱状结构以及倒角、孔、螺纹等特征。主要工艺过程安排如表 3-1-1 所示。

表 3-1-1　三叉左阀体加工工艺表

序号	装夹	加工工步	加工策略	加工刀具	加工参数		余量/mm
					转速/（$r\cdot min^{-1}$）	进给/（$mm\cdot min^{-1}$）	
1	装夹头部	阀体底部平面加工	平面铣	立铣刀 T1D16	6 000	1 500	0
2		阀体底部孔粗加工	型腔铣	立铣刀 T4D8	8 000	600	0.2
3		阀体底部孔精加工	型腔铣	立铣刀 T4D8	9 000	500	0
4	装夹尾部	阀体顶部粗加工	型腔铣	立铣刀 T2D12R6	8 000	1 500	0.2
5		阀体顶部柱面加工	可变轮廓铣	立铣刀 T2D12R6	8 000	1 500	0
6		三叉曲面精加工	可变轮廓铣	立铣刀 T2D12	8 000	1 500	0
7		圆角精加工	可变轮廓铣	立铣刀 T3D8R4	8 000	1 500	0

三、参考步骤

1. 基本环境设置

1）打开软件：双击桌面快捷方式按钮，打开软件 UG NX10.0。

2）文件导入：在 UG NX10.0 软件中单击【打开】按钮，选择“三叉左阀体.prt”文件（见本书随赠的素材资源包中）。单击【OK】按钮，打开该文件，自动进入建模模块。双击激活 WCS 坐标系，然后单击底面ϕ12 孔圆心位置，将 WCS 坐标系移至该处如图 3-1-3（a）所示，调整 WCS 坐标系绕使 Z 坐标轴垂直底面朝外如图 3-1-3（b）所示。为避免对编程产生影响，对于需要装配后加工的特征，可作删除处理如图 3-1-3（c）所示。然后，以坐标系原点为中心画一个半径为 48 mm 的圆如图 3-1-3（d）所示。

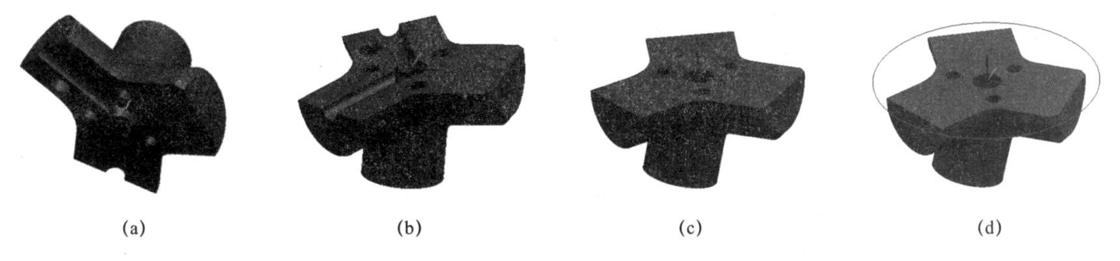

(a)　(b)　(c)　(d)

图 3-1-3　设置 WCS 过程

3）进入加工环境：在菜单栏找到【应用模块】选项单击，单击图 3-1-4 所示按钮，弹出图 3-1-5 所示【加工环境】设置对话框。在【CAM 会话配置】中选择【cam_general】，单击【确定】。

4）MCS 设置：在【几何视图】下双击【MCS_MILL】，设置【CSYS】类型为“动态”，【参考】选择“WCS”，将加工坐标系 MCS 与建模坐标系 WCS 进行重合，完成加工坐标系设置，如图 3-1-6 所示。单击【确定】后在【安全设置选项】下拉列表中选择“平面（刨）”，选择上表面为基础平面，【距离】输入“30”，单击【确定】按钮，完成安全平面设置，如图 3-1-7 所示。

图 3-1-4　应用模块界面　　　　图 3-1-5　加工环境界面

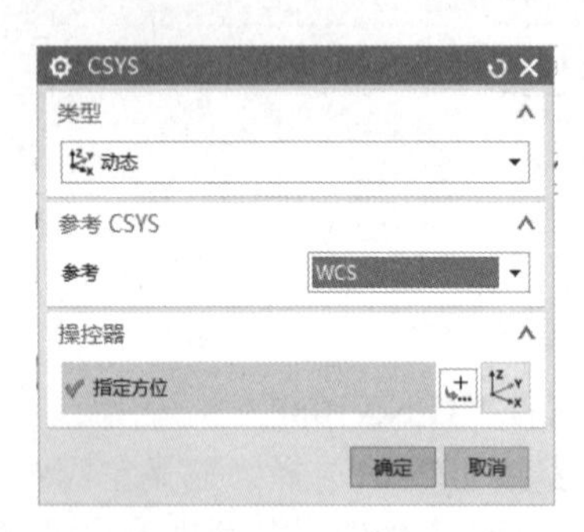

图 3-1-6　【CSYS】设置对话框

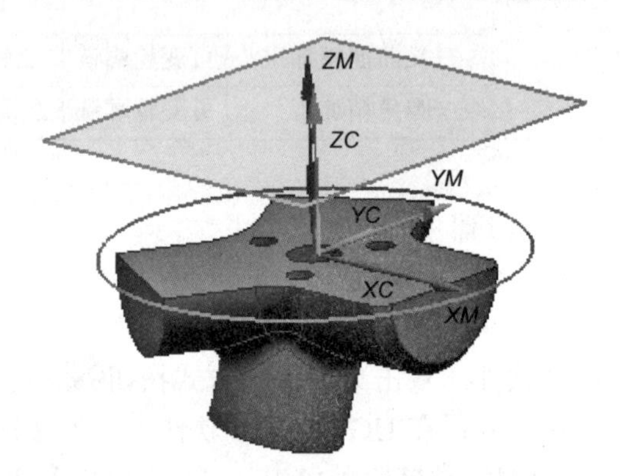

图 3-1-7　MCS 设置对话框

5）刀具建立：在【机床视图】下，右击【GENERIC_MACHINE】，依次选择【插入】-【刀具】。将刀具【名称】设为“T1D16”，如图 3-1-8 所示。【参数】设置页面中，【直径】和【刀刃】分别设为“16”和“4”，【刀具号】【补偿寄存器】【刀具补偿寄存器】三个参数均设为“1”，其他参数保持不变，单击【确定】返回，如图 3-1-9 所示。

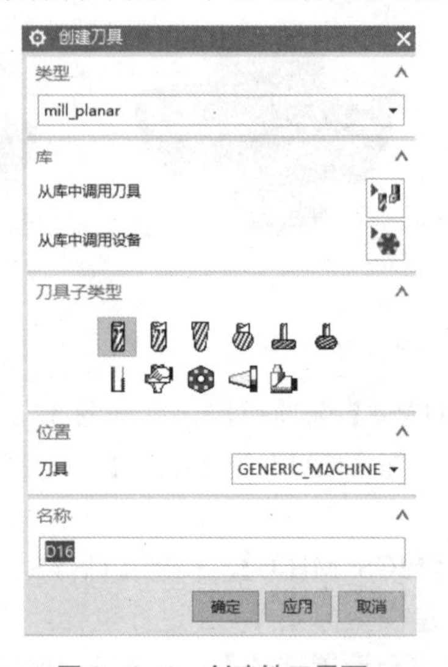

图 3-1-8　创建铣刀界面

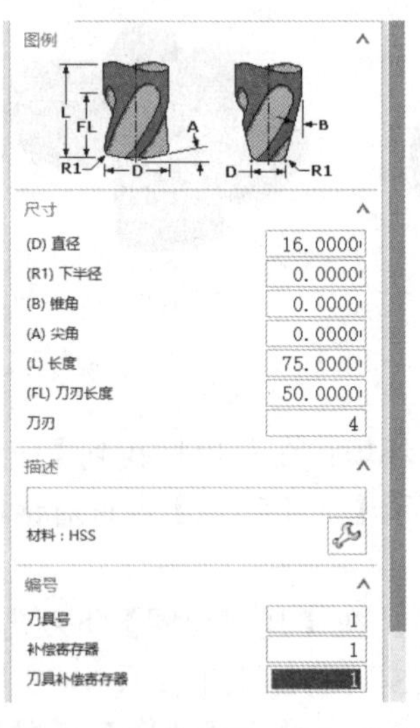

图 3-1-9　【刀具设置】对话框

2. 三叉左阀体加工刀路编制

（1）底面铣削加工程序

1）刀路创建：在【程序顺序】视图中，将【PROGRAM】改为“DIMIAN”，右击依次选择【插入】–【工序】，在【类型】下拉列表中选择【mill_planar】，刀具选择“T1D16”，【名称】下方的方框中输入“铣平面–PLANAR_MILL”，如图 3–1–10 所示。

图 3–1–10　平面铣工序创建界面

2）部件边界指定：指定部件边界。依次设定“封闭的”“自动”“外部”，并选择【编辑】调整刀具位置为“对中”；指定底面。【类型】选择“XC–YC 平面”，【偏置和参考】选择“WCS”，【距离】输入“0”，单击【确定】后返回，如图 3–1–11 所示。

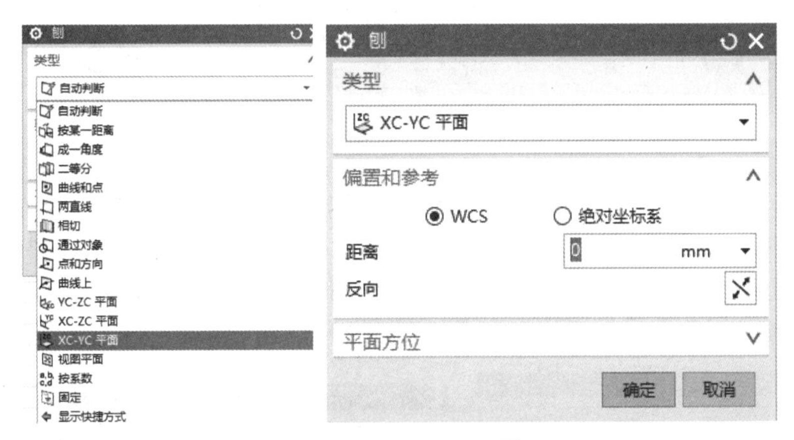

图 3–1–11　WCS 设置

3）刀轴设置：【刀轴】设为“+ZM 轴”。

4）刀轨设置：【切削模式】设为“跟随周边”，【步距】设为“刀具平直百分比”，【平面直径百分比】设为“75%”。打开切削层扩展参数，【类型】设为“恒定”，【每刀切削深度】设为“0”，确定后返回，如图 3–1–12 所示。

5）切削参数设置：打开【切削移动】对话框，在【策略】选项卡中将【刀路方向】设为“向内”，其他参数保持不变，如图 3–1–13 所示。【余量】选项卡中，部件余量均设为“0”，其他参数保持不变，确定后返回，如图 3–1–14 所示。

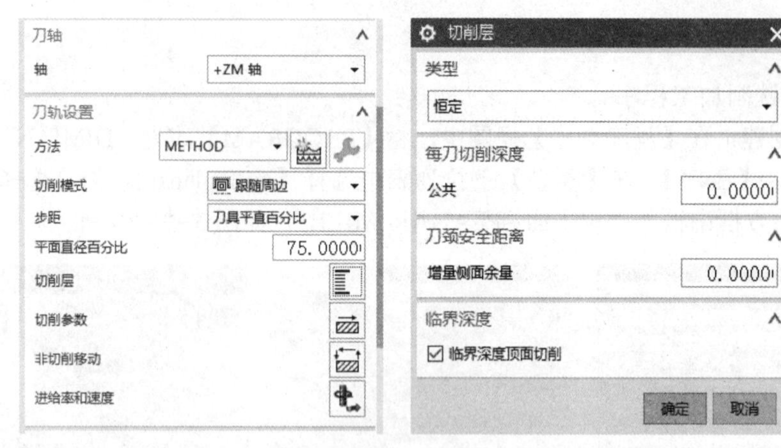

图 3-1-12　型腔铣【刀轴】设置对话框

图 3-1-13　【策略】设置对话框

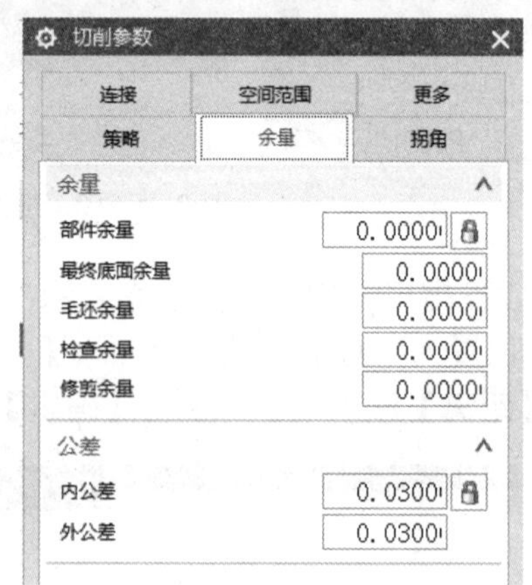

图 3-1-14　【余量】设置对话框

6）非切削参数设定：打开【非切削移动】对话框，在【进刀】选项卡中将【封闭区域进刀类型】设为“与开放区域相同”，将【开放区域 进刀类型】设为“线性”（长度 50，旋转角 0°，斜坡角 0°，高度 3 mm，最小安全距离 65%），如图 3-1-15 所示；在【退刀】选项卡中将【退刀类型】设为“抬刀”，【高度】设为“0.5”。

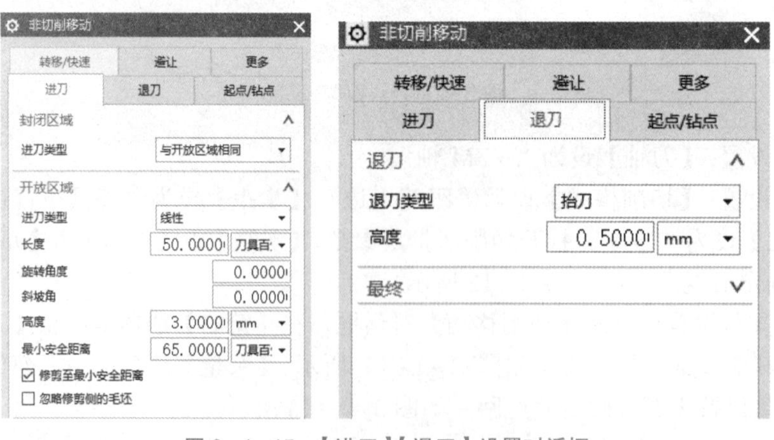

图 3-1-15　【进刀】【退刀】设置对话框

7）进给率和速度参数设定：【主轴速度】设为“6 000”，【进给率】设为“1 500”，计算后返回，如图 3-1-16 所示。

8）刀路生成：参数设置完成后，单击【刀路生成】按钮查看该策略编程刀路，如图 3-1-17 所示。

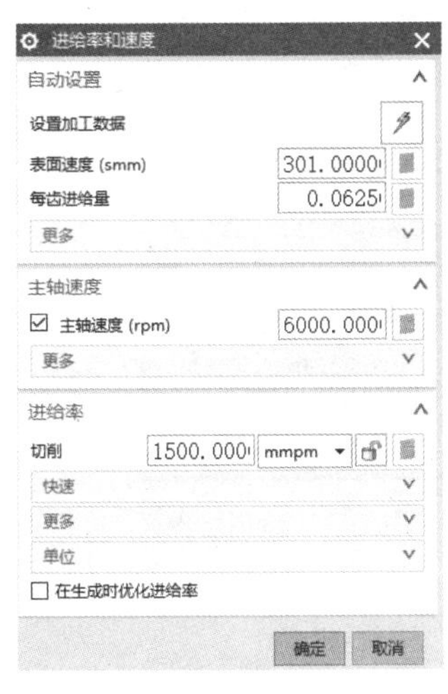

图 3-1-16 【进给率和速度】设置对话框

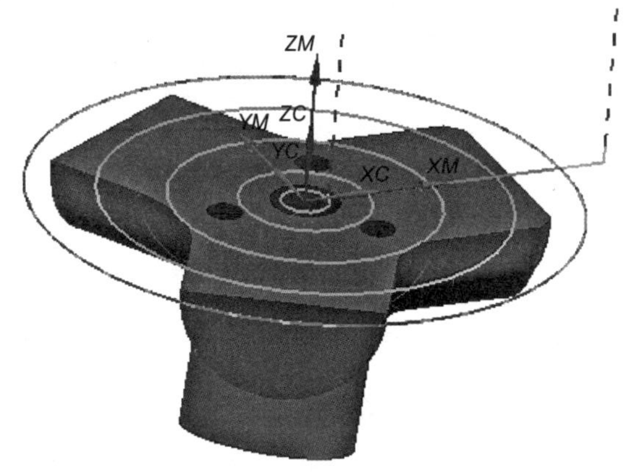

图 3-1-17 底面铣削刀路

小贴士：“十成稻子九成秧”，底面平面加工质量对后面工步有很大影响，它的详细创建过程，可以扫描二维码 3-1-1 学习。

二维码 3-1-1

（2）内孔铣削

1）刀具建立：在【机床视图】下，右击【GENERIC_MACHINE】，依次选择【插入】-【刀具】，新增一把 8 mm 立铣刀。将刀具【名称】设为“T4D8”，【参数】设置页面中，【直径】和【刀刃】分别设为“8”和“4”，【刀具号】【补偿寄存器】【刀具补偿寄存器】三个参数均设为“2”，其他参数保持不变，单击【确定】返回，如图 3-1-18 所示。

2）刀路创建：返回程序视图，右击【DIMIAN】程序组，依次选择【插入】-【工序】，在【类型】下拉列表中选择【mill_contour】，【工序子类型】选择【型腔铣】，【刀具】更改为“T4D8”，【名称】下方的方框中输入“铣内孔_CAVITY_MILL”，如图 3-1-19 所示。

3）部件边界指定：指定部件。打开“部件几何体”对话框后，选择当前实体作为操作对象。

4）指定切削区域：打开“切削区域”对话框后，选择内孔的底和壁作为操作对象，如图 3-1-20 所示。

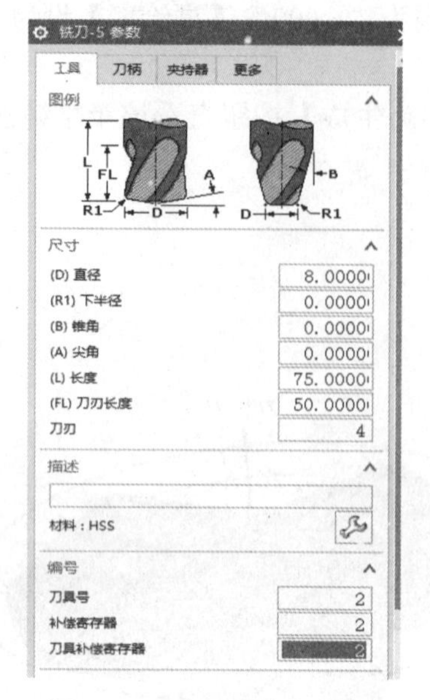

图 3-1-18　刀具建立过程

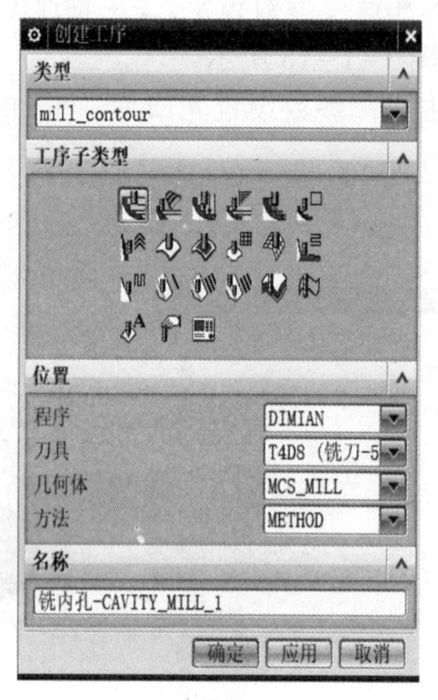

图 3-1-19　型腔铣工序创建界面

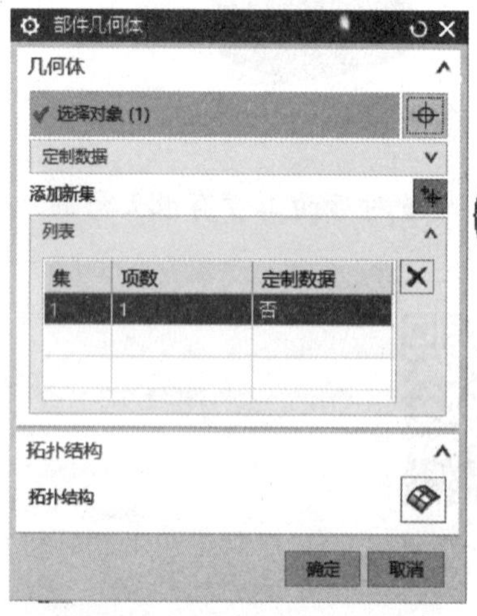

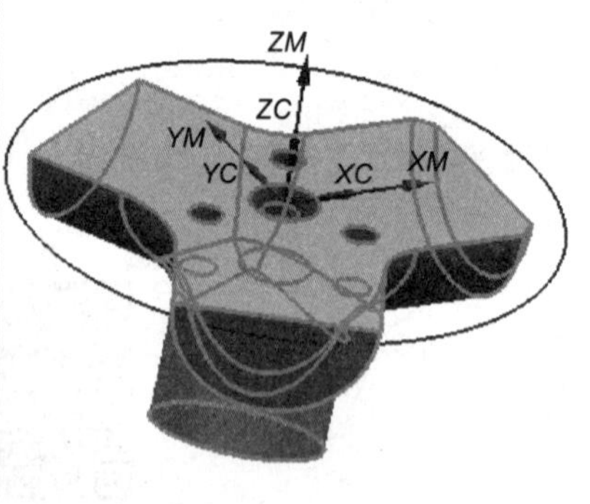

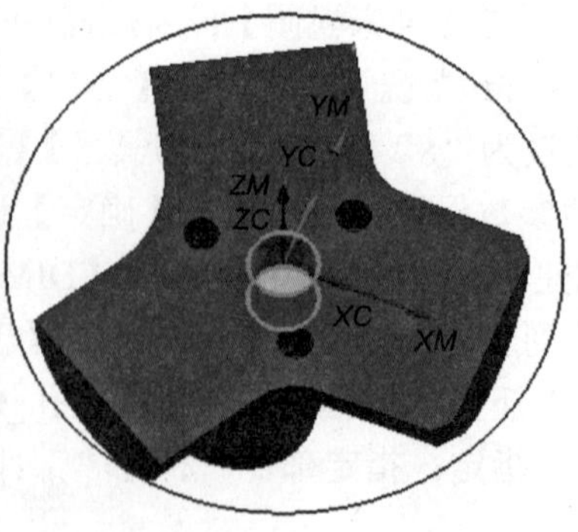

图 3-1-20　部件几何体创建界面

5）刀轴设置：【刀轴】设为“+ZM 轴”。

6）刀轨设置：【切削模式】设为“跟随部件”，【步距】设为“刀具平直百分比”，【平面直径百分比】设为“50%”，【每刀切削深度】设为“恒定”，【最大距离】设为“0.5”。

7）切削层设置：【范围类型】设为“自动”，【切削层】设为“仅在范围底部”，如图 3-1-21 所示。

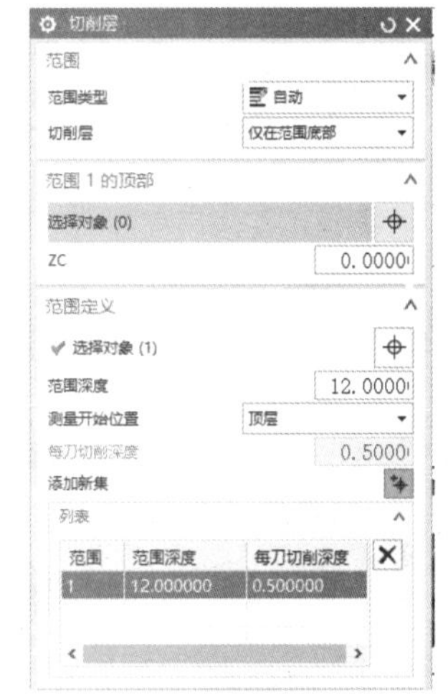

图 3-1-21　型腔铣【切削层】创建界面

8）切削参数设置：打开【切削参数】对话框，勾选【余量】选项卡中“使底面与侧面余量一致”，【部件侧面余量】设为“0.3”，其他参数保持不变，确定后返回，如图 3-1-22 所示。

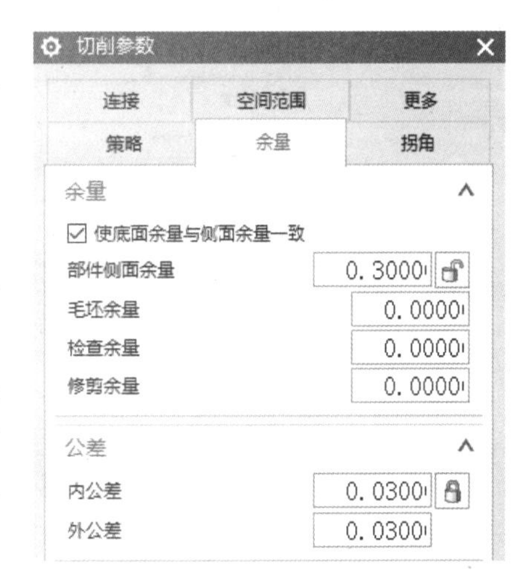

图 3-1-22　【余量】设置对话框

9）非切削参数设定：打开【非切削移动】对话框，在【进刀】选项卡中将【封闭区域 进刀类型】设为“沿形状斜进刀”（斜坡角 1°，高度 0.5，高度起点前一层，最小安全距离 0，最小斜面长度 30%），【开放区域 进刀类型】设为“与封闭区域相同”；在【退刀】选项卡中将【退刀类型】设为“圆弧”（半径 0.5 mm，圆弧角度 90°，高度 0.5 mm），如图 3-1-23 所示。

10）进给率和速度参数设定：【主轴速度】设为“8 000”，【进给率】设为“600”，计算后返回，如图 3-1-24 所示。

11）刀路生成：参数设置完成后，单击【刀路生成】按钮在“静态线框”模式下查看该策略编程刀路。

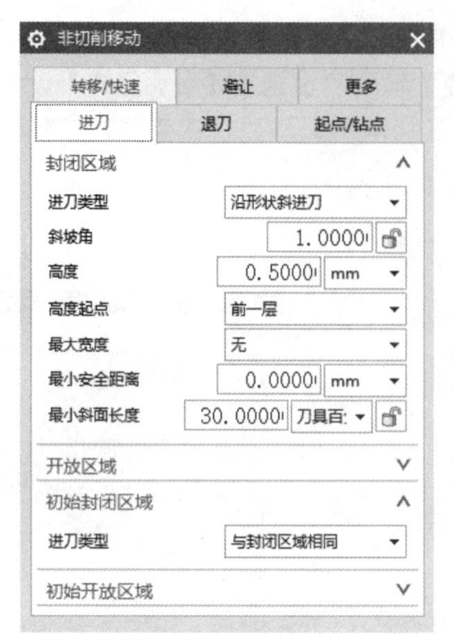

图 3-1-23 【进刀】【退刀】设置对话框

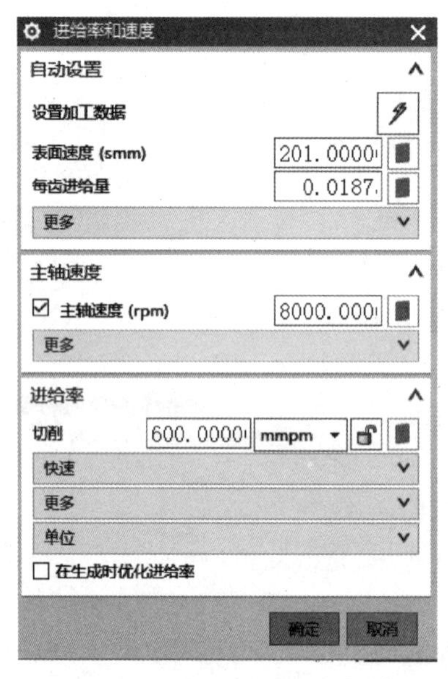

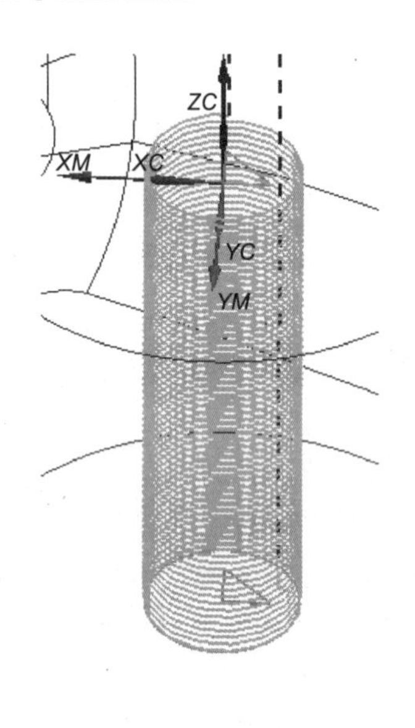

图 3-1-24 【进给率和速度】设置对话框

特别提醒：精加工时，将【余量】选项卡中的【部件侧面余量】设为“0”，将【非切削移动】中参数【封闭区域】设为“与开放区域相同”，【开放区域】中将【退刀类型】设为“圆弧”（半径 0.5mm，圆弧角度 90° 高度 0.5mm）；【退刀】中将【退刀类型】设为“与进刀相同”。设置完成后，查看策略刀路。

小贴士：“天道酬勤、磨杵成针”，想知道“内孔铣削”刀路是怎样一步步加工出孔特征的吗？可以扫描下方二维码学习。

二维码 3-1-2

（3）预钻孔、钻孔

1）刀具建立：在【机床视图】下，右击【GENERIC_MACHINE】，依次选择【插入】-【刀具】，新增一把ϕ6 mm 中心钻，【名称】设为“T5D6”，【直径】和【刀刃】分别设为“6”和“2”，【刀具号】和【补偿寄存器】均设为“5”，其他参数不变。再新增一把ϕ5 mm 麻花钻，【名称】设为“T6D5”，【直径】和【刀刃】分别设为“5”和“2”，【刀具号】和【补偿寄存器】均设为“6”，其他参数保持不变，如图 3-1-25 所示。

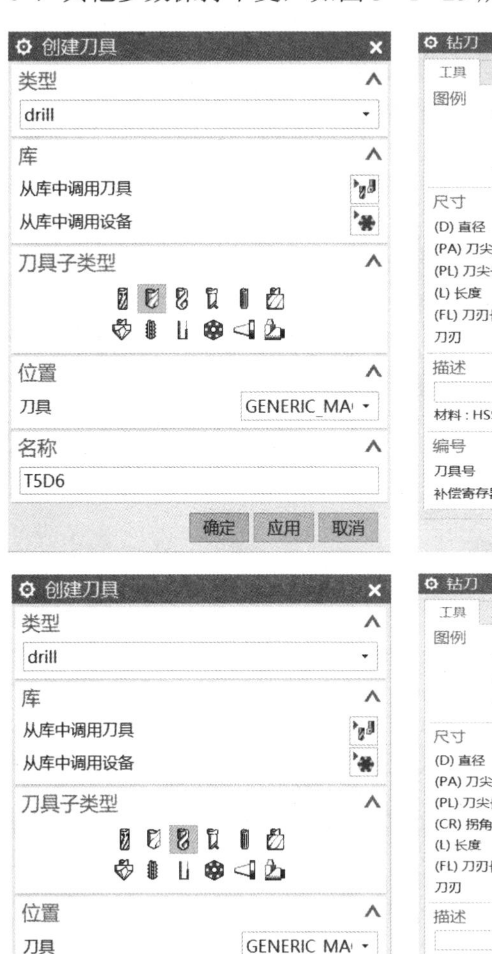

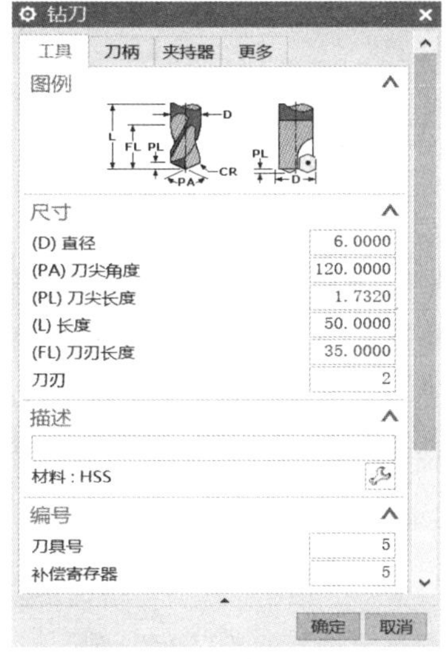

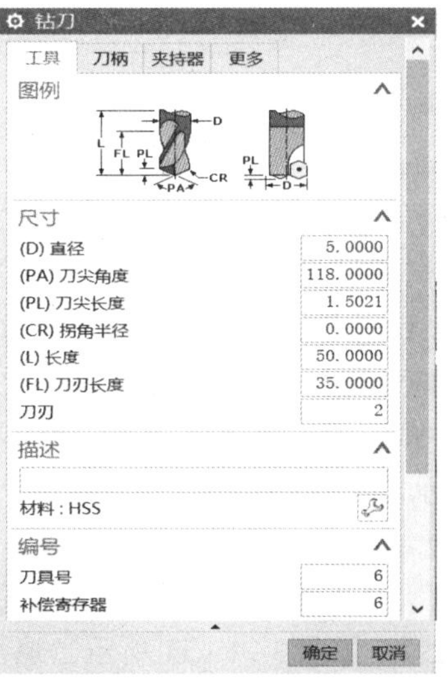

图 3-1-25　孔加工刀具设置对话框

2）刀路创建：返回程序视图，右击【DIMIAN】程序组，依次选择【插入】–【工序】，在【类型】下拉列表中选择【hole_making】，【工序子类型】选择【钻孔】，【刀具】更改为“T5D6”，【名称】下方的方框中输入“预钻孔_DRILLING”，如图 3–1–26 所示。

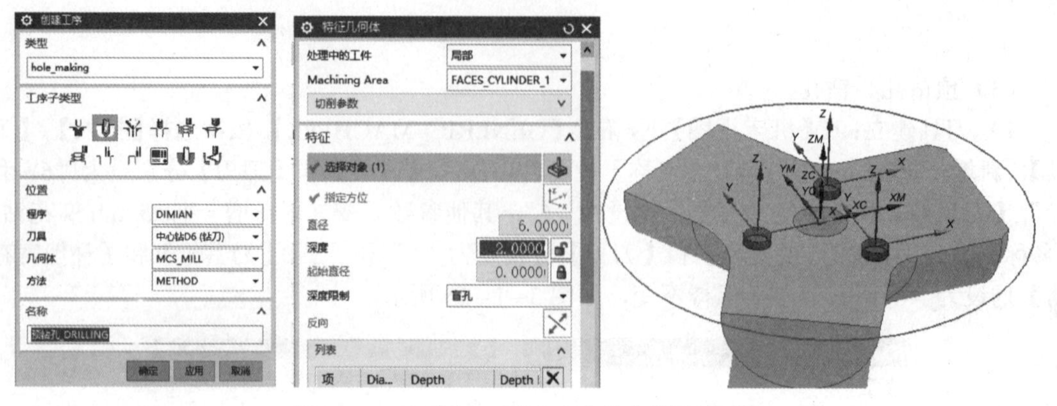

图 3–1–26　孔加工【特征几何体】设置对话框

3）几何体设置：【几何体】选择“MCS_MILL”；【指定特征几何体】选择三个孔特征，【深度】设为“2”，如图 3–1–26 所示。

4）刀轨设置：【运动输出】选择“机床加工周期”，【循环】选择“钻”，如图 3–1–27 所示；【切削参数】中【顶偏置】设为“1”，【底偏置】设为“0”，其他参数保持不变，如图 3–1–28 所示；【非切削参数】设定【转移/快速】的【转移类型】为“*Z* 向最低安全距离”，【安全距离】设为“3”，其余参数不变，如图 3–1–29 所示。

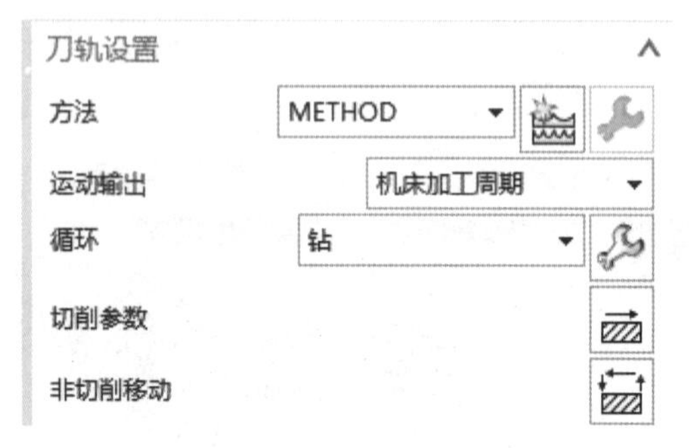

图 3–1–27　刀轨设置

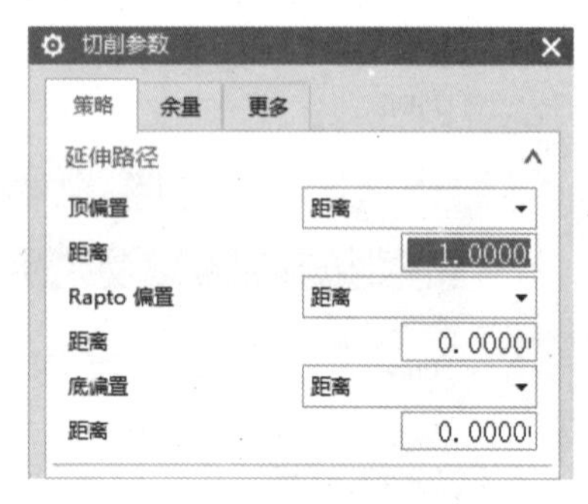

图 3–1–28　刀路偏置参数设置

5）进给率和速度参数设定：在【进给率和速度】对话框中，将【主轴速度】设为“1 200”，【进给率】设为“200”。

6）刀路生成：参数设置完成后，单击刀路【刀路生成】按钮，查看该策略编程刀路如图 3–1–30 所示。

7）刀路复制：在【程序视图】下，复制“预钻孔_DRILLING”，重命名为“钻孔_DRILLING”，进入参数设置对话框，【刀具】设为“T6D5”；单击指定几何特征按钮，【深度】设为“10.5”，如图 3–1–31 所示。退出后单击刀轨生成，观察刀路。

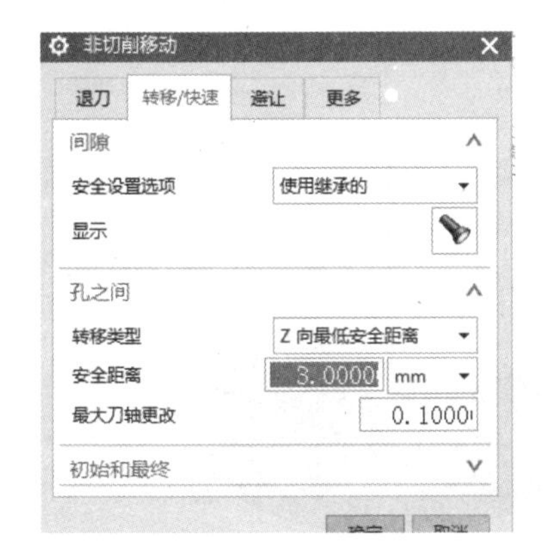

图 3-1-29 【转移/快速】设置

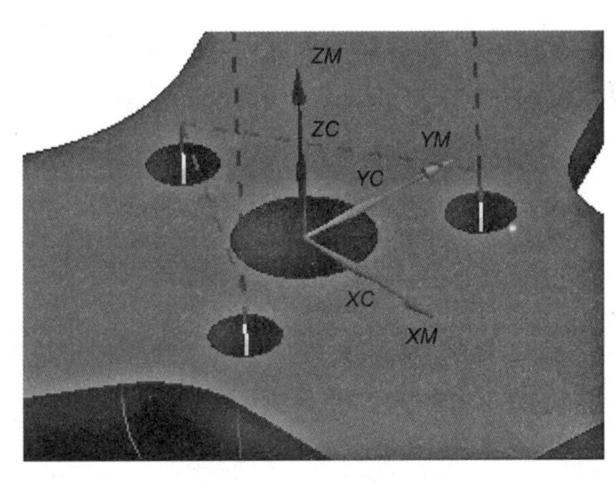

图 3-1-30 孔加工刀路

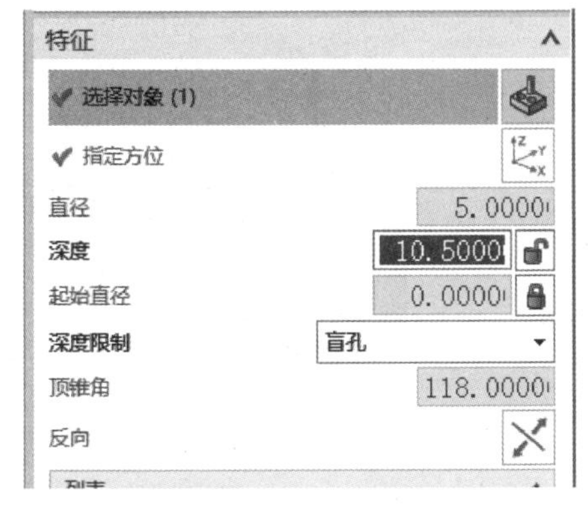

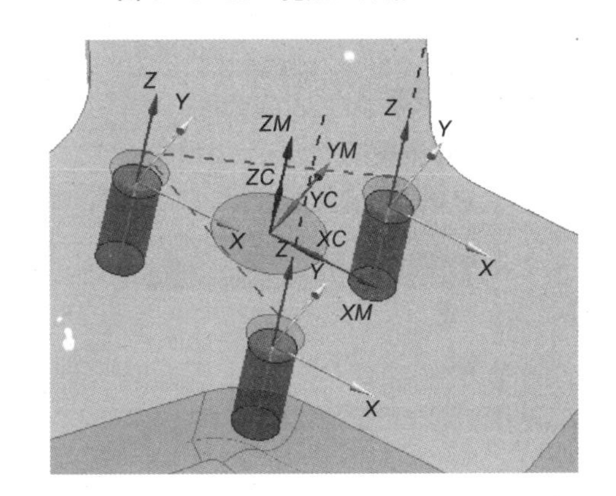

图 3-1-31 钻孔加工创建界面

小贴士："水滴石穿"，请勇于探索各种不同类型的孔所适用的孔加工方式，"预钻孔、钻孔"刀路创建，可以扫描二维码 3-1-3 学习。

二维码 3-1-3

（4）三叉左阀体外形粗加工

1）程序组创建：打开【程序视图】，新建程序组，命名为"DINGMIAN"。

2）MCS 建立：打开【几何视图】，新建工件坐标系，命名为"MCS_MILL_2"。

3）辅助体创建：进入【建模】，选择圆弧曲线执行【拉伸】操作，拉伸高度为"45"。

4）MCS 设置：再次进入【加工】，双击"MCS_MILL_2"，在【自动判断】方式下将坐标系设置在上表面中心处，如图 3-1-32 所示。

5）几何体设置：在【MCS_MILL_2】下插入 WORKPIECE 几何体，名称设为"WORKPIECE_2"，指定毛坯为拉伸实体，指定部件为三叉左阀体模型，其安全参数设置如图 3-1-33 所示。

6）创建刀路：切换至【程序视图】，依次选择【插入】–【工序】，在【类型】下拉列表中选择【mill_contour】,【工序子类型】选择【型腔铣】，设置【位置】中各项参数，并在【名称】下方的方框中输入“顶面开粗_CAVITY_MILL”。

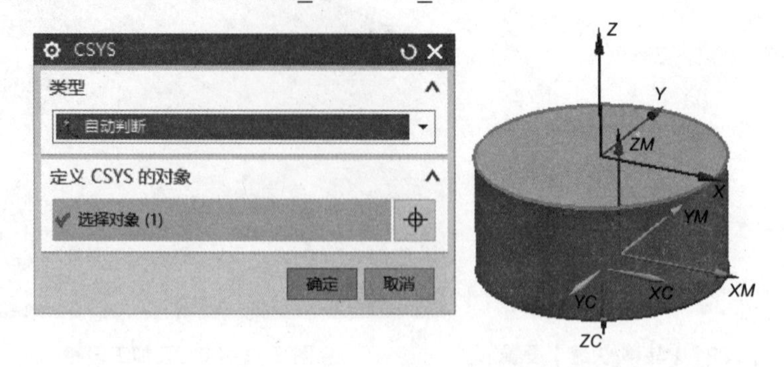

图 3-1-32　阀体加工【CSYS】设置对话框

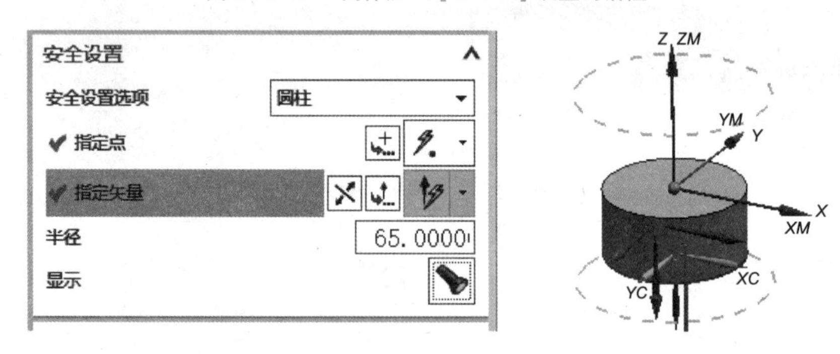

图 3-1-33　阀体加工【安全设置】对话框

7）刀轴设置:【刀轴】设为“+ZM 轴”。

8）刀轨设置:将【切削模式】设为“跟随周边”,【步距】设为“刀具平直百分比”,【平面直径百分比】设为“75%”,【公共每刀切削深度】设为“恒定”,【最大距离】设为“0.5”。

9）切削层设置:【范围类型】设为“自动”,【切削层】设为“恒定”，其他参数不变。

10）切削参数设置:【策略】中【切削方向】设为“顺铣”,【切削顺序】设为“层优先”,【刀路方向】设为“向内”;【余量】中【孔壁余量】设为“0.3”，其余参数不变。

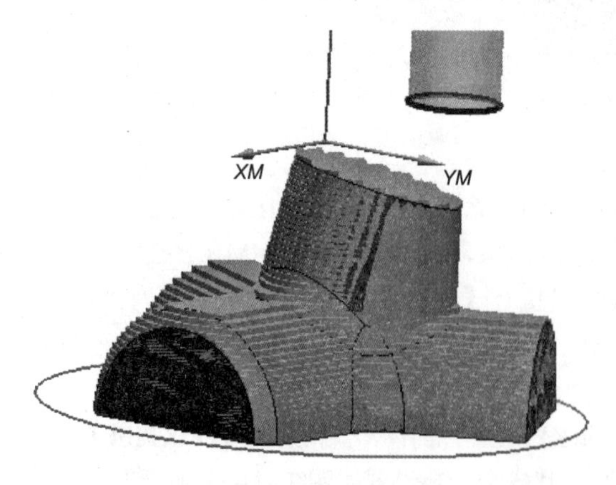

图 3-1-34　型腔铣加工后实体

11）非切削参数设置:【进刀】选项卡中，将【封闭区域 进刀类型】设为“与开放区域相同”，将【开放区域 进刀类型】设为“圆弧”（半径 1 mm，角度 90°，高度 3 mm，最小安全距离 65%）；在【退刀】选项卡中将【退刀类型】设为“与进刀相同”。

12）进给率和速度设置:【主轴速度】设为“8 000”,【进给率】设为“1 500”。

参数设置完成后，单击【刀路生成】按钮，查看该策略编程刀路以及 3D 仿真效果，具体操作方法可通过扫描二维码进行学习，如图 3-1-34 所示。

小贴士：“不飞则已，一飞冲天，不鸣则已，一鸣惊人”。想看“型腔铣”刀路是怎样高效完成粗加工的，可以扫描二维码 3-1-4 学习。

二维码 3-1-4

（5）C2 倒角加工

1）刀路创建：打开【程序视图】，依次选择【插入】-【工序】，在【类型】下拉列表中选择【mill_muti-axis】，【工序子类型】选择【可变轮廓铣】，按照图 3-1-35 所示选择【位置】中各项参数设置，并在【名称】下方的方框中输入“铣倒角_VARIABLE_CONTOUR”。

2）几何体设置：指定部件设为三叉左阀体。

3）驱动方法设置：设为“曲线/点”，选择图示实体边为驱动几何体。

4）投影矢量选择：设为“刀轴”。

5）刀轴设置：设为“垂直于部件”。

6）切削参数设置：参数不变。

7）非切削参数设置：切换至【进刀】选项卡，【进刀类型】设为“线性”（长度 10 mm，旋转角度 0°，斜坡角均 0°）。然后，切换至【退刀】选项卡，将【退刀类型】设为“与进刀相同”。

8）进给率和速度设置：【主轴速度】设为“8 000”，【进给率】设为“1 500”。

参数设置完成后，单击【刀路生成】按钮，查看该策略编程刀路，如图 3-1-36 所示。

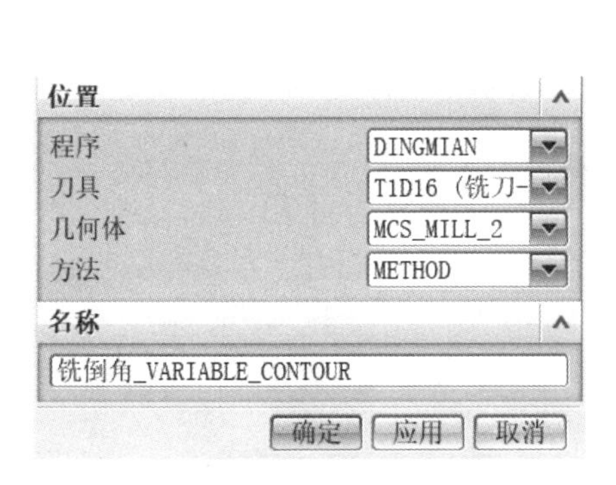

图 3-1-35　铣倒角程序位置设置对话框

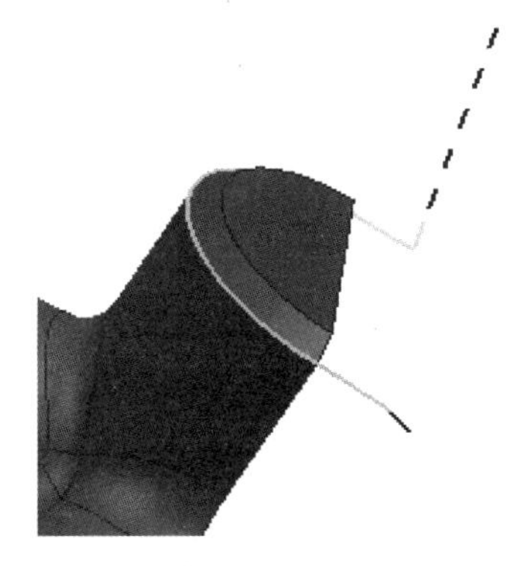

图 3-1-36　铣倒角刀路图

（6）柱面精加工

1）刀具建立：在【机床视图】下，右击【GENERIC_MACHINE】，依次选择【插入】-【刀具】，新增一把ϕ12 mm 的球头刀，【名称】设为“T2D12R6”，【直径】和【刀刃】分别设为“12”和“4”，【刀具号】和【补偿寄存器】均设为“2”，其他参数不变。

2）刀路创建：打开【程序视图】，依次选择【插入】-【工序】，在【类型】下拉列表中选择【mill_muti-axis】，【工序子类型】选择【可变轮廓铣】，设置【位置】中各项参数，并在【名称】下方的方框中输入“铣柱面_VARIABLE_CONTOUR”。

3）几何体设置：指定部件为“MCS_MILL_2”，指定部件选择“三叉左阀体”实体，指定区域选择圆柱面。

4）驱动方法选择：设为“流线”，进入扩展窗口，【切削方向】选择图 3-1-37 所示箭头，材料侧调整为垂直柱面向外，【驱动设置】中将【刀具位置】设为“相切”，【切削模式】设为“螺旋或螺旋式”，【步距】设为“数量”，【步距数】设为“30”。

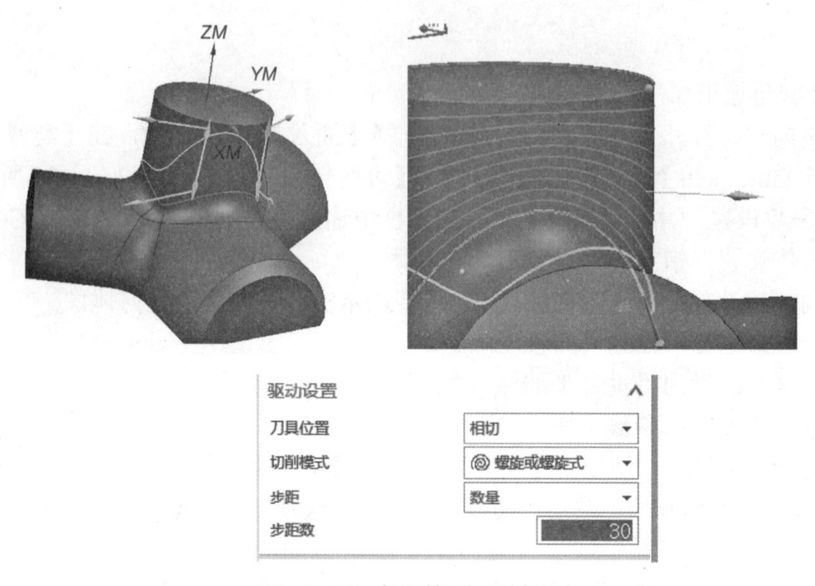

图 3-1-37　柱面精加工驱动方式

5）投影矢量选择：设为“刀轴”。

6）刀轴设置：设为“相对于矢量”，选择图示方向为矢量方向，【侧倾角】设为“15°”，如图 3-1-38 所示。

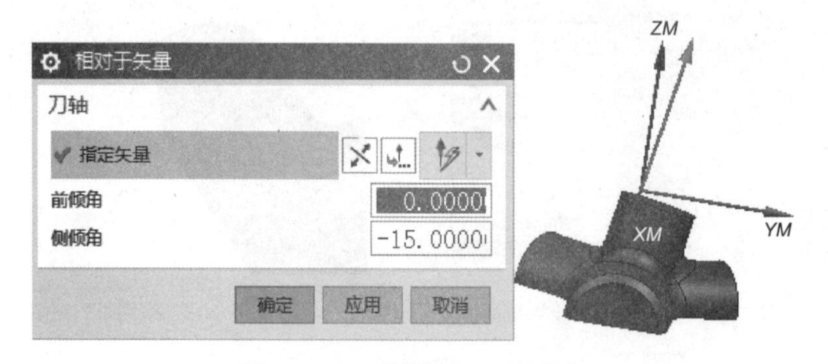

图 3-1-38　柱面精加工刀轴指定

7）切削参数设置：【余量】均设为“0”，【公差】调整为 μ 级，如图 3-1-39 所示。

8）非切削参数设置：切换至【进刀】选项卡，【进刀类型】设为“圆弧-平行于刀轴”（半径 2 mm，圆弧角度 90°，其余参数不变）。然后，切换至【退刀】选项卡，将【退刀类型】设为“与进刀相同”，如图 3-1-40 所示。

图 3-1-39　柱面精加工切削参数【余量】设置

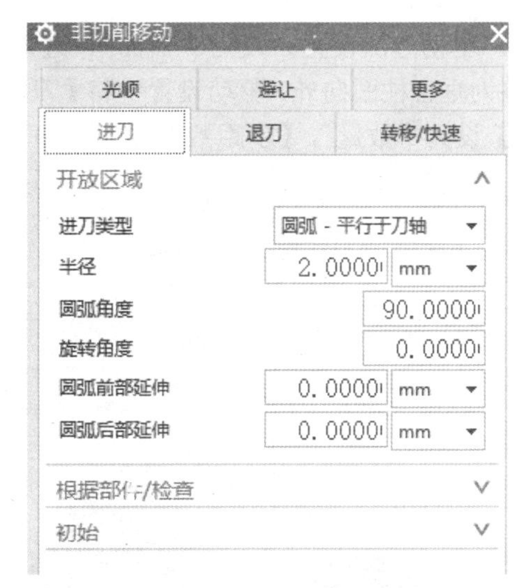

图 3-1-40　柱面精加工【进刀】设置

9）进给率和速度设置：【主轴速度】设为“8 000”，【进给率】设为“1 500”。

10）刀路生成：参数设置完成后，单击【刀路生成】按钮查看该策略编程刀路，如图 3-1-41 所示。

（7）三叉曲面精加工

1）刀路创建：打开【程序视图】，依次选择【插入】-【工序】，在设置【类型】下拉列表中选择【mill_muti-axis】，【工序子类型】选择【可变轮廓铣】，设置【位置】中各项参数，并在【名称】下方的方框中输入“铣三叉曲面_VARIABLE_CONTOUR_1”。

2）几何体设置：指定部件为“MCS_MILL_2”，指定部件选择“三叉左阀体”实体，指定区域选择图示三叉曲面，如图 3-1-42 所示。

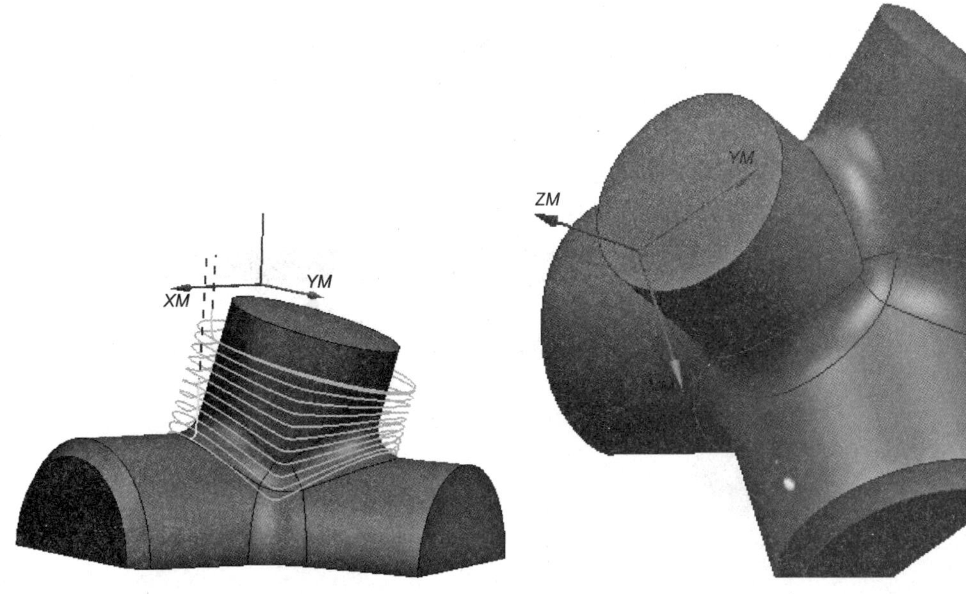

图 3-1-41　柱面精加工刀路

图 3-1-42　三叉左阀体

3）驱动方法设置：设为“曲面”，进入扩展窗口，指定上述曲面为驱动几何体，材料侧调整为垂直柱面向外，驱动设置中将【刀具位置】设为“相切”，【切削模式】设为“往复”，【步距】设为“数量”，【步距数】设为“30”，如图 3-1-43 所示。

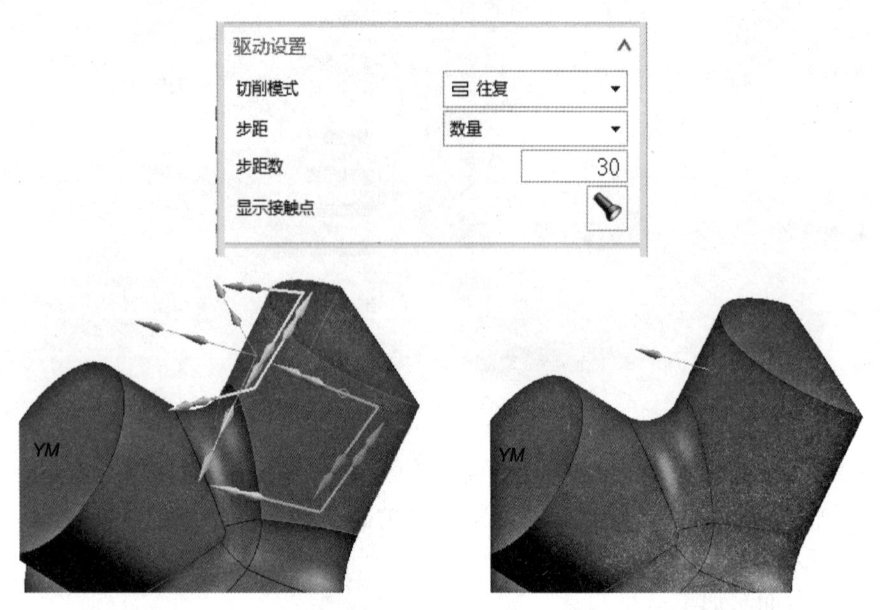

图 3-1-43　三叉曲面驱动方式设置

4）投影矢量设置：设为“刀轴”。

5）刀具选择：设为“T2D12R6”，如图 3-1-44 所示。

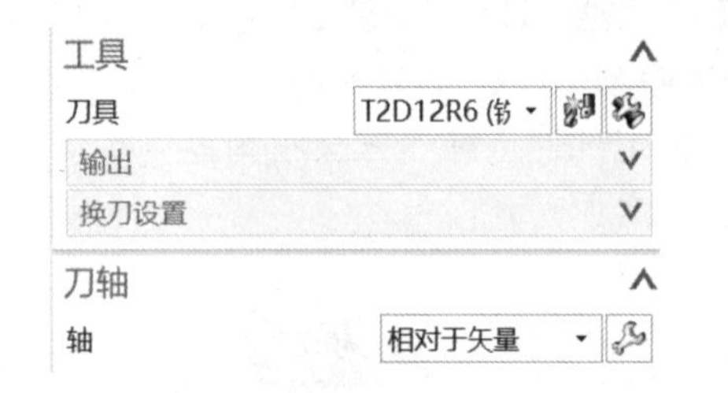

图 3-1-44　三叉曲面加工刀路投影矢量设置

6）刀轴设置：设为“相对于矢量”，选择图 3-1-45 所示方向为矢量方向，【侧倾角】设为“15°”。

7）切削参数设置：保持不变。

8）非切削参数设置：【进刀】选项卡中，【进刀类型】设为“圆弧-平行于刀轴”（半径 2 mm，圆弧角度 90°，其余参数不变）；【退刀】选项卡中，将【退刀类型】设为“与进刀相同”；【转移/快速】选项卡中【安全设置选项】设为“使用继承的”，如图 3-1-46 所示。

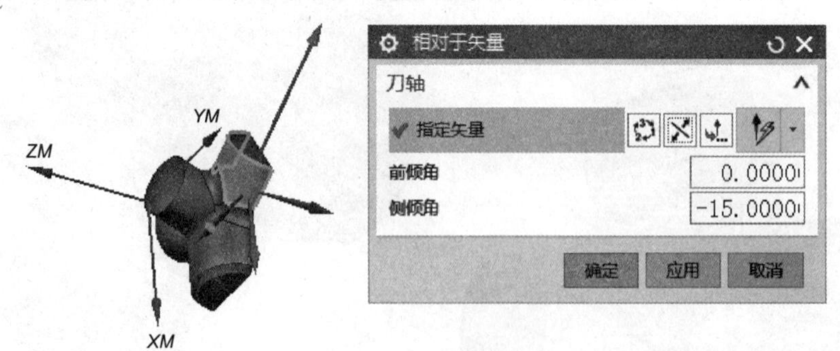

图 3-1-45　三叉曲面加工刀路刀轴设置

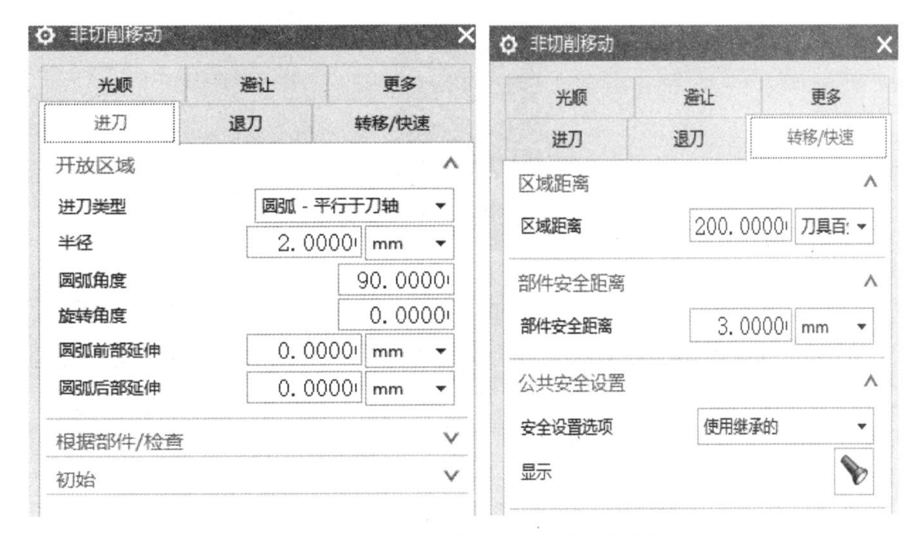

图 3-1-46　三叉曲面加工刀路刀轴设置

9）进给率和速度设置：【主轴速度】设为“8 000”，【进给率】设为“1 500”。

10）刀路创建：参照以上步骤，在【程序视图】下，依次创建“铣三叉曲面_VARIABLE_CONTOUR_2”和“铣三叉曲面_VARIABLE_CONTOUR_3”两个工序。

11）参数变更：

【几何体】：指定部件为“MCS_MILL_2”，指定部件选择“三叉左阀体”实体，指定区域根据工序的不同选择另外两个三叉曲面。

【驱动方法】：设为“曲面”，进入扩展窗口，指定相应曲面为驱动几何体，切削方向按照顺铣方向选取箭头，【材料侧】调整为“垂直柱面向外”，【切削模式】保持为“往复”，【步距】和【步距数】保持不变。

【刀轴】：设为“相对于矢量”，根据所加工的三叉曲面确定矢量方向，【侧倾角】设为“15°”。

12）查看刀路：参数设置完成后，单击【刀路生成】按钮查看该策略编程刀路，如图 3-1-47 所示。

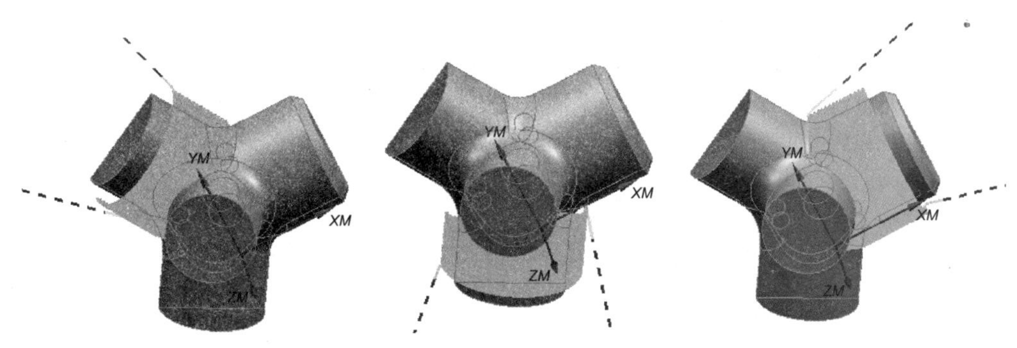

图 3-1-47　三叉曲面加工刀路

小贴士：“三叉曲面加工刀路”细节要点，可以扫描二维码 3-1-5 学习。

二维码 3-1-5

（8）圆角加工

1）刀具建立：在【机床视图】下，右击【GENERIC_MACHINE】，依次选择【插入】-【刀具】，新增一把ϕ8 mm 的球头刀，【名称】设为“T3D8R4”，【直径】和【刀刃】分别设为“8”和“3”，【刀具号】和【补偿寄存器】均设为“3”，其他参数保持不变。

2）刀路创建：打开【程序视图】，依次选择【插入】-【工序】，在【类型】下拉列表中选择【mill_muti-axis】，【工序子类型】选择【可变轮廓铣】，创建工序“铣圆角_VARIABLE_CONTOUR_1”。

3）几何体设置：指定部件为“MCS_MILL_2”，指定部件选择阀体实体，指定区域选择图示曲面，如图 3-1-48 所示。

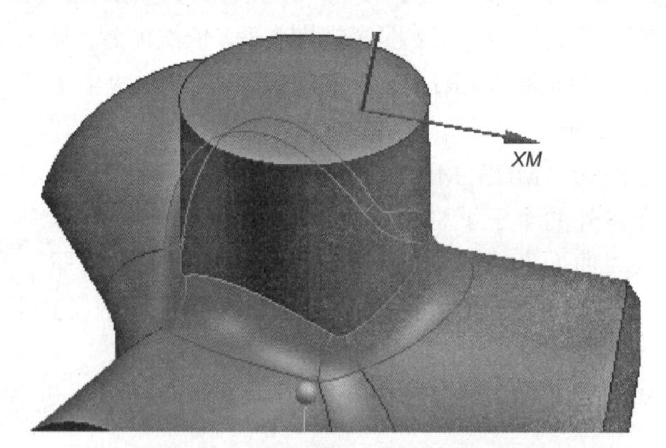

图 3-1-48　圆角加工驱动设置

4）驱动方法设置：设为“曲面”，进入扩展窗口，指定上述曲面为驱动几何体，【材料侧】调整为“垂直柱面向外”，【驱动设置】中将【刀具位置】调整为“相切”，【切削模式】调整为“螺旋”，【步距】设为“数量”，【步距数】设为“10”。

5）投影矢量选择：设为“刀轴”。

6）刀具及刀轴选择：设为“T3D8R4”，如图 3-1-49 所示。

投影矢量
矢量　刀轴
工具
刀具　T3D8R4 (铣
输出
换刀设置

图 3-1-49　圆角加工刀具设置

【刀轴】：设为“远离点”，选择图示轮廓圆心，如图 3-1-50 所示。

图 3-1-50　圆角加工刀轴设置

7）切削参数设置：保持不变。

8）非切削参数设置：【进刀】选项卡中，【进刀类型】设为“圆弧-平行于刀轴”（半径 1 mm，圆弧角度 90°，其余参数不变）；【退刀】选项卡中，将【退刀类型】设为“与进刀相同”；【转移/快速】选项卡中【安全设置选项】设为“使用继承的”。

9）进给率和速度设置：【主轴速度】设为“8 000”，【进给率】设为“1 500”。

10）刀路生成：参数设置完成后，单击【刀路生成】按钮查看该策略编程刀路，如图 3-1-51 所示。

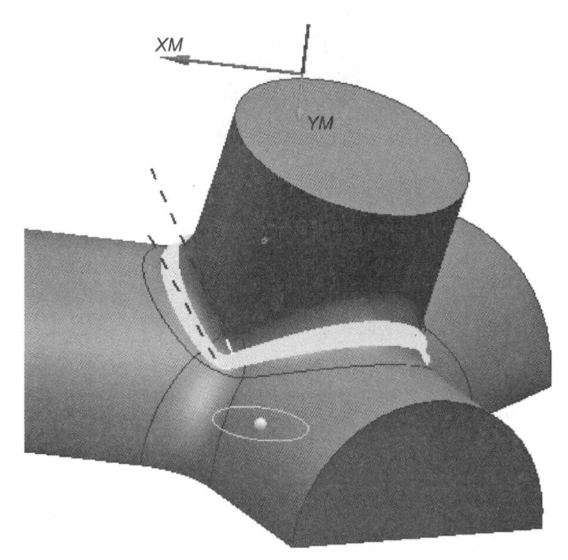

图 3-1-51　圆柱面圆角加工刀路

11）刀路创建：参照以上步骤，在【程序视图】下，依次创建“铣圆角_VARIABLE_CONTOUR_1”“铣圆角_VARIABLE_CONTOUR_2”和“铣圆角_VARIABLE_CONTOUR_3”三个工序。

12）参数变更：在前述圆角刀路基础上进行设置。

【几何体】：指定部件为“MCS_MILL_2”，指定部件选择“三叉左阀体”实体，指定区域根据工序的不同依次选择介于两个叉状结构中间的圆角面。

【驱动方法】：设为“曲面”，进入扩展窗口，指定相应曲面为驱动几何体，切削方向按照顺铣方向选取箭头，【材料侧】调整为“垂直柱面向外”，【切削模式】设为“往复”，【步距数】设为“50”。

其余参数保持不变。

13）查看刀路：参数设置完成后，单击【刀路生成】按钮查看该策略编程刀路，如图 3-1-52 所示。

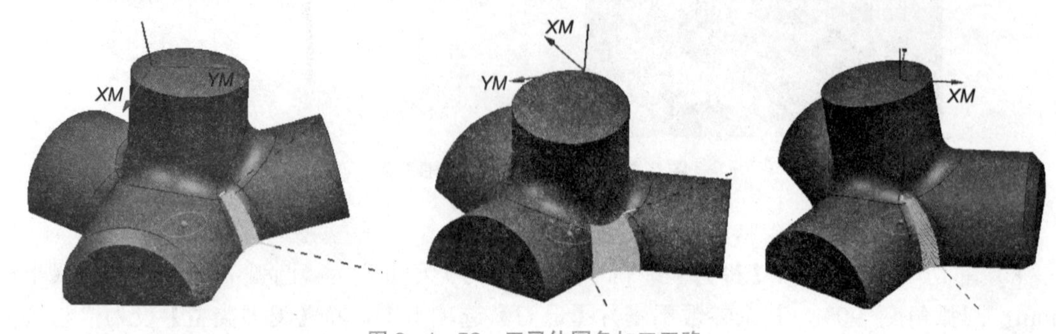

图 3-1-52　三叉体圆角加工刀路

小贴士：“扫帚不到，灰尘照例不会自己跑掉”，这是毛主席的名言。想看看“圆角加工”刀路是怎么清理边边角角的吗？可以扫描二维码 3-1-6 学习。

二维码 3-1-6

四、后置处理

对已经编制完的刀轨文件右击，选择【后处理】命令。弹出【后处理】对话框，选择合适的【后处理器】，正确设置输出目录和文件名，并将单位设为“公制/部件”。单击【确定】按钮，生成机床可执行的加工指令，在相应机床上完成三叉阀体产品加工。

知识链接

一、驱动方法介绍

驱动方法用于定义创建刀轨时的驱动点，有些驱动方法沿指定曲线定义一串驱动点，有些驱动方法则在指定的边界内或指定的曲面上定义驱动点阵列。一旦定义了驱动点，就用来创建刀轨。若未指定零件几何，则直接从驱动点创建刀轨；若指定了零件几何，则把驱动点沿投影方向投影到零件几何上创建刀轨。选择何种驱动方法，与要加工的零件表面的形状及其复杂程度有关。一旦指定了驱动方法，则可以确定所选驱动几何的类型。

1. 曲线/点驱动

曲线/点驱动方法通过指定点或选择曲线来定义驱动几何。选择点作为驱动几何时，在所选点时，就在所选点间用直线创建驱动路径；选择曲线作为驱动几何时，驱动点沿指定曲线生成。在这两种情况下，驱动几何都投射到零件几何表面上。刀具路径创建在零件几何表面上，曲线可以是封闭或开放、连续或非连续，也可以是平面曲线或空间曲线。当用点定义驱动几何时，刀具按选择点的顺序，沿着刀具路径从一个点向下一个点移动，如图 3–1–53 所示。当用曲线定义驱动几何时，刀具按选择曲线的顺序，沿着刀具路径从一条曲线向下一条曲线移动，如图 3–1–54 所示。

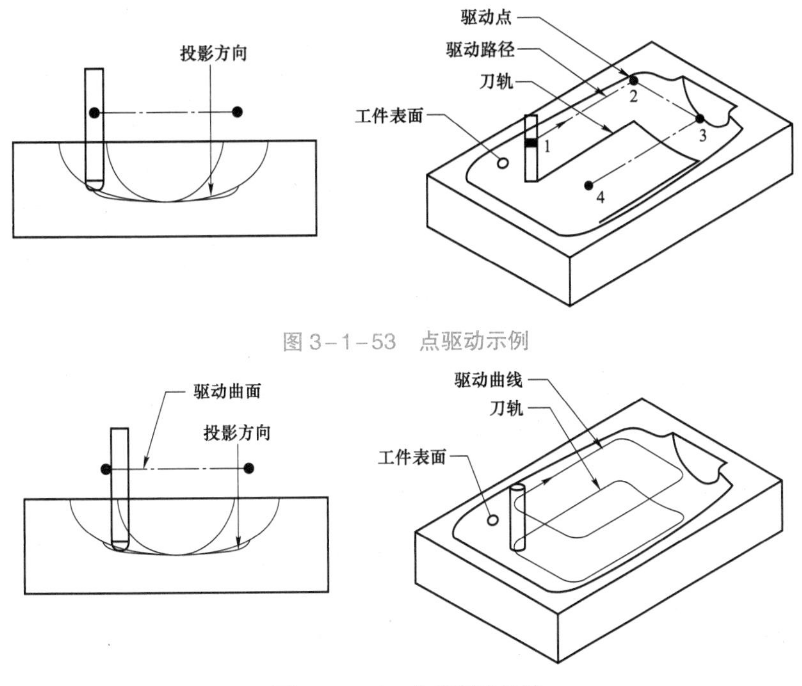

图 3–1–53　点驱动示例

图 3–1–54　曲线驱动示例

小提示：选择曲线时要注意箭头指向。

2. 曲面区域

曲面区域驱动通过指定的曲面输出刀具轨迹，曲面驱动具有最多的刀轴控制方式，因而曲面区域驱动在多轴中应用的最为广泛。但是曲面区域驱动对曲面的质量要求很高，多个曲面之间要求连续相切，并且要求每个曲面的 UV 网格一致，曲面的 UV 网格决定了刀具轨迹好与不好，若不指定零件表面，刀轨可以直接建立驱动曲面上。由于曲面区域驱动方法对刀轴以及驱动点的投影矢量提供了附加的控制选项，因此常用于可变轴铣削加工形状复杂的零件表面，也可用于固定轴铣削加工复杂零件表面，如图 3–1–55 所示。

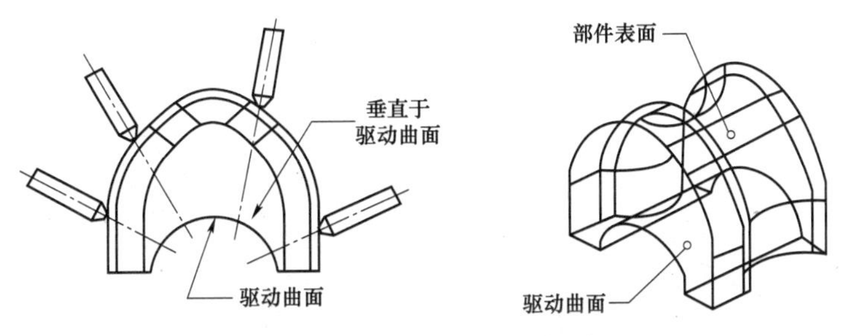

图 3–1–55　曲面区域驱动示例

小提示：曲面区域驱动的操作选择曲面时一定要逐个选取相邻的曲面，且保证曲面间不存在间隙，否则会因流线方向不统一而无法生成刀路或刀轨混乱。

3. 螺旋驱动

螺旋驱动是以螺旋线形状从中心向外生成驱动点，然后沿刀轴方向投影到零件几何上形成刀轨。一般用于加工旋转形或近似于旋转形的表面或表面区域，如图3-1-56所示。

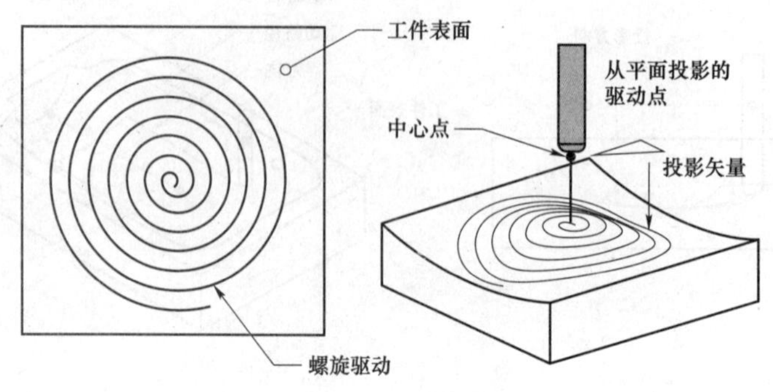

图3-1-56　螺旋驱动方法示例

小提示：与其他驱动方法不同，螺旋驱动方法创建的刀具路径，在从一刀切削路径向下一刀切削路径过渡时，没有横向进刀，也就不存在切削方向上的突变，而是光顺地、持续地向外螺旋展开过渡，这样能保持恒定的切削速度的光顺运动，特别适合高速加工。

4. 径向驱动

径向驱动是通过指定横向进给量、带宽与切削方法，沿给定边界方向并垂直于边界生成驱动路径，一般用于清根操作，如图3-1-57所示。

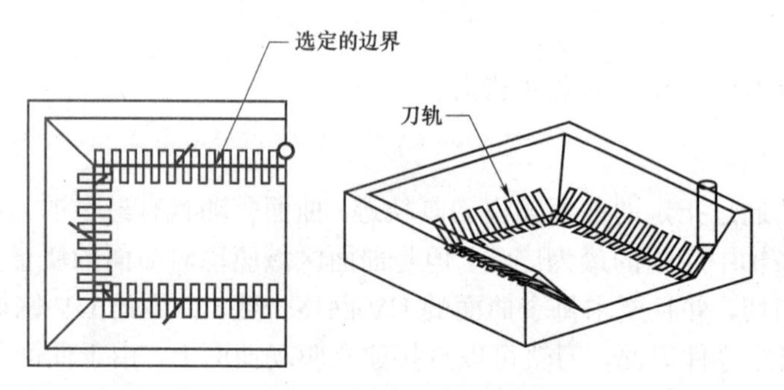

图3-1-57　径向切削驱动方法示例

小提示：可以选择多个边界作为驱动几何，当从一个边界到另一个边界时，使用跨越运动。

5. 刀轨驱动概述

刀轨驱动方式可以沿着刀具位置源文件(CLSF)定义的刀位点作为驱动点(Drive Point)，在当前的操作中生成一个类似曲面轮廓的刀具轨迹。驱动点沿着已经存在的刀轨生成，并且投影到所选择的零件表面，创建新的刀位轨迹。驱动点投影到零件表面的方向由投影矢量来决定。

小提示：当选择刀轨驱动方式时，必须有一个已经存在的CLSF产生驱动点。

6. 流线驱动

流线驱动类似于曲面区域驱动方法，是一新增的驱动方法，可用于精加工操作，流曲线决定刀具轨迹的形状，交叉曲线决定刀具轨迹的边界（也可以不定义），流线驱动几何也可设定为点和封闭的环绕，流线驱动可通过定义切削区域定义加工区域，切削方向可单独设定，刀具位置增加接触设置，可支持单向、往复式、带提刀的往复式、螺旋线或螺旋线下刀方式，可加工修剪和未修剪的曲面，产生更平顺的精加工路径，能更快速、更高效地在角落处加工；流线驱动方法支持固定轴和可变轴加工，所有已存在的投影方式和所有已存在的刀轴设定在流线驱动方法都可用。流线驱动示例如图 3–1–58 所示。表 3–1–2 为曲面驱动与流线驱动方法比较。

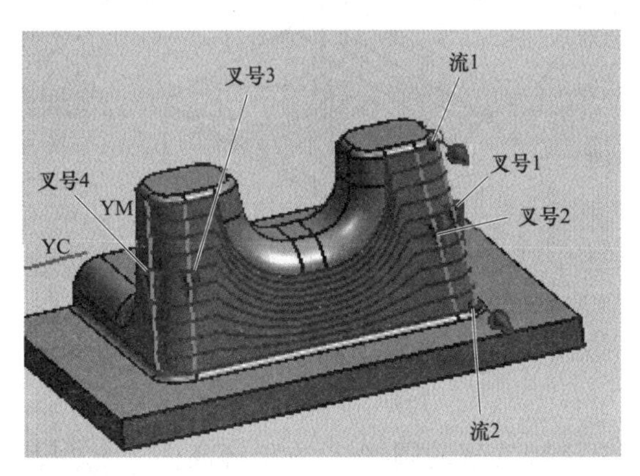

图 3–1–58　流线驱动示例

小提示：流线驱动方法根据选择流曲线和可选的交叉曲线定义驱动曲面，流线可以灵活地创建刀轨。规则面栅格无须进行整齐排列。

表 3–1–2　曲面驱动与流线驱动方法比较

曲面驱动	流线驱动
仅可以处理曲面	可以处理曲线、边、点和曲面
拥有对中和相切刀具位置	除了对中和相切刀具位置外，还允许接触刀位以进行固定轴加工
需要排列整齐的曲面栅格	无须整齐排列。可以加工流线/叉号曲线或曲面的任意集合构成驱动曲面，可以处理由两个或更多封闭流曲线集或曲面定义驱动曲面的配置
不支持切削区域	允许选择切削区域面。切削区域面用作空间范围几何体，而切削区域边界用于自动生成流曲线集和交叉曲线集。此外，软件使部件几何体置于对投影模块透明的“切削区”的外部，这极大地方便了在遮蔽区域生成刀轨
不处理缝隙	自动填充流曲线集和叉号曲线集内的缝隙

7. 边界驱动

边界驱动方法是通过指定边界（Boundary）和环（Loop）来定义切削区域，边界与零件表面的形状和尺寸无关，而环则必须符合零件表面的外边缘线。由边界定义产生的驱动点将沿指定方向投影到零件表面上而生成刀轨，边界驱动方法多用于精加工操作，可跟随复杂的零件表面轮廓，如图 3–1–59 所示。

小提示：如果部件几何体是实体，选择面来加工，而不选择体，因为实体包含多样的外部边界，这种不明确的边界妨碍系统产生环线。

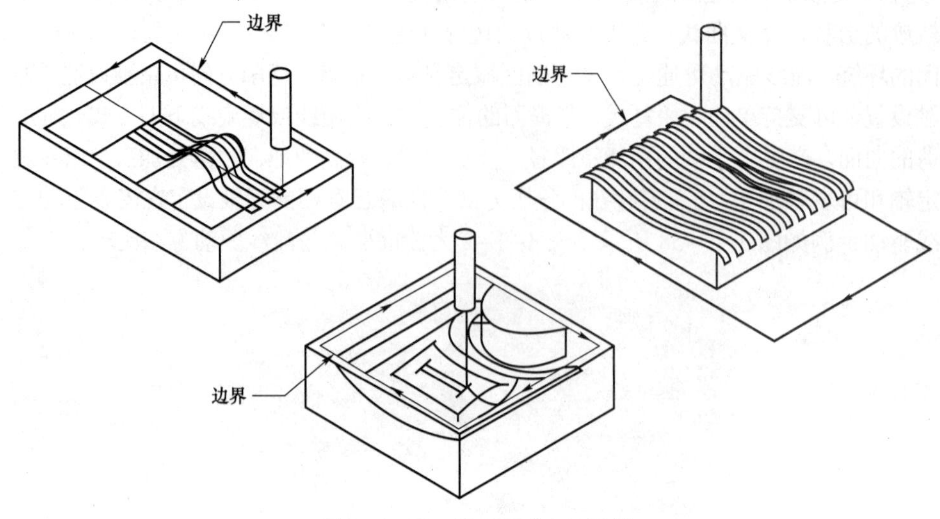

图 3-1-59　边界驱动方法示例

8. 引导曲线驱动

引导曲线驱动多用于比较常规的圆形/长方形等高面加工、非规则的弯管类零件，如图 3-1-60 所示。

图 3-1-60　引导曲线驱动刀路

任务小结

本章节以三叉左阀体的粗精加工为例，详细讲解了型腔铣、可变轮廓铣、平面铣等刀路的创建方法。从特征加工的角度出发进行工艺分析，易于举一反三，更好地完成同类工件的加工工艺编制与加工，如图 3-1-61 所示为三叉左阀体的加工工艺思维导图。

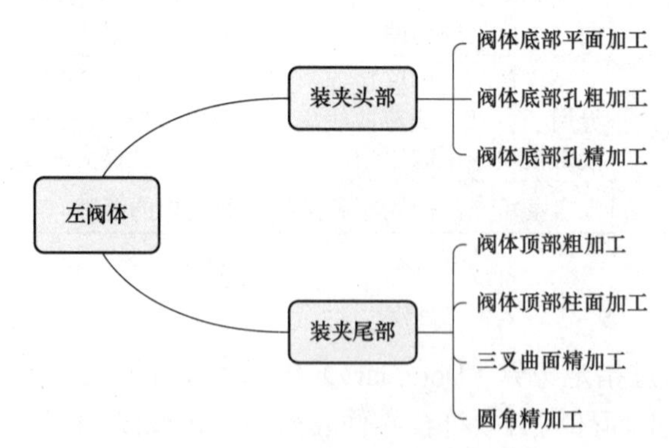

图 3-1-61　左阀体加工思维导图

任务 3-2 三叉右阀体的多轴加工

任务描述

本次任务要求加工图 3-2-1 所示的三叉右阀体零件，该零件是三叉阀体结构的第二主要组成部分，与左阀体零件的装配关系如图 3-2-2 所示。任务实施过程中，不仅要求对零件进行数控加工工艺分析，也要求能够利用 UG NX10.0 软件完成三叉右阀体的自动编程。通过本次任务学习，培养学生达到以下主要目标：

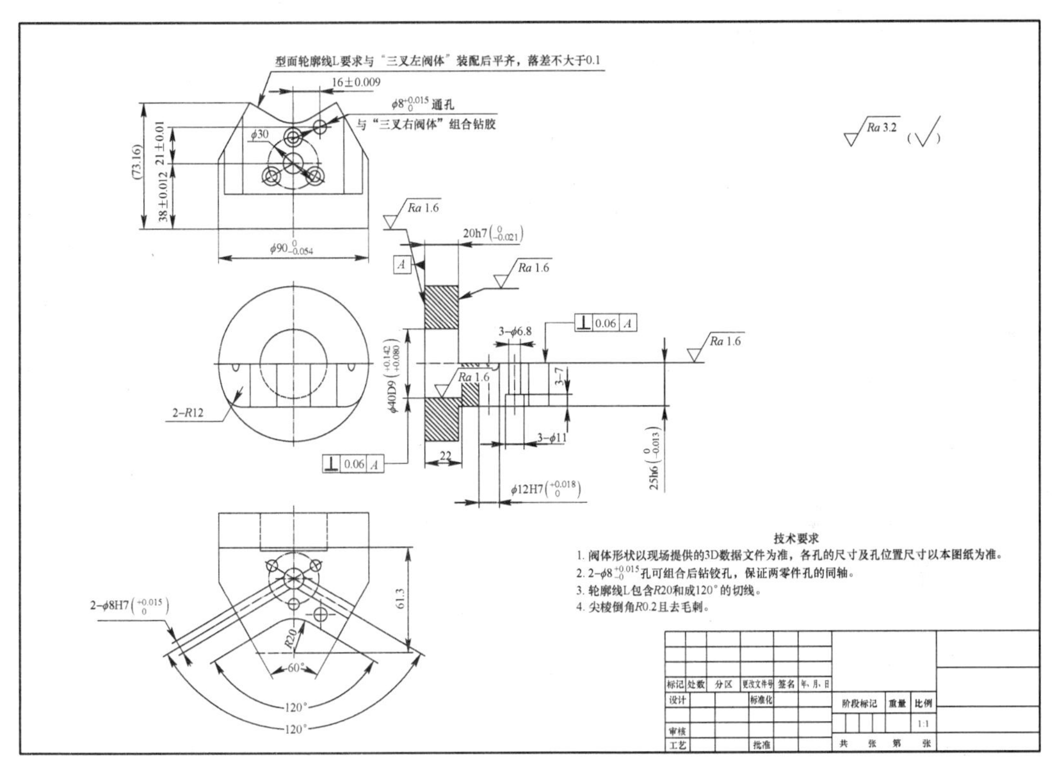

图 3-2-1 三叉右阀体零件图

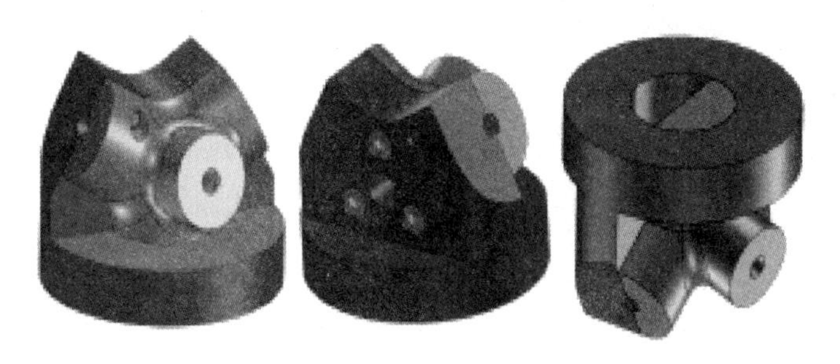

图 3-2-2 三叉阀体装配效果图

知识目标：

① 学会分析三叉右阀体零件图纸，了解图纸中形位公差含义。

② 掌握平面铣加工垂直壁边的设置方法。

③ 掌握多轴刀路中刀轴控制的常用选择方法。

能力目标：

① 能够确保型腔铣刀路加工后所有面所留余量准确一致。

② 能够综合使用型腔铣、平面铣等策略，结合刀轴控制完成各特征的粗精加工。

③ 能够综合使用孔加工方法完成高精度孔的自动加工编程。

素质目标：

① 能够编制安全可靠的加工工艺，具备在实际加工中持续完善优化工艺的能力。

② 培养学生具备良好的工作热情与积极性，树立劳动光荣的价值观。

③ 培养学生协同合作的团队精神，有良好的组织纪律性，能够有团队合作精神。

一、零件图样分析

分析三叉右阀体零件如图 3–2–1 所示，其加工特征较简单，但各个特征分布在工件不同方向上，所以对保证特征间形位公差要求较高。所以该工件可以通过一次装夹，通过变换刀轴的方式依次加工完成。

二、加工方案制定

结合该零件结构特点和加工实际情况，选用规格为ϕ90 mm×75 mm 的铝件为毛坯，材料为 2Al2。零件要求加工出底孔、壁孔（三个沉头孔、两个通孔）以及 M 型顶部等特征。主要工艺过程安排如下：

1. 底面特征加工

先采用ϕ16 mm 的平底铣刀完成底面和底孔加工，再采用ϕ6 mm 倒角刀对底面边缘进行倒角加工。

2. 顶面特征加工

翻转找正工件后，先采用ϕ16 mm 的平底铣刀完成零件粗加工工序，再用ϕ12 mm 的平底刀完成凸台顶面、侧壁的半精加工或精加工工序，然后采用ϕ6 mm 定心钻预钻侧壁五孔，改换ϕ6.8 mm 和ϕ11.8 mm 完成中间孔和周边三孔的加工，然后采用ϕ8 mm 的平底刀完成三个沉头孔壁精加工，采用ϕ12 mm 铰刀完成中间孔壁的铰孔加工。三叉右阀体主要加工工艺如表 3–2–1 所示。

表 3-2-1　右阀体加工工艺表

序号	装夹	加工工步	加工策略	加工刀具	加工参数		余量/mm
					转速/（r • min⁻¹）	进给/（mm •min⁻¹）	
1	装夹头部	阀体底部平面加工	平面铣	立铣刀 T1D16	8 000	1 200	0
2		阀体底部孔粗加工	平面铣	立铣刀 T1D16	8 000	3 000	0.2
3		阀体底部孔精加工	平面铣	立铣刀 T1D16	9 000	1 000	0
4	装夹尾部	阀体头部粗加工	型腔铣	立铣刀 T2D12	8 000	3 000	0.2
5		阀体底面精加工	平面铣	立铣刀 T2D12	9 000	1 000	0
6		阀体垂直面精加工	平面铣	立铣刀 T2D12	9 000	1 000	0
7		阀体 M 型面加工	平面铣	立铣刀 T2D12	9 000	1 000	0

三、参考步骤

1. 基本环境设置

1）进入 UG：双击桌面快捷方式按钮，打开软件 UG NX10.0。

2）WCS 设置：在 UG NX10.0 软件中单击【打开】按钮，选择“三叉右阀体.prt”文件（见本书随赠的素材资源包）。单击【OK】按钮，打开该文件，自动进入建模模块。删除图示孔特征，双击激活 WCS 坐标系，将其方位按照如图 3-2-3 所示调整。

3）刀具建立：单击【应用模块】，在【加工环境】中打开机床视图，建立加工所需的刀具：T1D16（立铣刀）、T2D12（立铣刀）、T3DJ6（倒角刀）、T4JD12（铰刀）、T5DXZ6（定心钻）、T6D8（立铣刀），如图 3-2-4 所示。

4）MCS 安全平面设置：在【加工环境】中打开【几何视图】，设置加工坐标系 MCS_1 与建模坐标系 WCS 进行重合，在【安全设置选项】下拉列表中选择“平面（刨）”，【安全距离】设为“30”，完成安全平面设置，如图 3-2-5 所示。

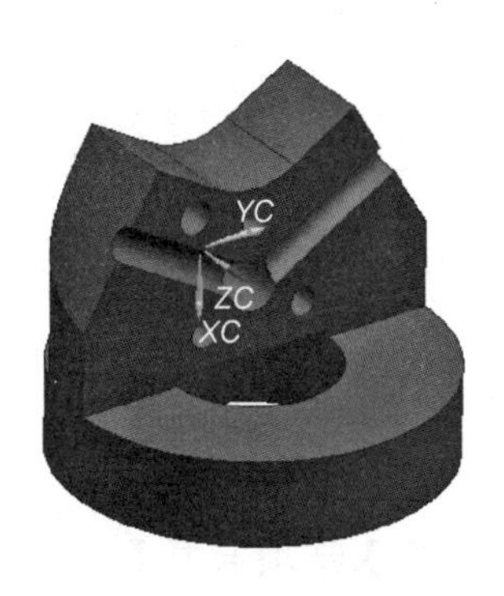

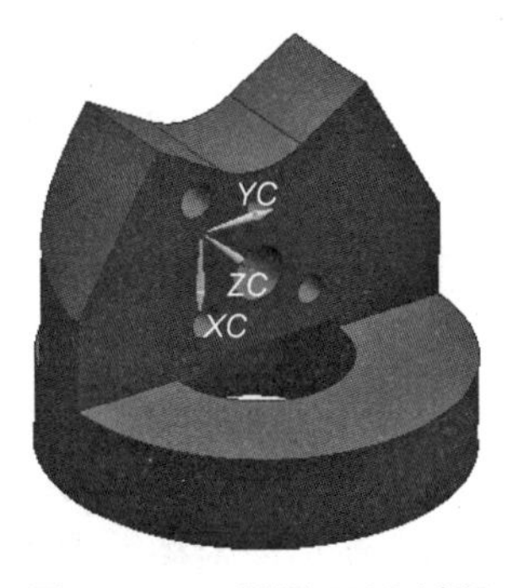

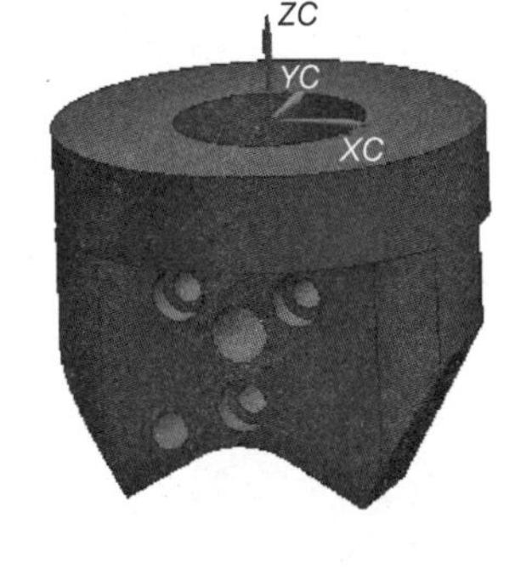

图 3-2-3　设置 WCS 过程

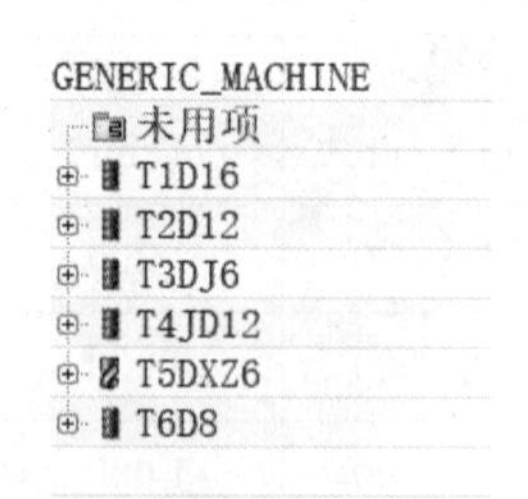

图 3-2-4　应用模块界面图

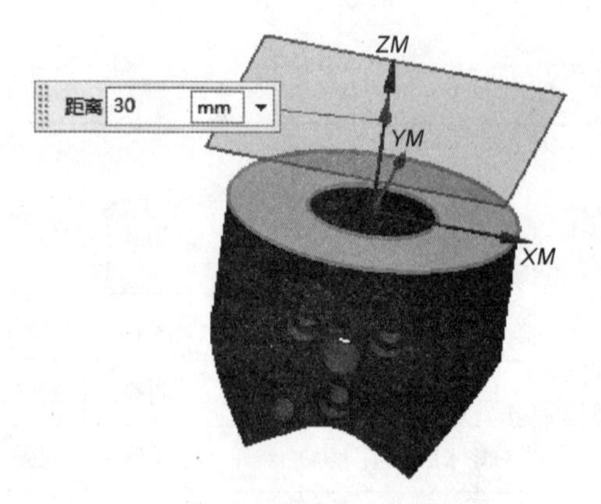

图 3-2-5　MCS 铣削设置对话框

2. 三叉右阀体加工程序创建

（1）底面加工刀路

1）刀路创建：将【程序顺序】视图下的【PROGRAM】改为“工序一”，右击依次选择【插入】-【工序】，在【类型】下拉列表中选择【FLOOR_WALL】，刀具选择“T1D16”，【名称】下方的方框中输入“平面铣削_FLOOR_WALL”。

2）几何体设置：选择“MCS_1”。

3）指定部件：选择当前实体作为操作对象，如图 3-2-6 所示。

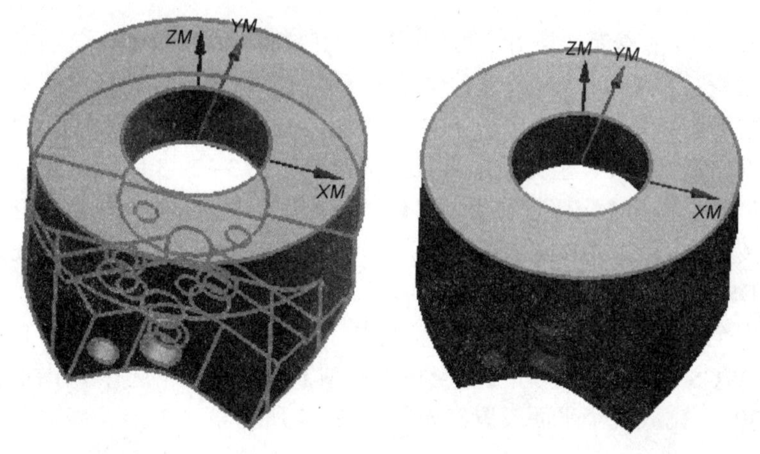

图 3-2-6　工作部件设置对话框

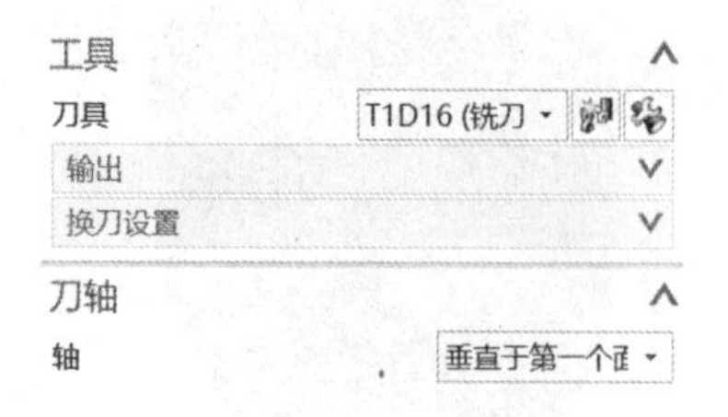

图 3-2-7　右阀体【刀轴】设置对话框

4）切削区域指定：选择图示表面作为切削区底面。

5）刀具及刀轴设置：【刀具】选择为 T1D16；【刀轴】设为“垂直于第一个面”，如图 3-2-7 所示。

6）刀轨设置：【空间范围】设为“底面”，【切削模式】设为“跟随周边”，【步距】设为“刀具平直百分比”，【平面直径百分比】设为“75%”，其他参数保持不变。

7）切削参数设置：【策略】选项卡中【刀路方式】设为“向内”，其余参数保持不变。

8）非切削参数设置：【进刀】选项卡中，【封闭区域】设为“与开放区域相同”，【开放区域】设为“线性”（长度 0 mm，旋转角度 0°，斜坡角 0°，高度 3 mm，最小安全距离 1 mm）；【退刀】选项卡，【退刀类型】设为“抬刀，【高度】设为“1”；其他选项卡参数保持不变，如图 3-2-8 所示。

图 3-2-8　右阀体【非切削移动】设置对话框

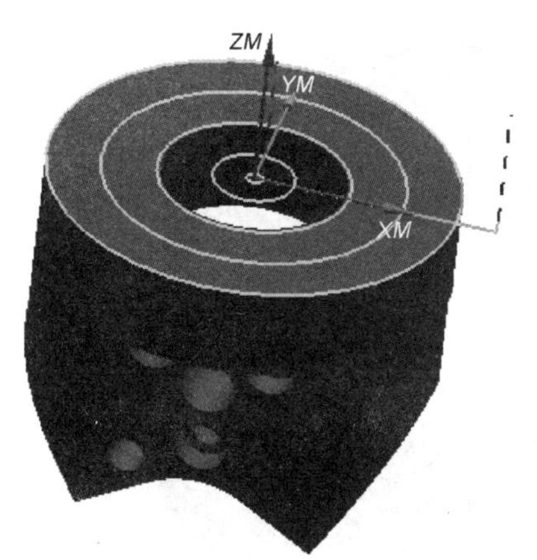

图 3-2-9　右阀体平面加工刀路

9）进给率和速度设置：【主轴转速】设为“8 000”，【进给率】设为“1 200”，计算后返回。

10）刀路生成

参数设置完成后，单击【刀路生成】按钮查看该策略编程刀路，如图 3-2-9 所示。

小贴士：“不积小流，无以成江海”，扫描二维码 3-2-1 看一看平面特征是怎么被加工出来的吧。

二维码 3-2-1

（2）底孔铣削

1）刀路创建：返回程序视图，右击【工序一】程序组，依次选择【插入】-【工序】，在【类型】下拉列表中选择【PLANAR_MILL】，【工序子类型】选择【平面铣】，【名称】下方的方框中输入“底孔铣削_PLANAR_MILL”。

2）部件边界设置：在“曲线/边”模式下，选择图示曲线作为边界，然后进入边界设置环境，依次设定“封闭的”“自动”“外部”，并选择【编辑】调整刀具位置为“相切”，如图 3-2-10 所示。

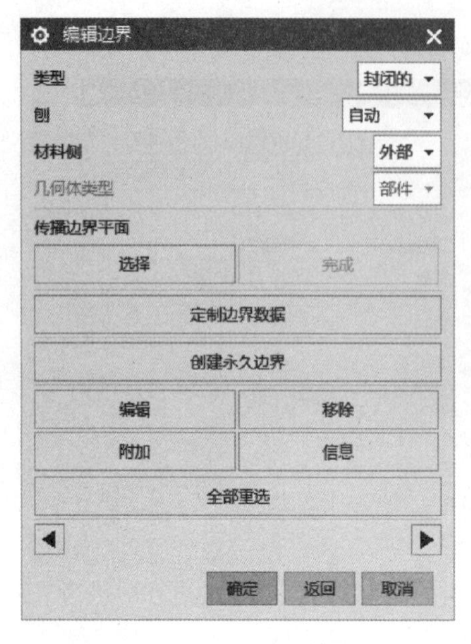

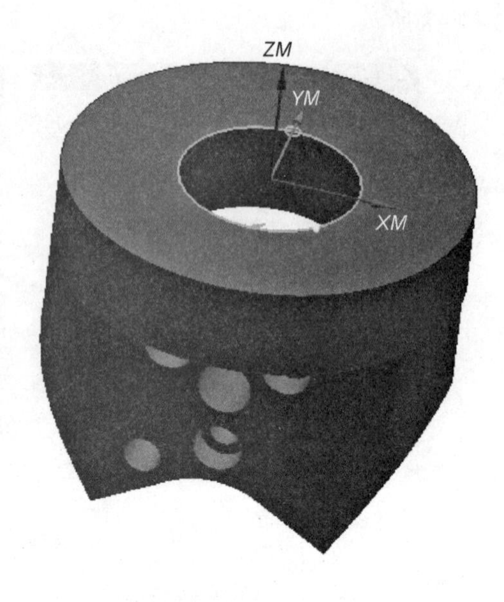

图 3-2-10　右阀体底孔几何体选择

3）指定底面：选择图 3-2-11 所示平面作为参考平面，【距离】输入“0”。

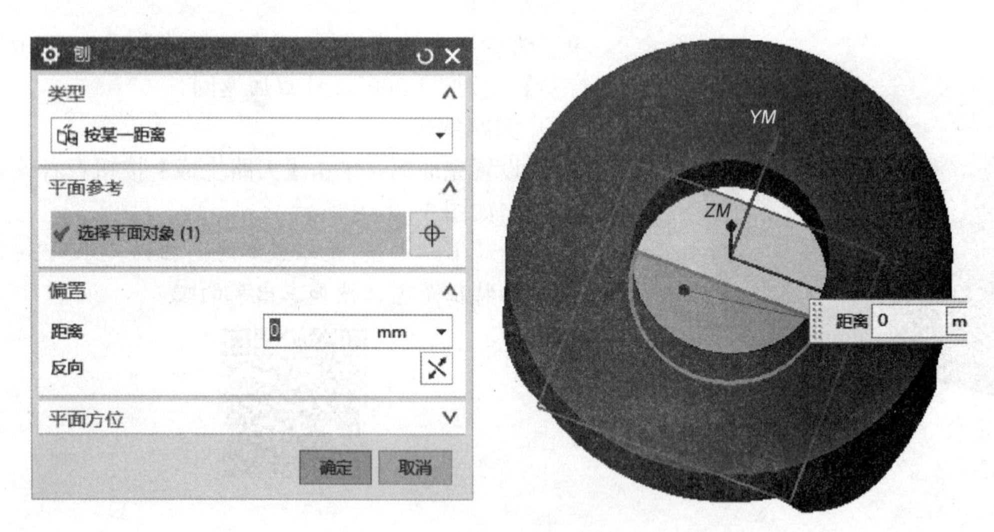

图 3-2-11　右阀体底孔 MCS 选择

4）刀具及刀轴设置：【刀具】选择为“T1D16”，【刀轴】设为“+ZM 轴”。

5）刀轨设置：【切削模式】设为“跟随周边”，【步距】设为“刀具平直百分比”，【平面直径百分比】设为“10%”，【切削层】设为“仅底面”，其他参数保持不变，如图 3-2-12 所示。

图 3-2-12　右阀体底孔刀轨设置

6）切削参数设置：【策略】选项卡中【刀路方向】设为“向外”；【余量】设为“0.3”，其余参数保持不变。注意：精加工时，只需将【余量】更改为“0”即可。

7）非切削参数设置：【进刀】选项卡中，【封闭区域】设为“沿形状斜进刀”（斜坡角 0°，高度 3 mm，高度起点前一层，最大宽度无，最小安全距离 65%，最小斜面长度 20%）；【退刀】选项卡中，【退刀类型】设为“抬刀”，【高度】设为“0.5”。注意：精加工时，只需将参数中的“前一层”更改为“当前层”即可，如图 3-2-13 所示。

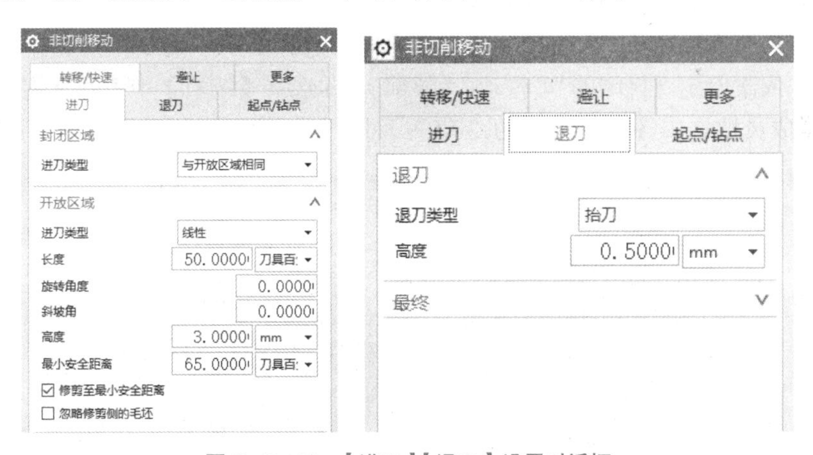

图 3-2-13　【进刀】【退刀】设置对话框

8）进给率和速度参数设定：【主轴速度】设为“8 000”，【进给率】设为“3 000”，计算后返回。

9）刀路生成：参数设置完成后，单击【刀路生成】按钮查看该策略编程刀路，如图 3-2-14 所示。

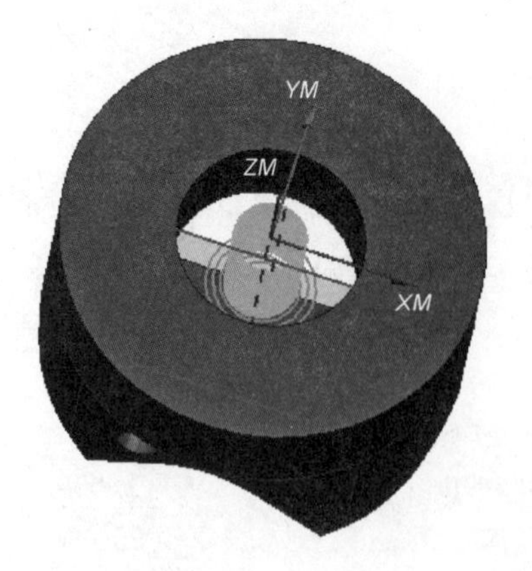

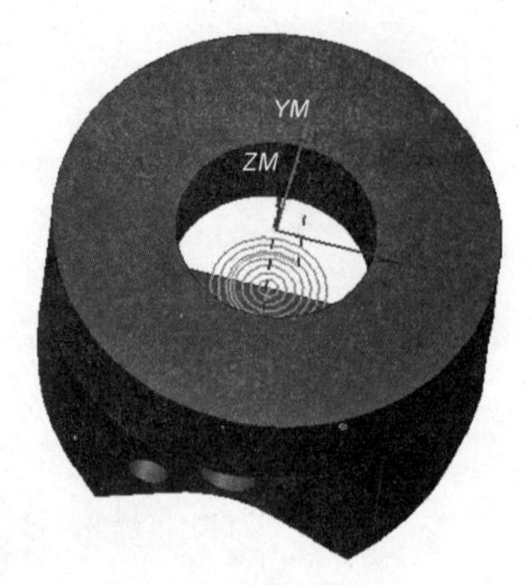

图 3-2-14　底孔加工刀路

小贴士：扫描二维码 3-2-2 学习“三叉右阀体底孔特征加工刀路”是如何创建的吧。

二维码 3-2-2

（3）倒角加工

1）刀路创建：返回程序视图，右击【工序一】程序组，依次选择【插入】-【工序】，在【类型】下拉列表中选择【PLANAR_MILL】，【工序子类型】选择【平面铣】，【名称】下方的方框中输入“内孔倒角_PLANAR_MILL”。

2）部件边界设置：在“曲线/边”模式下，同样选择上一步曲线作为边界，然后进入边界设置环境，依次设定“封闭的”“自动”“外部”，并选择【编辑】中【刀具位置】设为“对中”，在定制成员数据中【余量】设为“0.5”。对于外圆加工，仅需要将内孔边界更改为外圆边线作为边界即可，如图 3-2-15 所示。

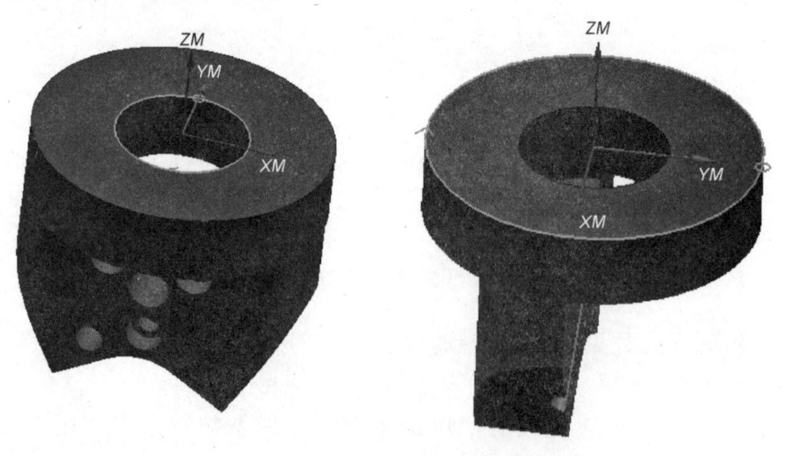

图 3-2-15　右阀体驱动边界选取

3）加工底面指定：选择图 3-2-16 所示平面作为参考平面，【距离】输入“-1”。

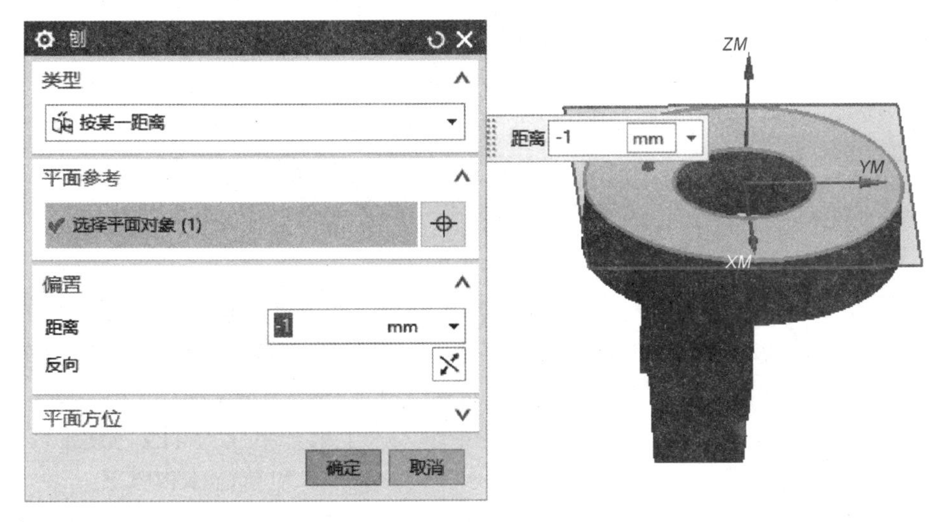

图 3–2–16　右阀体倒角面设置

4）刀具及刀轨设置：【刀具】选择“T3DJ6”，【刀轴】设为“+ZM 轴”。

5）刀轨设置：【切削模式】设为“轮廓”，【切削层】设为“仅底面”，其他不变。

6）切削参数设置：【余量】设为“0”，其余参数保持不变。

7）非切削参数设置：【进刀】选项卡中，将开放区域设为“圆弧”（半径 1 mm，圆弧角度 90°，高度 1 mm，最小安全距离 1 mm），如图 3–2–17 所示；【退刀】选项卡中，设为“与进刀方式相同”。

8）进给率和速度参数设定：【主轴速度】设为“6 000”，【进给率】设为“600”。计算后返回。

9）刀路生成：参数设置完成后，单击【刀路生成】按钮，查看该策略编程刀路如图 3–2–18 所示。

图 3–2–17　倒角【进刀】设置对话框

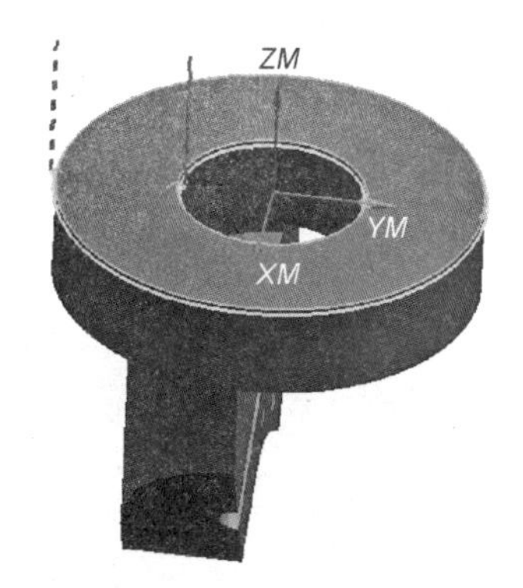

图 3–2–18　倒角刀路

小贴士：“三叉右阀体倒角刀路”的创建可通过扫描二维码 3–2–3 学习。

二维码 3-2-3

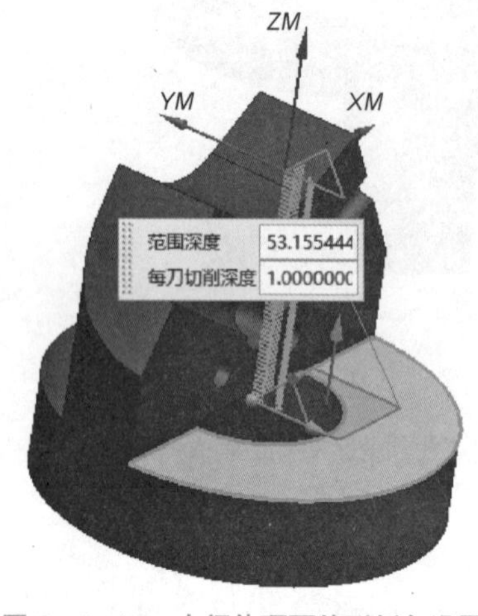

图 3-2-19　右阀体顶面外形倒角设置

（4）外形粗加工

1）程序组创建：新建程序组，命名为“工序二”。右键依次选择【插入】–【工序】，在【类型】下拉列表中选择【mill_contour】，【工序子类型】选择【型腔铣】，【名称】下方的方框中输入“上部开粗_CAVITY_MILL”。注意：提前设置好坐标系 MCS_2 和 WORKPIECE。

2）刀具及刀轴设置：【刀具】选择为“T1D16”，【刀轴】设为“+ZM 轴”。

3）刀轨设置：【切削模式】设为“跟随周边”，【步距】设为“刀具平直百分比”，【平面直径百分比】设为“65%”，【公共每刀切削深度】设为“恒定”，【最大距离】设为“1”。

4）切削层设置：【范围类型】设为“自动”，【切削层】设为“恒定”，选择图 3-2-19 所示平面作为范围底部，其他参数不变。

5）切削参数设置：【策略】选项卡中，【切削方向】设为“顺铣”，【切削顺序】设为“层优先”，【刀路方向】设为“向内”；【余量】选项卡中，部件余量均设为“0.3”，其余参数不变。

6）非切削参数设置：【进刀】选项卡中，将【封闭区域 进刀类型】设为“与开放区域相同”，将【开放区域 进刀类型】设为“圆弧”（半径 1 mm，圆弧角度 90°，高度 0.5 mm，最小安全距离 50%）；【退刀】选项卡中，将【退刀类型】设为“抬刀”，【高度】设为“1”。

7）进给率和速度设置：【主轴速度】设为“8 000”，【进给率】设为“3 000”。

8）刀路生成：参数设置完成后，单击【刀路生成】按钮查看该策略编程刀路以及 3D 仿真效果，如图 3-2-20 所示。

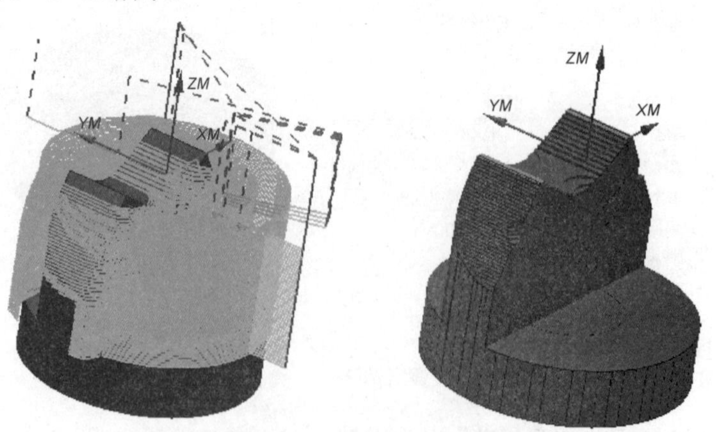

图 3-2-20　右阀体顶面外形粗加工刀路

小贴士：看“型腔铣”如何加工出三叉右阀体外形，可以扫描二维码 3−2−4 学习。

二维码 3−2−4

（5）底平面加工

1）刀路创建：右击【工序二】程序组，依次选择【插入】−【工序】，在【类型】下拉列表中选择【PLANAR_MILL】,【工序子类型】选择【平面铣】,【名称】下方的方框中输入“底面铣削_PLANAR_MILL”。

2）部件边界设置：在“曲线/边”模式下，选择垂直壁底部三条直线后自动生成一条边界曲线，然后进入边界设置环境，依次设为“开放的”“自动”“右”，并选择【编辑】调整【刀具位置】为“相切”。对于另外一侧，可选择垂直壁底部的两条弧线和一条直线生成第二条边界，其余参数同上，如图 3−2−21 所示。

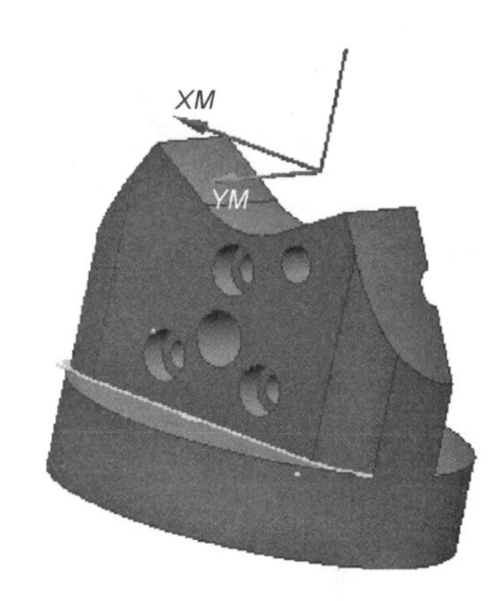

图 3−2−21　右阀体底平面 MCS 设置

3）指定加工底面：选择图 3−2−22 所示平面作为参考平面，【距离】输入“0”。

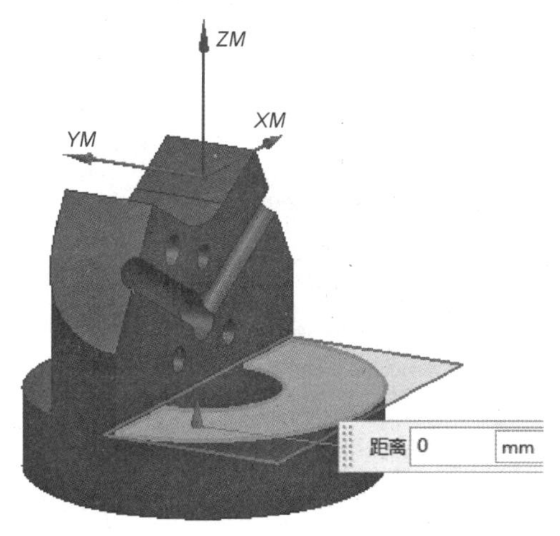

图 3−2−22　右阀体底平面选择

4）刀具及刀轴设置：【刀具】选择为“T2D12”,【刀轴】设为“+ZM 轴”。

5）刀轨设置：【切削模式】设为“轮廓”,【步距】设为“刀具平直百分比”,【平面直径百分比】设为“65%”,【附加刀路】设为“4”，如图 3−2−23 所示。

6）切削参数设置：【余量】设为“0”，其余参数保持不变。

7）非切削参数设置：【进刀】选项卡中，将【封闭区域 进刀类型】设为“与开放区域相同”，将【开放区域 进刀类型】设为“圆弧”（半径 2 mm，圆弧角度 90°，高度 3 mm，最小安全距离 0 mm)，如图 3-2-24 所示；【退刀】选项卡中，【退刀类型】设为“与进刀相同”。

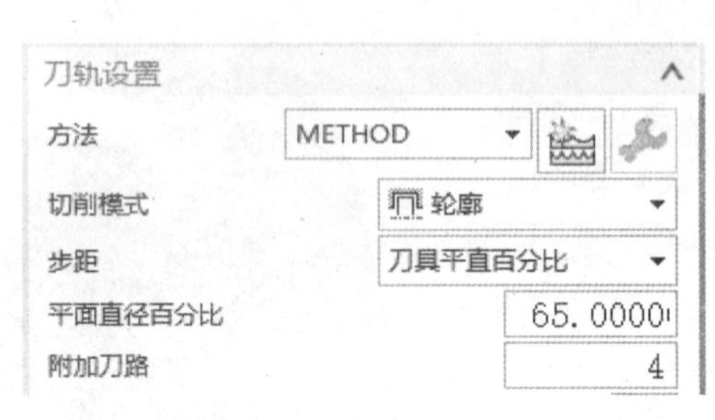

图 3-2-23　右阀体底平面加工刀轨设置

图 3-2-24　右阀体底平面【进刀】设置对话框

8）进给率和速度参数设定：【主轴速度】设为“8 000”，【进给率】设为“1 000”，计算后返回。

9）刀路生成：参数设置完成后，单击【刀路生成】按钮查看该策略编程刀路，如图 3-2-25 所示。

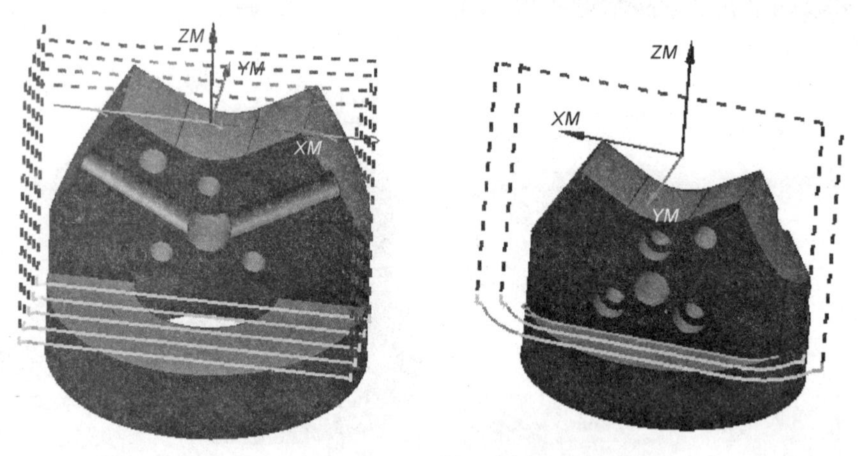

图 3-2-25　底平面刀路

（6）垂直壁加工

1）刀路创建：右击【工序二】程序组，依次选择【插入】-【工序】，在【类型】下拉列表中选择【PLANAR_MILL】，【工序子类型】选择【平面铣】，【名称】下方的方框中输入“垂直壁铣削_PLANAR_MILL”。

2）部件设置：在“曲线/边”模式下，选择与上一步相同的边界。在边界设置环境，依次设定“开放的”“用户自定义（在扩展设置中选择 XC-YC 平面）”“右”，并选择【编辑】调整【刀具位置】为“相切”。

3）指定加工底面：选择与上一步相同的平面作为参考平面，【距离】输入“0”。

4）刀具及刀轴设置：【刀具】选择为“T2D12”，【刀轴】设为“+ZM 轴”。

5）刀轨设置：【切削模式】设为“轮廓”，【步距】设为“刀具平直百分比”，【平面直径百分比】设为“65%”，【附加刀路】设为“0”，【切削层】设为“恒定，公共 17 mm”，如图 3-2-26 所示。

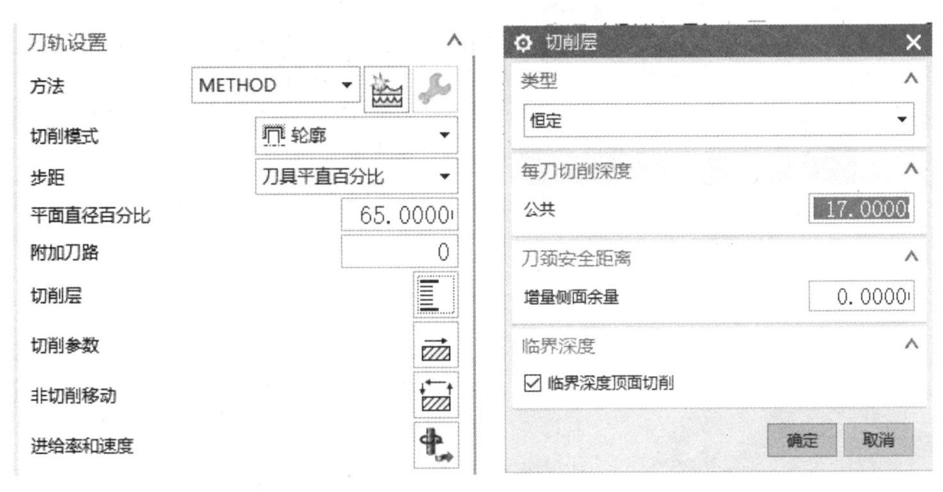

图 3-2-26　垂直壁加工刀轨设置

6）切削参数设置：【策略】选项卡中，【切削顺序】设为“深度优先”；【余量】选项卡中，部件余量均设为“0”，其余各项参数保持不变。

7）非切削参数设置：【进刀】选项卡中，将【封闭区域　进刀类型】设为“与开放区域相同”，将【开放区域　进刀类型】设为“圆弧”（半径 2 mm，圆弧角度 90°，高度 3 mm，最小安全距离 0 mm）；【退刀】选项卡中，【退刀类型】设为“与进刀相同”，如图 3-2-27 所示。

图 3-2-27　垂直壁加工【进刀】设置对话框

8）进给率和速度参数设定：【主轴速度】设为“8 000”，【进给率】设为“1 000”，计算后返回。

9）刀路生成：参数设置完成后，单击【刀路生成】按钮查看该策略编程刀路，如图 3-2-28 所示。

（7）M 型面加工

（1）WCS 设置：在【建模】环境下，按下键盘上的“W”键，将 WCS 显示出来，调整 *Z* 向至图 3-2-29 所示。

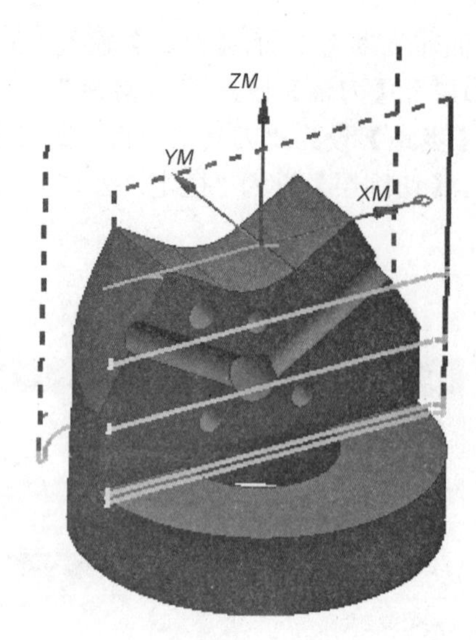

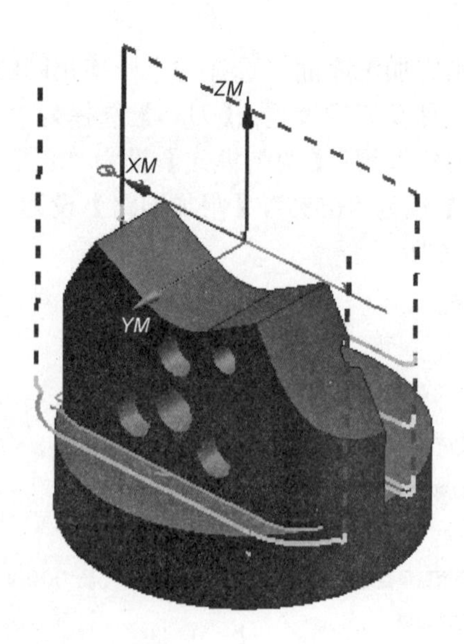

图 3-2-28　壁边底面加工刀路

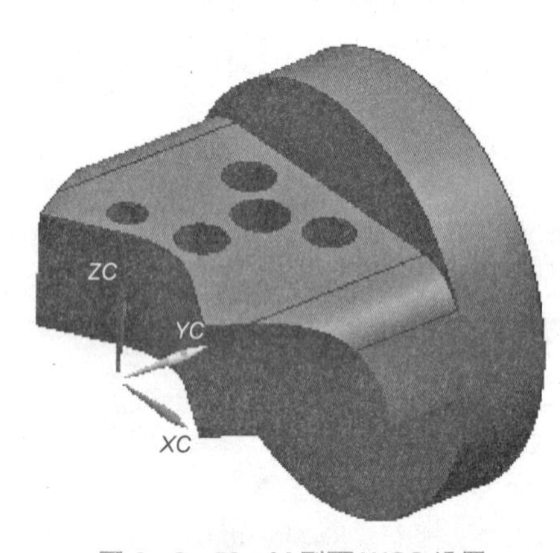

图 3-2-29　M 型面 WCS 设置

2）刀路创建：切换至【加工环境】，创建【工序三】程序组，右击依次选择【插入】-【工序】，在【类型】下拉列表中选择【PLANAR_MILL】，【工序子类型】选择【平面铣】，【名称】下方的方框中输入"M 型面铣削_PLANAR_MILL"。

3）参数设置：将【几何体】选择为"MCS_2"，【刀具】选择为"T2D12"，【刀轴】设为"指定矢量"。

4）部件边界设置：在"曲线/边"模式下，选择与上一步相同的边界。在边界设置环境，依次设定"开放的""用户自定义（在扩展设置中选择图所示平面）""左"，并选择【编辑】调整【刀具位置】为"相切"，如图 3-2-30 所示。

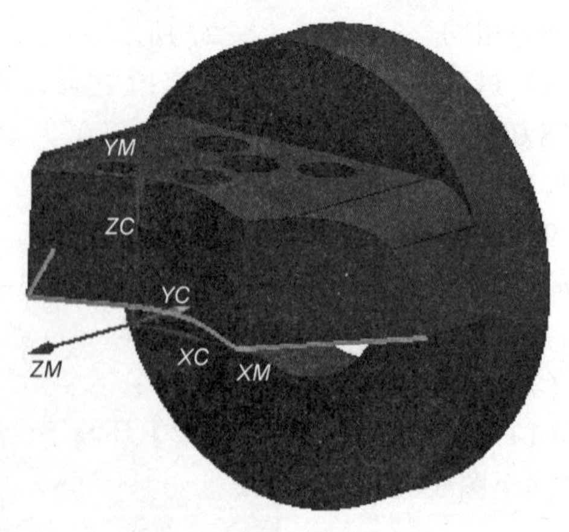

图 3-2-30　M 型面部件边界设置

5）指定加工底面：选择与图 3-2-31 所示平面作为参考平面，【距离】输入“1”。

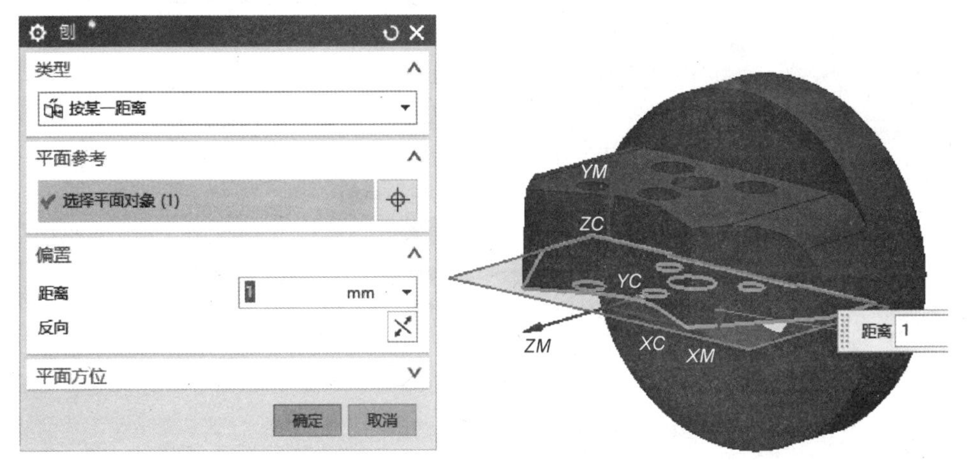

图 3-2-31　M 型面加工面底面设置

6）刀轨设置：【切削模式】设为“轮廓”，【步距】设为“刀具平直百分比”，【平面直径百分比】设为“65%”，【附加刀路】设为“0”，【切削层】设为“恒定，公共 15 mm”。

7）切削参数设置：【策略】选项卡中，【切削顺序】设为“深度优先”；【余量】选项卡中，部件余量均设为“0”，其余参数保持不变。

8）非切削参数设置：【进刀】选项卡中，将【封闭区域 进刀类型】设为“与开放区域相同”，将【开放区域 进刀类型】设为“圆弧（半径 2 mm，圆弧角度 90°，高度 3 mm，最小安全距离 0 mm）；【退刀】选项卡中，【退刀类型】设为“与进刀相同”；【转移/快速】选项卡中，将【安全位置】设为“图示平面上方 60 mm 处”。

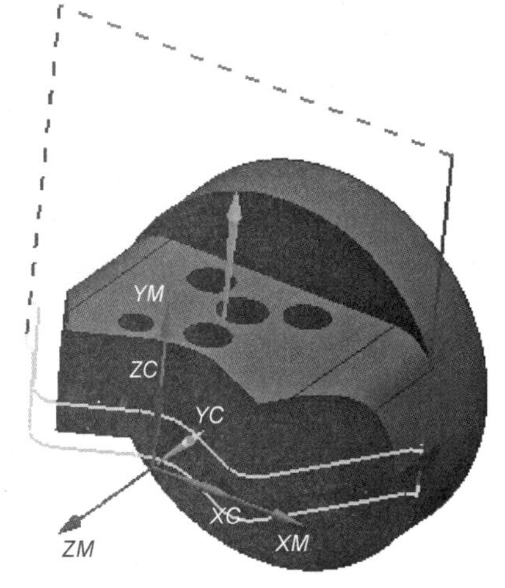

图 3-2-32　M 型面刀路

9）进给率和速度参数设定：【主轴速度】设为“8 000”，【进给率】设为“1 000”，计算后返回。

10）刀路生成：单击【刀路生成】按钮查看该策略编程刀路，如图 3-2-32 所示。

（8）预钻孔加工

1）刀路创建：右击【工序三】程序组，依次选择【插入】－【工序】，在【类型】下拉列表中选择【hole_making】，【工序子类型】选择【钻孔】，【名称】下方的方框中输入“预钻孔_SPOT_DRILLING”。

2）指定特征几何体：选择五个孔特征，【深度】设为“2”，如图 3-2-33 所示。

3）刀轨设置：【运动输出】选择“机床加工周期”，【循环】选择“钻”。

4）切削参数设置：【顶偏置】设为“1”，【底偏置】设为“0”，其他参数保持不变；

5）非切削参数设置：【安全高度】设为“图示平面上方 60 mm 处”，【孔之间 转移类型】设为“Z 向最低安全距离 3 mm”，其余参数保持不变，如图 3-2-34 所示。

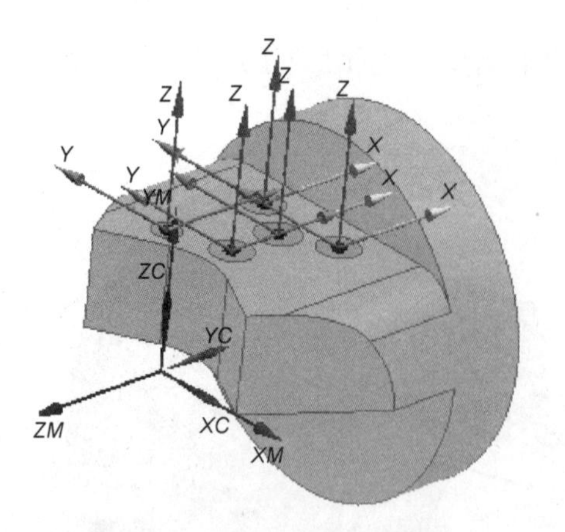

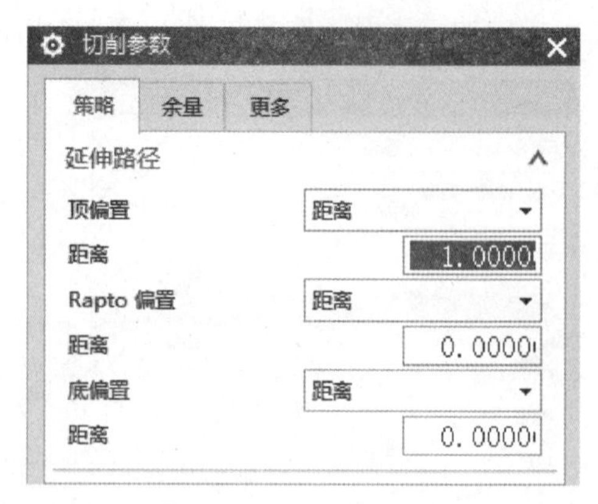

图 3-2-33　刀路偏置参数设置

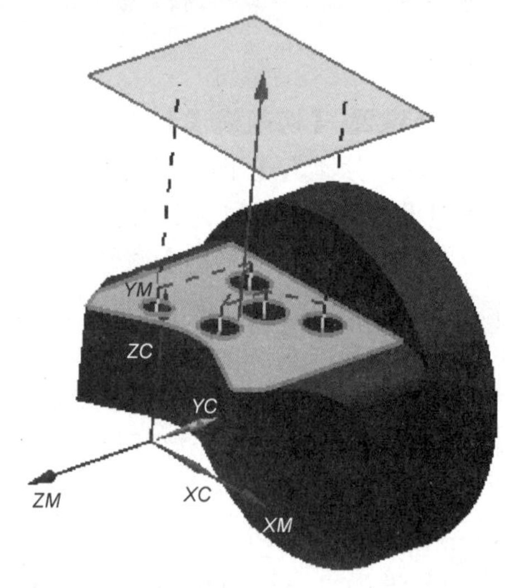

图 3-2-34　转速和进给设置

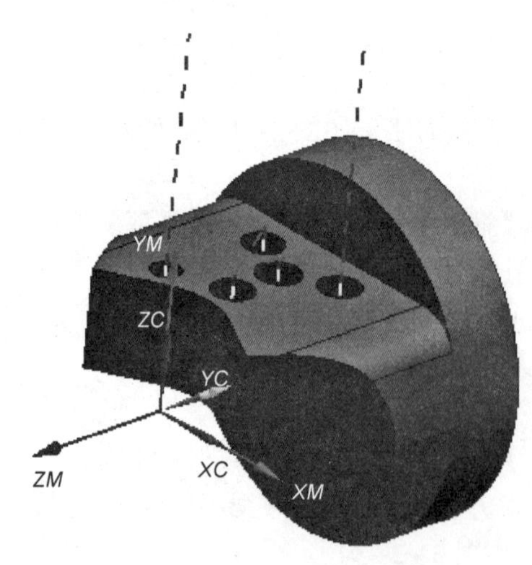

图 3-2-35　预钻孔刀路

6）进给率和速度设置：【主轴速度】设为“1 200”，【进给率】设为“200”。计算后返回。

7）刀路生成：参数设置完成后，单击【刀路生成】按钮查看该策略编程刀路，如图 3-2-35 所示。

（9）钻孔

1）刀路创建：右击【工序三】程序组，依次选择【插入】-【工序】，在【类型】下拉列表中选择【hole_making】，【工序子类型】选择【钻孔】，【名称】下方的方框中输入“钻孔_SPOT_DRILLING”。

2）指定特征几何体：选择周边三个孔，【深度】设为“28”；对于中间孔，只选择该孔即可，【深度】也设为“28”。

3）刀具选择：对于周边三孔，选择“ZT6.8”；对于中间孔，则选择“ZT11.8”。

4）刀轨设置：【运动输出】选择“机床加工周期”，【循环】选择“钻，深孔”。

5）切削参数设置：【顶偏置】设为“1”，【底偏置】设为“0”，其他参数保持不变；

6）非切削参数设置：【安全高度】设为“图示平面上方 60 mm 处”，【孔之间转移类型】设为“Z 向最低安全距离 3 mm”，其余参数保持不变，如图 3-2-36 所示。

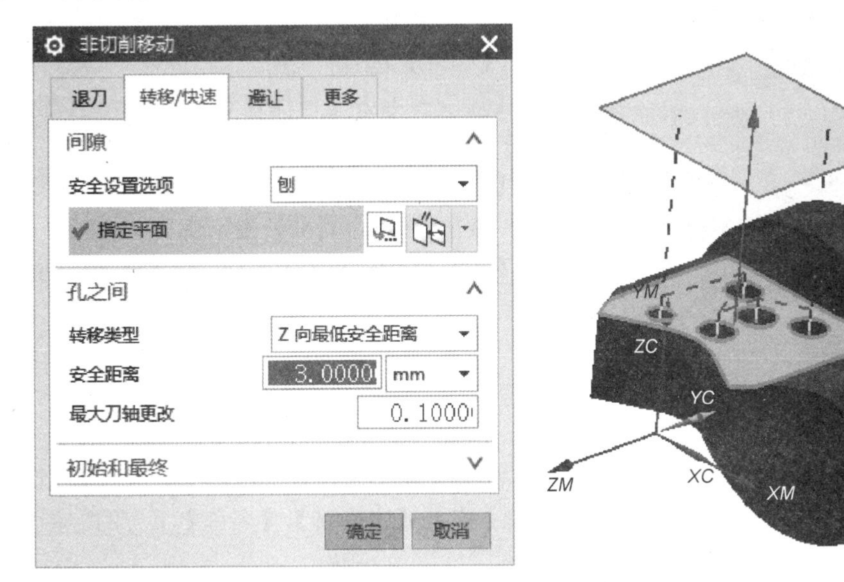

图 3-2-36 【转移/快速】设置

7）进给率和速度设置：【主轴速度】设为“1 200”，【进给率】设为“200”。计算后返回。

8）刀路生成：参数设置完成后，单击【刀路生成】按钮查看该策略编程刀路，如图 3-2-37 所示。

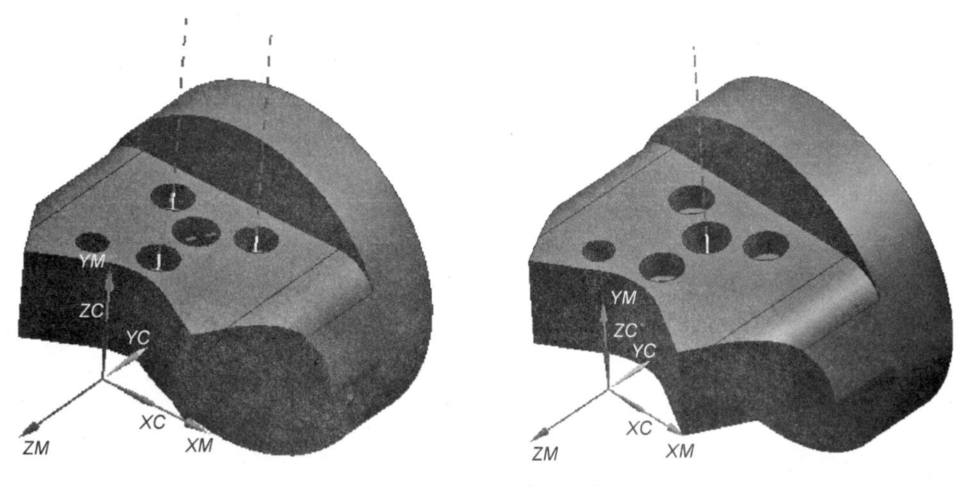

图 3-2-37 钻孔刀路

（10）铰孔

1）刀路创建：右击【工序三】程序组，依次选择【插入】-【工序】，在【类型】下拉

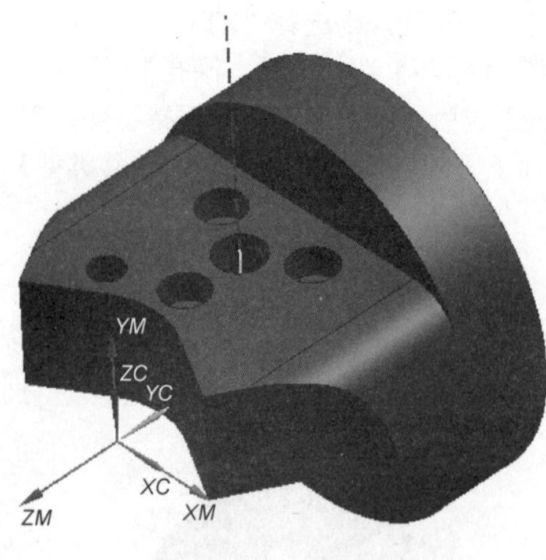

图 3-2-38　钻孔刀路

列表中选择【hole_making】,【工序子类型】选择【钻孔】,【名称】下方的方框中输入“铰孔”。

2）参数设置：【几何体】选择为“MCS_2”,【指定特征几何体】选择为“中间孔”,【深度】设为“28”,【刀具】选择为“T4JD12”。

3）刀轨设置：【运动输出】选择“机床加工周期”,【循环】选择“钻”。

【切削参数】:【顶偏置】设为“1”,【底偏置】设为“0”，其他参数保持不变；

【非切削参数】:【安全高度】设为“图示平面上方 60 mm 处”，其余参数不变。

【进给率和速度】:【主轴速度】设为“300”,【进给率】设为“100”。计算后返回。

参数设置完成后，单击【刀路生成】按钮查看该策略编程刀路，如图 3-2-38 所示。

（11）扩孔

1）刀路创建：右击【工序三】程序组，依次选择【插入】-【工序】，在【类型】下拉列表中选择【PLANAR_MILL】,【工序子类型】选择【平面铣】,【名称】下方的方框中输入“扩孔_PLANAR_MILL”。

2）指定部件边界：【部件边界】在“曲线/边”模式下，选择图示曲线作为边界，然后进入边界设置环境，依次设定“封闭的”“自动”“外部”，并选择【编辑】调整【刀具位置】为“相切”。

3）指定加工底面：【指定底面】选择沉头底面作为参考平面，【距离】输入“0”，如图 3-2-39 所示。

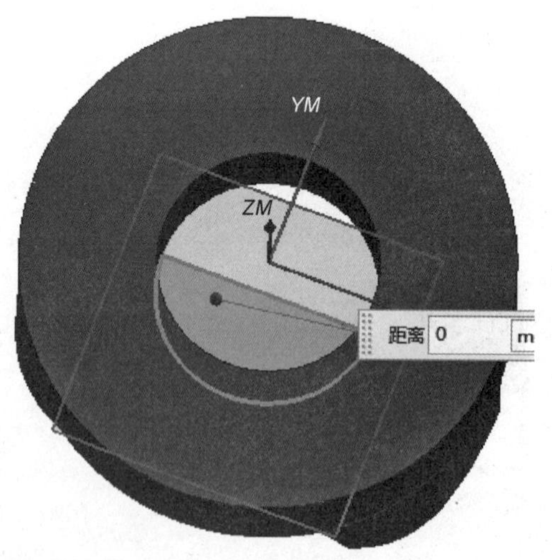

图 3-2-39　孔加工底面选择

4）设置刀具及刀轴：【刀具】选择为“T6D8”,【刀轴】设为“指定矢量”，选择图 3-2-40 所示平面法向方向为指定矢量。

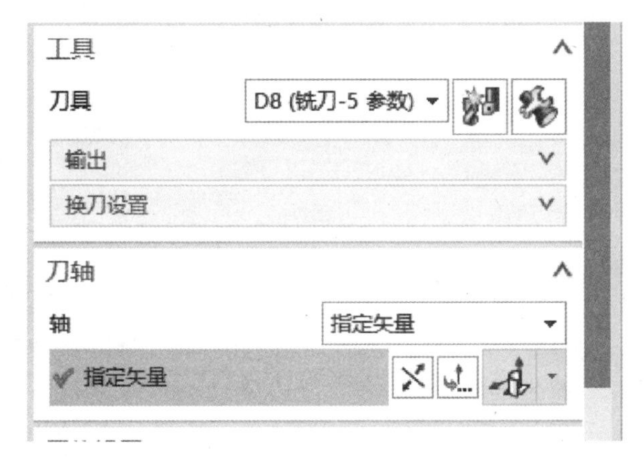

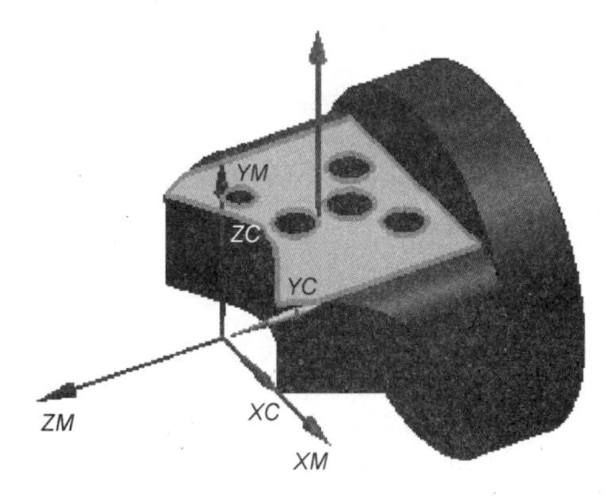

图 3-2-40　孔加工【刀轴】选择

5）刀轨设置：【切削模式】设为“跟随周边”，【步距】设为“刀具平直百分比”，【平面直径百分比】设为“10%”，【切削层】设为“仅底面”，其他参数保持不变，如图 3-2-41 所示。

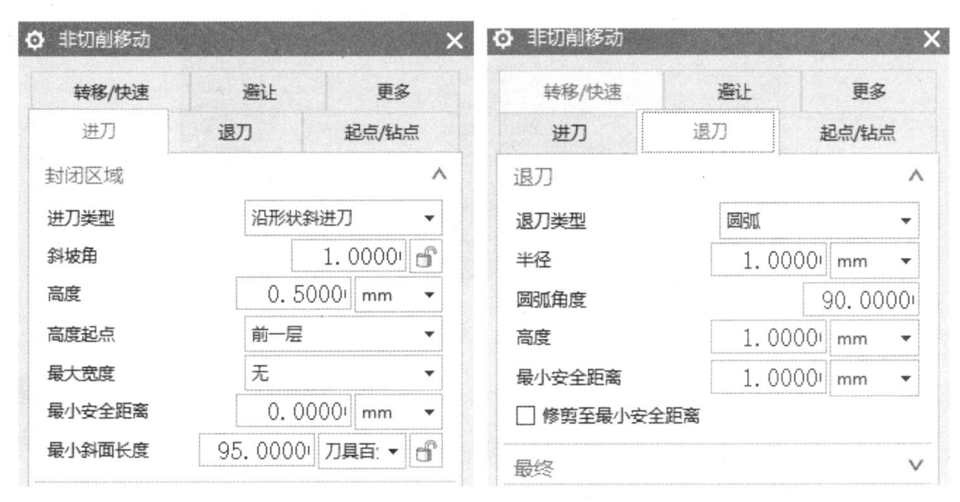

图 3-2-41　孔加工【非切削移动】选择

6）切削参数设置：【策略】选项卡内【刀路方向】设为“向外”，【余量】设为“0”，其他参数保持不变。

7）非切削参数设置：【进刀】选项卡中，将【封闭区域 进刀类型】设为“沿形状斜进刀”（斜坡角 3°，高度 0.5 mm，高度起点前一层，最大宽度无，最小安全距离 0 mm，最小斜面长度 20%）；【退刀】选项卡中，【退刀类型】设为“圆弧”（半径 0.5 mm，圆弧角度 90°，高度 1 mm，最小安全距离 1 mm），如图 3-2-42 所示。

8）进给率和速度参数设定：【主轴速度】设为“8 000”，【进给率】设为“1 000”。计算后返回。

9）刀路生成：参数设置完成后，单击【刀路生成】按钮查看该策略编程刀路，如图 3-2-43 所示。

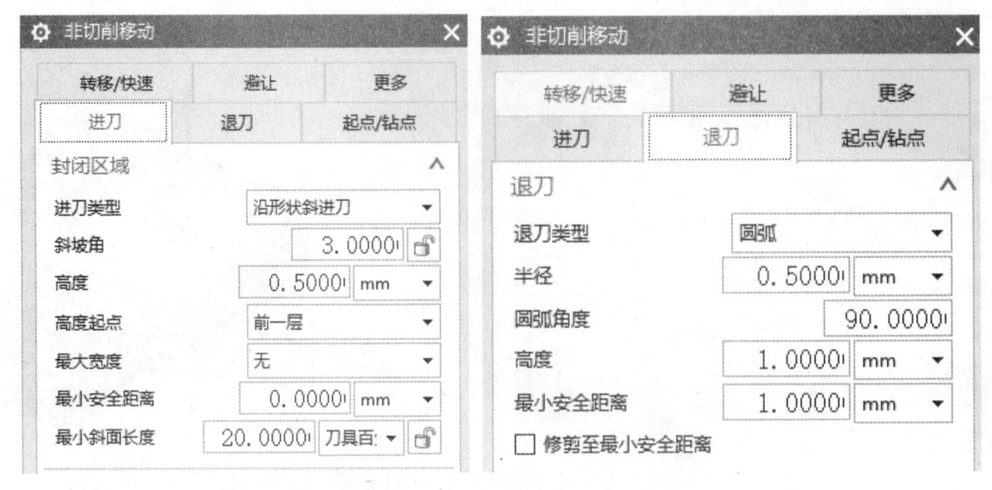

图 3-2-42　孔加工【进刀】【退刀】选择

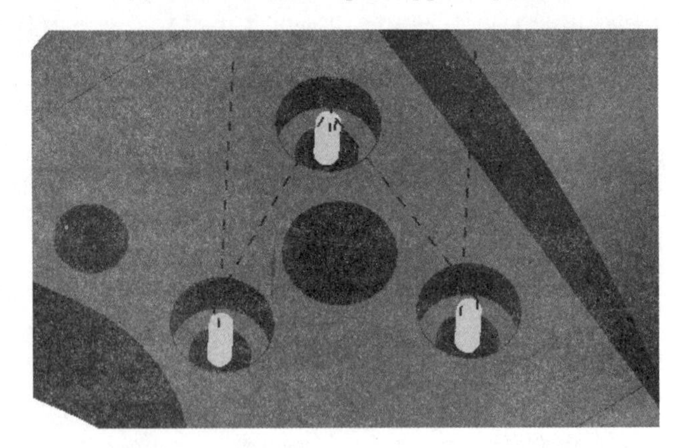

图 3-2-43　孔加工刀路示意图

四、后置处理

右击已经编制完的刀轨文件，选择【后处理】命令，如图 3-2-44 所示。弹出【后处理】对话框，选择合适的【后处理器】，正确设置输出目录和文件名，并将单位设为“公制/部件”。单击【确定】按钮，生成机床可执行的加工指令，在相应机床上完成三叉阀体产品加工。

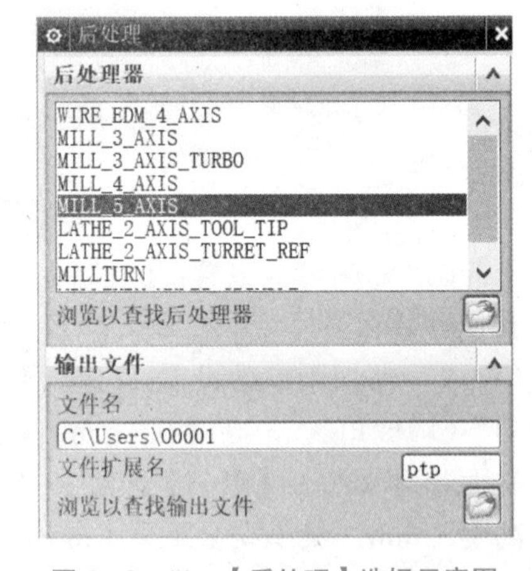

图 3-2-44　【后处理】选择示意图

一、投影矢量（Projection Vector）

投影矢量用于确定驱动点投影到零件几何表面上的方向，以及刀具与零件几何表面哪一侧接触。一般情况下，驱动点沿投影矢量方向投影到零件几何表面上，有时当驱动点从驱动曲面向零件几何表面投影时，可能沿投影矢量相反方向投影。刀具总是沿投影矢量与零件几何表面的一侧接触，如图 3-2-45 所示。投影矢量共有 9 个选项的定义，下面对可变轴曲面轮廓铣使用的投影矢量加以说明。

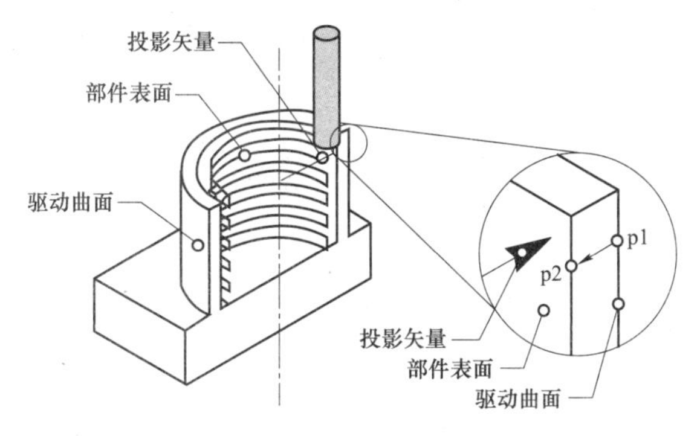

图 3-2-45　投影矢量示例

小提示 1：投影向量始终指向被加工的一侧，刀尖中心始终位于投影矢量上。

小提示 2：固定轴曲面轮廓铣操作与可变轴曲面轮廓铣投影矢量操作的本质区别：垂直于驱动体（Normal to Drive）、朝向驱动体（Toward Drive）是可变轴曲面轮廓铣特有的投影矢量。

1. 指定矢量（Specify Vector）

定义一个固定的投影矢量用以刀具轨迹产生，如图 3-2-46 所示。

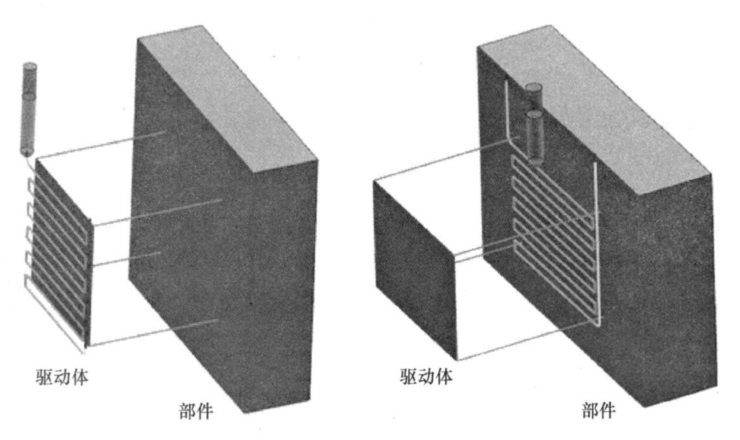

图 3-2-46　指定矢量投影示意图

2. 刀轴（Tool Axis）

定义一个与刀轴相关的投影矢量。投影矢量方向总是与刀具轴矢量方向相反。如图 3-2-47 所示。但是刀轴在零件几何表面接触点处依赖于零件几何表面法向。

3. 远离点（Away from Point）

远离点选项是通过指定一个聚焦点来定义投影矢量。定义的投影矢量以指定的聚焦点为起点，并指向零件几何表面。该选项使驱动点以聚焦点为中心，从驱动曲面投影到零件几何表面，形成放射状投影形式，如图 3-2-48 所示。

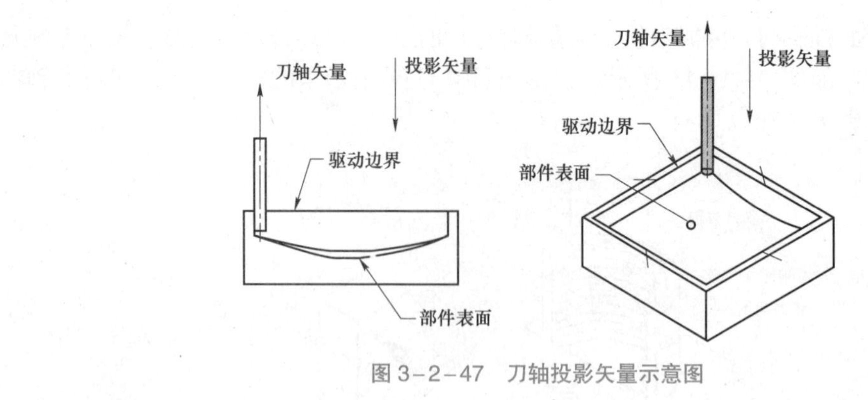

图 3-2-47　刀轴投影矢量示意图

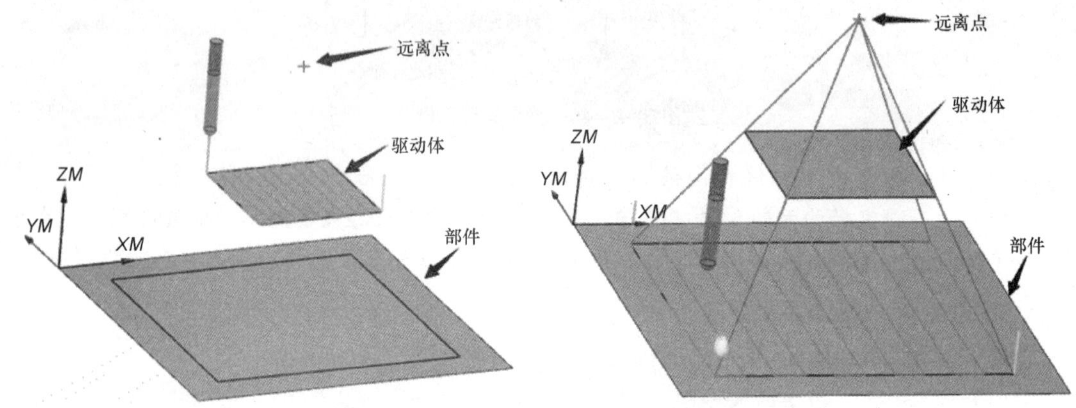

图 3-2-48　远离点投影矢量示意图

小提示：该选项在加工球类零件内表面时非常方便，指定球心为聚焦点。但是，从聚焦点到零件几何表面的最小距离，必须大于刀具的半径，否则会引起过切，也就不能创建刀具路径。如图 3-2-49 所示。

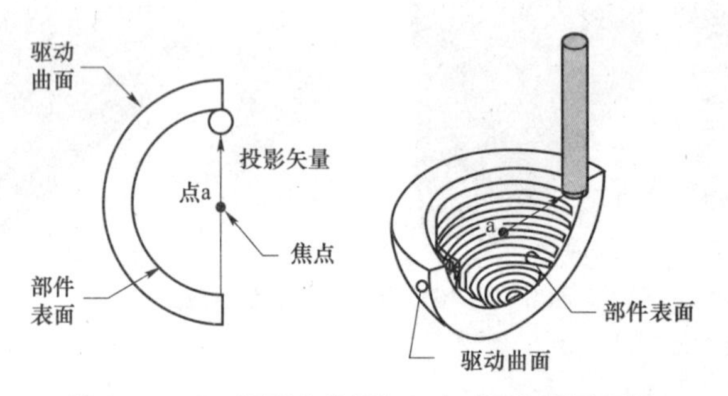

图 3-2-49　远离点投影加工内球面矢量示意图

4. 朝向点（Toward Point）

朝向点选项也是通过指定一个聚焦点来定义投影矢量。定义的投影矢量以零件几何表面为起点，并指向定义的聚焦点，如图 3-2-50 所示。

小提示：该选项在加工球类零件外表面时非常方便，此时应以球心为聚焦点。由于球体外表面既是驱动曲面，也是零件几何表面，因此驱动点从驱动曲面投影到零件几何表面的距离为 0，投影矢量指向球心，此时刀具与零件几何表面的外侧接触，如图 3-2-51 所示。

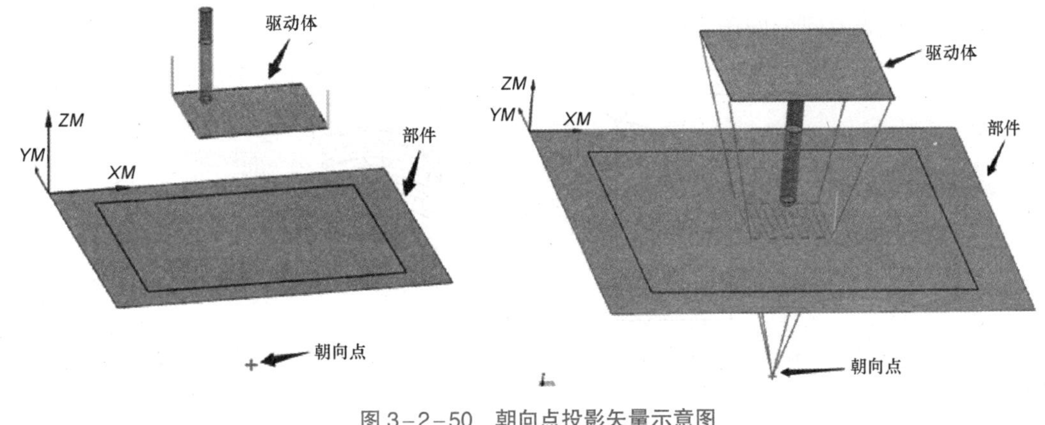

图 3-2-50　朝向点投影矢量示意图

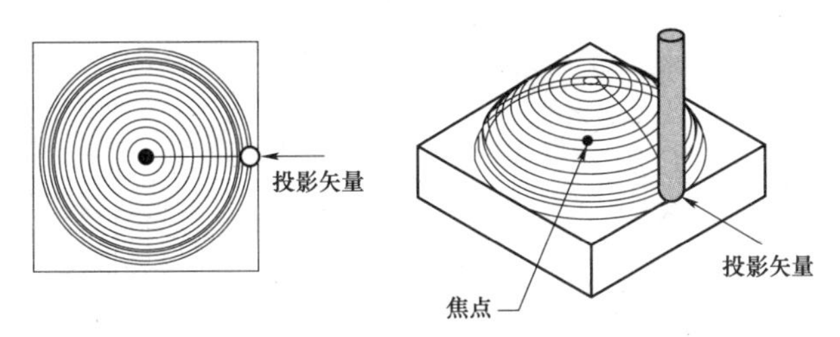

图 3-2-51　朝向点投影加工外球面矢量示意图

5. 远离直线（Away from Line）

通过指定一条枢轴线来定义投影矢量。定义的投影矢量以指定的枢轴线为起点，并垂直于枢轴线，且指向零件几何表面。它在加工圆柱体内表面时非常方便，此时应以圆柱体轴心线作为枢轴线，刀具沿投影矢量从轴心线向圆柱体内表面接触，如图 3-2-52 所示。

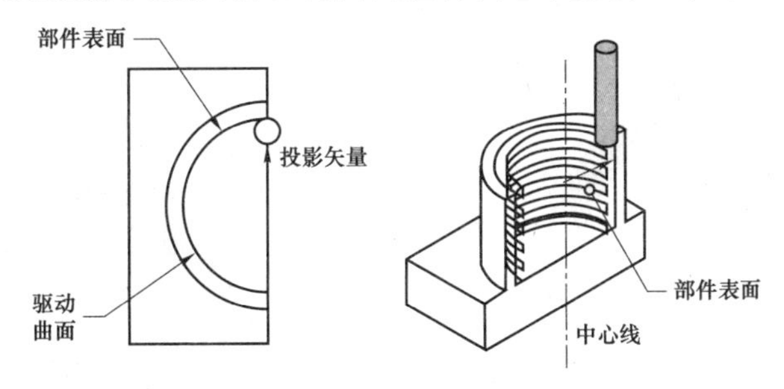

图 3-2-52　远离直线投影矢量示意图

6. 朝向直线（Toward Line）

朝向线所定义的投影矢量以零件几何表面为起点，垂直指向指定的枢轴线，该选项在加工圆柱体外表面时非常方便，此时应以圆柱体轴心线作为枢轴线，刀具沿投影矢量从圆柱体外向圆柱体外表面接触，如图 3-2-53 所示。

7. 垂直于驱动体（Normal to Drive）

指定投影矢量垂直于驱动曲面，并与驱动材料边方向矢量相反，将驱动点均匀投影在高度外凸的零件表面上，由于该选项指定的投射矢量方向与驱动曲面材料边方向相反，因此必须正确定义材料边方向。如图 3–2–54 所示。

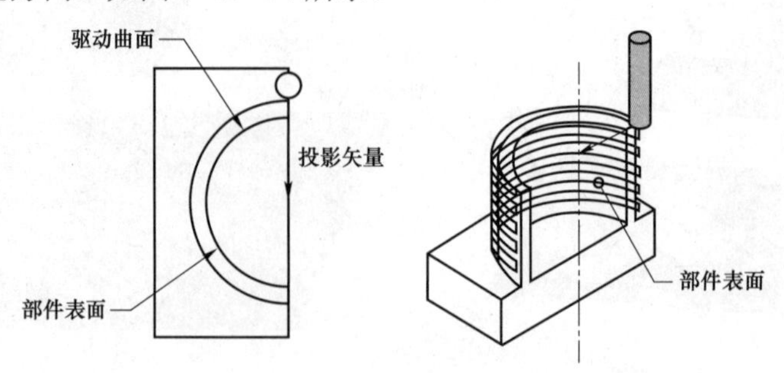

图 3–2–53　朝向直线投影矢量示意图

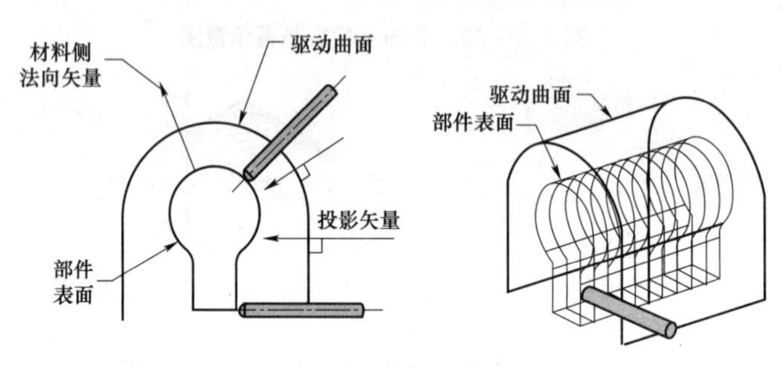

图 3–2–54　垂直于驱动曲面投影矢量

小提示：该选项只在曲面区域驱动方式可用，材料侧方向指的是被去除材料部分的方向。

8. 朝向驱动体（Toward Drive）

朝向驱动体选项指定在与材料侧面的距离为刀具直径的点处开始投影，以避免铣削到计划外的部件几何体。除了铣削型腔的内部或者驱动表面在零件几何的内部外，朝向驱动体和垂直于驱动体基本相似，如图 3–2–55 所示。

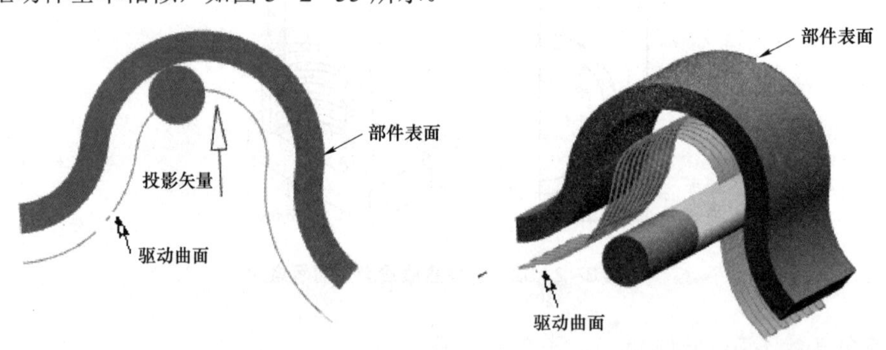

图 3–2–55　朝向驱动投影矢量

小提示：朝向驱动投影矢量为型腔加工设计，驱动几何必须位于零件面的内侧。

9. 侧刃划线（Swarf Ruling）

侧刃划线选项用于指定投影矢量平行于驱动曲面的直纹面线。它是曲面驱动方法特有的定义投影矢量方法，这种类型的投影矢量，可避免用带锥度的刀具加工零件时划伤零件曲面，如图 3–2–56 所示。

二、正确设定投影矢量的建议

驱动点必须沿投影矢量投影至零件表面才能产生刀轨。投影矢量的选择对于产生高质量的刀轨是至关重要的，建议如下：

（1）在向量与目标曲面不会平行时的情况下，使用刀轴或指定矢量选项。

（2）当有很多加工面的组合，使用单一矢量无法产生足够的角度覆盖所有曲面时，使用远离点、朝向点、远离直线、朝向直线选项；当加工型腔时，使用远离点、远离直线；当加工型芯时，使用朝向点、朝向直线；远离点、朝向点、远离直线、朝向直线选项不依赖于驱动曲面的法线矢量。

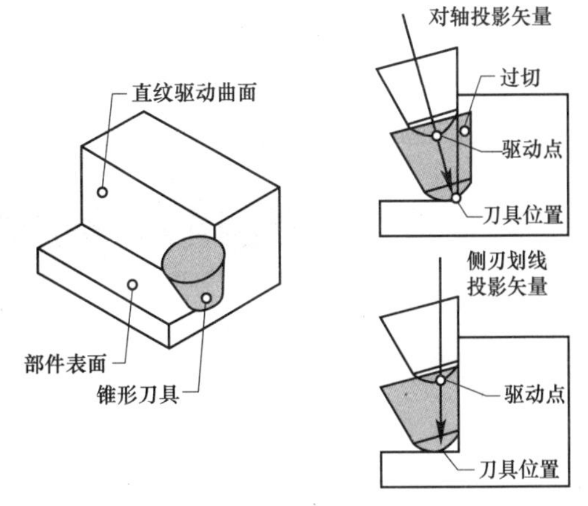

图 3-2-56　侧刃划线投影矢量

小提示：在刀具半径大于驱动面上的某些特征（如拐角半径、圆角等）的情况下，选择使用远离点、朝向点、远离直线、朝向直线选项。

（3）当驱动几何的法向矢量被很好地定义且变化非常光顺时，使用垂直驱动体及朝向驱动体选项。使用朝向驱动体加工型腔，使用垂直驱动体加工型芯。

小提示：在刀具半径大于驱动面上的某些特征（如拐角半径、圆角等）的情况下，不适于选择使用垂直驱动体及朝向驱动体选项。

任务小结

本章节以三叉右阀体的粗精加工为例，详细讲解了针对各个特征加工刀路的创建。需要强调的是，刀路是加工工艺的贯彻，基础仍然是编制的加工工艺。三叉右阀体加工工艺思维导图如图 3-2-57 所示。

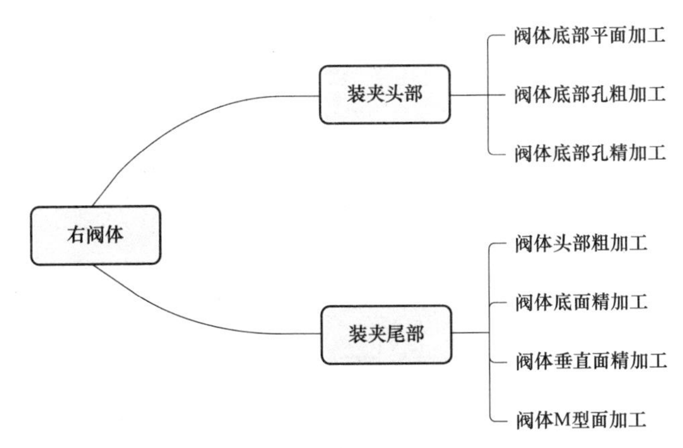

图 3-2-57　右阀体加工工艺思维导图

项目四　陀螺仪芯部件多轴加工

任务4-1　陀螺仪芯基体的多轴加工

任务描述

本次加工任务装配图、零件图分别如图 4-1-1、图 4-1-2 所示，是典型的多轴加工工

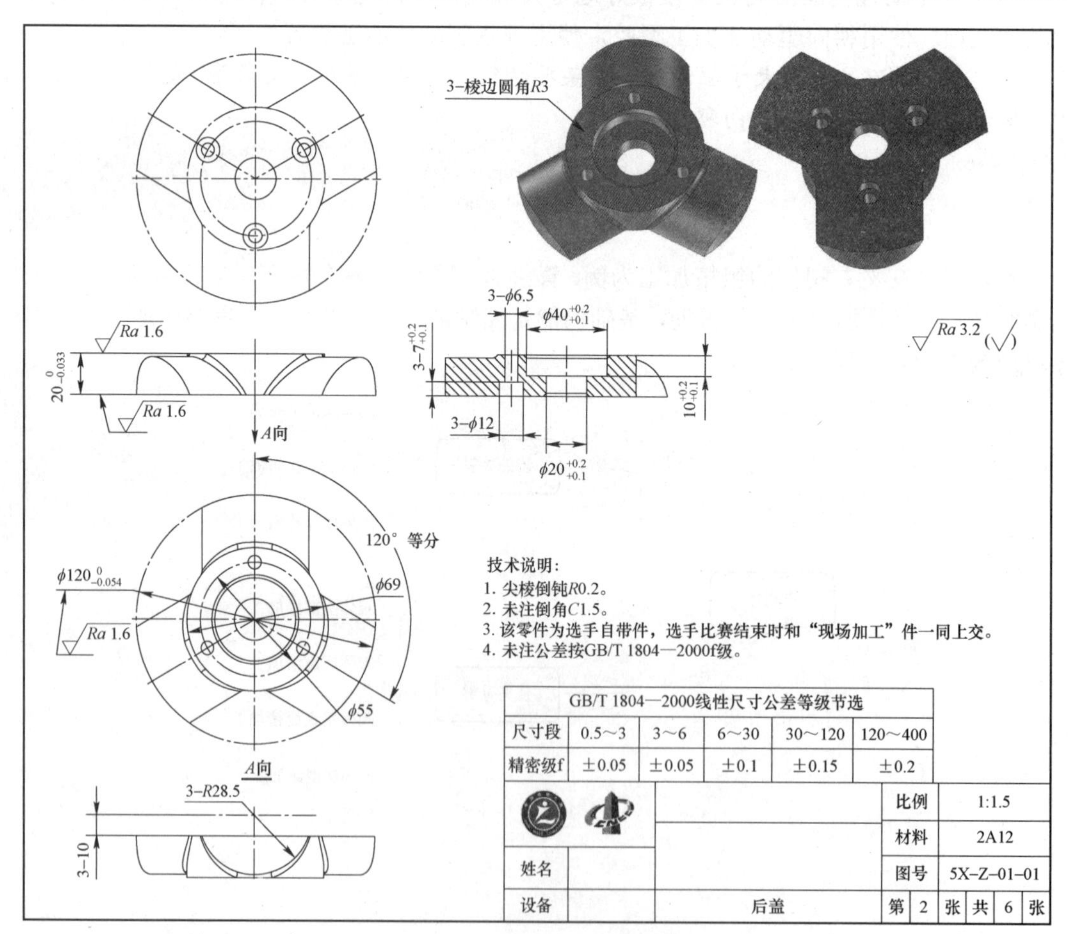

GB/T 1804—2000线性尺寸公差等级节选					
尺寸段	0.5～3	3～6	6～30	30～120	120～400
精密级f	±0.05	±0.05	±0.1	±0.15	±0.2

		比例	1:1.5
		材料	2A12
姓名		图号	5X-Z-01-01
设备	后盖	第 2 张 共 6 张	

图 4-1-1　陀螺仪芯部件装配图

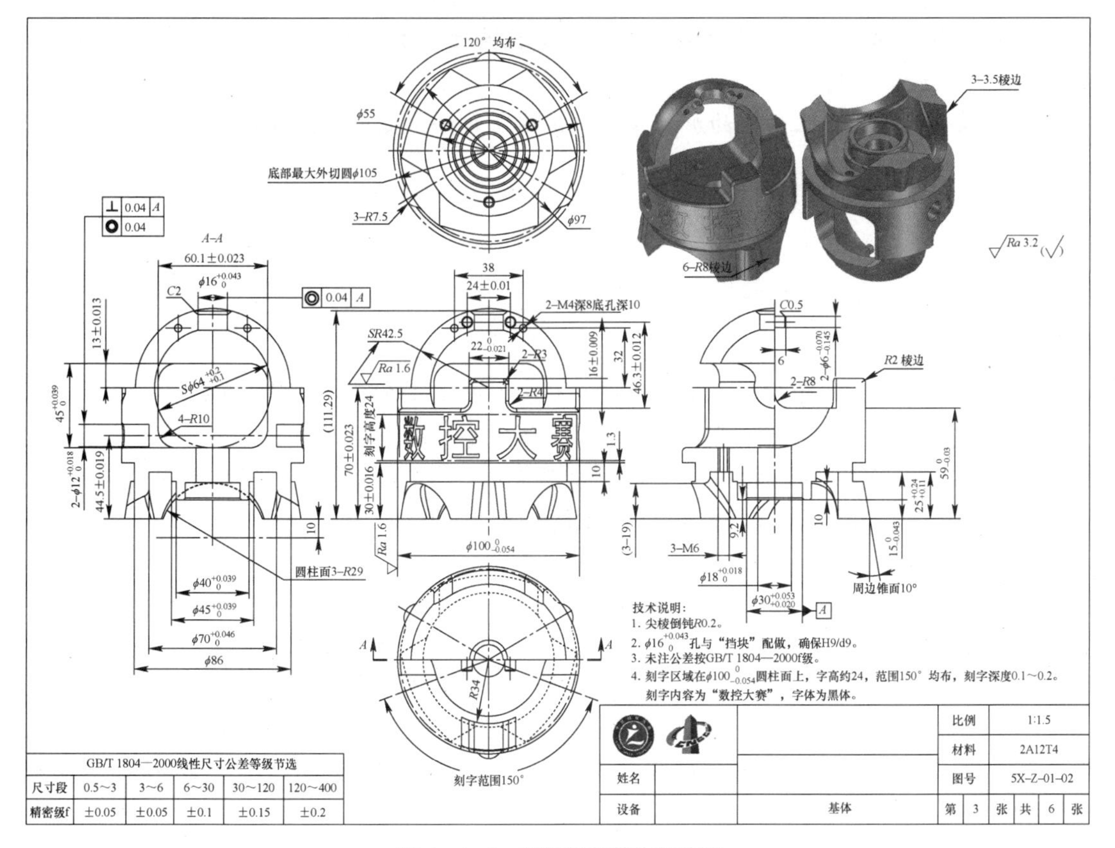

图 4–1–2　陀螺仪芯基体零件图

件，需要在圆形毛坯的基础上利用包括五轴联动刀路在内的多种加工刀路加工出所有特征，其中加工最大的难点在于基体顶部凹面区域的粗精加工，需要绘制辅助面来创建刀路。由于基体两端都有需要加工的区域，所以需要正反两次装夹来完成所有特征的加工，因此在 UG 中需要分别创建两个 MCS 与 WORKPIECE。通过本次任务的学习，学生需要达到以下主要学习目标：

知识目标：

① 了解陀螺基体的加工工艺。

② 掌握根据特征形状选取相应可变轮廓铣驱动方法的技巧。

③ 掌握型腔铣刀路的创建方法。

④ 熟悉朝向点刀轴控制的含义。

能力目标：

① 能够根据加工特征形状正确选取相应的加工方法。

② 能够正确设置型腔铣的关键参数。

③ 能够独立完成教学项目之外复杂工件加工工艺的制定和仿真加工。

素质目标：

① 能够通过线下预习、线上研讨并正确完成教学项目的工艺编制与实施，具备自主学习能力。

② 能够在小组学习研讨中积极提供可实施的加工工艺实施方案并选取有效的加工方法，具备团队协作精神。

③ 能够寻找生活或工作中的加工案例，运用所学知识提出加工方案，具备可持续学习和创新能力。

一、零件图样分析

分析图 4–1–2 所示陀螺仪基体零件图，发现陀螺仪基体包含内凹球面、圆柱曲面、槽、凸台等特征，各特征分布在零件的各个方向，为确保零件加工完成后形位误差在尺寸要求范围之内，需要安装次数尽量减少，也就是一次装夹后，尽可能多地完成零件部位的加工。所以选择多轴加工，通过分别装夹两端来完成全部加工任务。

二、加工方案设计

陀螺仪基体加工方案的制定需要在详细分析工件毛坯形状与工件特征后完成，包括根据毛坯与工件大小确定粗加工刀具大小，根据工件特征确定精加工刀具大小，然后依据工件特征表面形状确定加工刀具类型。最后依据粗精分开等原则确定好加工工步，为每个工步制定好切削参数，确保加工表面达到图纸要求。根据上述方法确定的陀螺仪基体主要加工工艺编排内容如表 4–1–1 所示。

表 4–1–1　陀螺仪基体加工工艺表

<table>
<tr><th rowspan="2">序号</th><th rowspan="2">装夹</th><th rowspan="2">加工工步</th><th rowspan="2">加工策略</th><th rowspan="2">加工刀具</th><th colspan="2">加工参数</th><th rowspan="2">余量/mm</th></tr>
<tr><th>转速/（r • min⁻¹）</th><th>进给/（mm • min⁻¹）</th></tr>
<tr><td>1</td><td rowspan="2">装夹头部</td><td>陀螺仪基体尾部粗加工</td><td>型腔铣（三轴）</td><td>立铣刀 T1D12</td><td>8 000</td><td>3 000</td><td>0.2</td></tr>
<tr><td>2</td><td>陀螺仪基体尾部精加工</td><td>可变轮廓铣（多轴）</td><td>球头刀 T2Q6</td><td>9 000</td><td>2 000</td><td>0</td></tr>
<tr><td>3</td><td rowspan="4">装夹尾部</td><td>陀螺仪基体头部粗加工</td><td>可变轮廓铣</td><td>立铣刀 T1D12</td><td>8 000</td><td>3 000</td><td>0.2</td></tr>
<tr><td>4</td><td>陀螺仪基体头部精加工</td><td>可变轮廓铣</td><td>球头刀 T2Q6</td><td>9 000</td><td>2 000</td><td>0</td></tr>
<tr><td>5</td><td>陀螺仪基体头部凹面粗加工</td><td>可变轮廓铣</td><td>立铣刀 T1D12</td><td>8 000</td><td>3 000</td><td>0.2</td></tr>
<tr><td>6</td><td>陀螺仪基体头部凹面精加工</td><td>可变轮廓铣</td><td>球头刀 T2Q6</td><td>9 000</td><td>2 000</td><td>0</td></tr>
</table>

三、参考步骤

1. 基本环境设置

在编制陀螺基体的加工刀路之前，需要依据确定好的工序在软件中配置好加工时使用的刀具，同时分别设置好两端装夹的 WCS 与 WORKPIECE，完成编程环境工件坐标系、毛坯及部件的设置，详细设置过程如下所示。

双击桌面快捷方式按钮，打开软件 UG NX10.0。

1）打开加工模型：在 UG NX10.0 软件中单击【打开】按钮，选择“陀螺仪基体.prt”文件，单击【确定】按钮，打开该文件，自动进入建模模块。

2）进入加工模块：单击【应用模块】按钮，单击选择【加工】命令，弹出【加工环境】对话框，如图 4-1-3 所示。在【CAM 会话配置】中选择【cam_general】，在【要创建的 CAM 设置】中选择【mill_planar】，然后单击【确定】按钮进入加工模块。

3）MCS 设置：单击【几何视图】按钮，把【工序导航器】切换到【几何】。单击【创建几何体】按钮，按图 4-1-4 所示创建 MCS-1 坐标系，单击【确定】打开【MCS 铣削】对话框，单击【指定 MCS】中的按钮，进入【CSYS】对话框，设置 CSYS 基准坐标系的位置，从中选择【类型】为“自动判断”，在该命令下选择陀螺仪基体毛坯顶面为基准坐标系的位置。单击【确定】按钮完成【CSYS】设置，回到【MCS 铣削】对话框，展开【安全设置】栏，在【安全设置选项】的下拉列表中选择“圆柱”，【距离】输入数值“50”，保证加工过程中有足够的抬刀高度，如图 4-1-5 所示。单击【确定】按钮完成安全平面和加工坐标系的设置。

图 4-1-3 【加工环境】对话框

图 4-1-4 MCS-1 坐标创建

4）创建几何部件和毛坯：单击【MCS_MILL】前面的“+”号，双击【WORKPIECE】打开【工件】对话框，单击【指定部件】中的按钮，选择建模完成后的模型为部件，如图 4-1-6 所示。单击【指定毛坯】中的按钮，弹出【毛坯几何体】对话框，在【类型】

的下拉列表中选择【几何体】，如图 4-1-7 所示，单击【确定】按钮。回到【工件】对话框，单击【确定】按钮完成几何部件和毛坯创建。

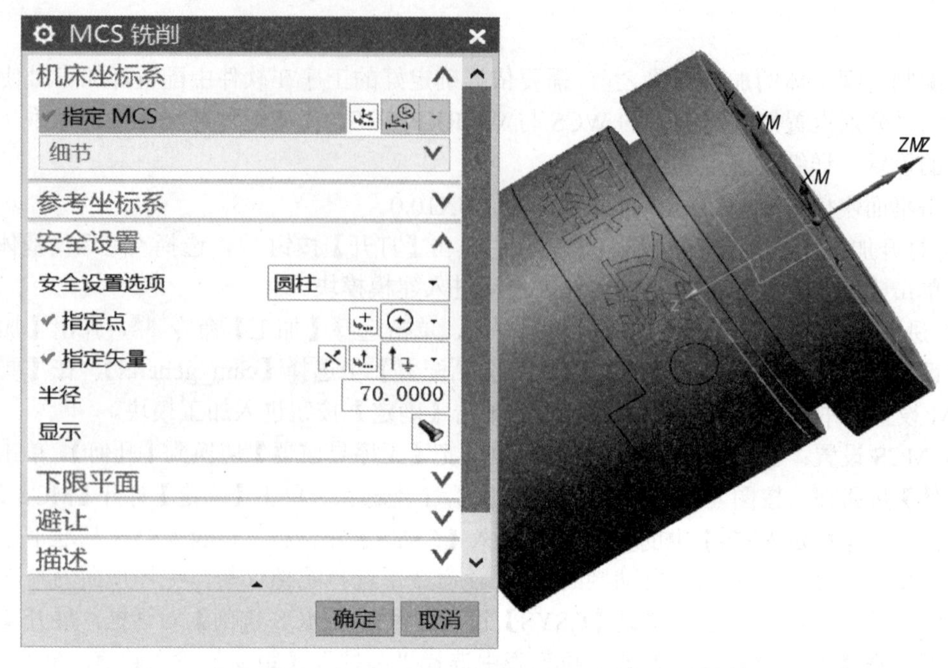

图 4-1-5　CSYS 基准坐标系设置对话框

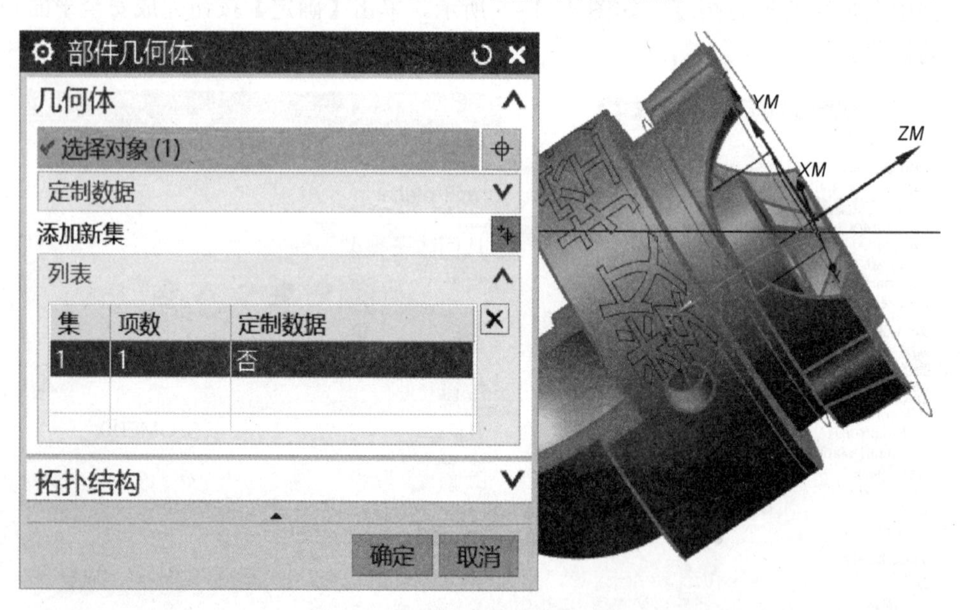

图 4-1-6　【部件几何体】对话框

5）创建刀具：单击【机床视图】按钮，进入编程刀具列表，单击【插入】工具栏中的【创建刀具】按钮，弹出【创建刀具】对话框，在【类型】的下拉列表中选择【mill_planar】，【刀具子类型】选择【MILL】，在【名称】下方的方框中输“T1D12”，如图 4-1-8 所示。单击【确定】按钮或单击鼠标中键弹出【铣刀-5 参数】对话框，【直径】设为“12”，

【刀刃长度】等参数根据实际使用刀具情况确定，如图 4-1-9 所示，其余刀具按照上述方法一一确定。

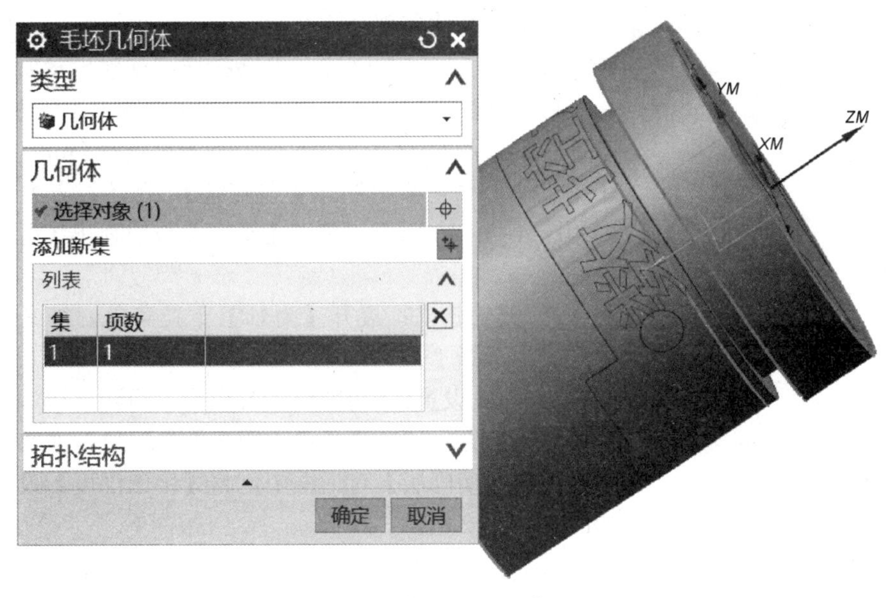

图 4-1-7 【毛坯几何体】对话框

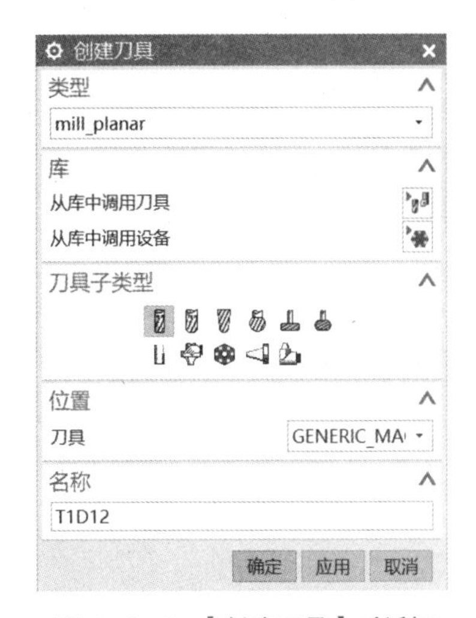

图 4-1-8 【创建刀具】对话框

图 4-1-9 【铣刀-5 参数】对话框

小贴士：“九层之台，起于累土”“千里之行，始于足下”，后面步骤能否正常高效实施，前期准备工作很重要。请扫描二维码 4-1-1 学习刀路编制前的准备工作。

二维码 4-1-1

2. 陀螺仪基体加工刀路编制

图 4-1-10　型腔铣加工工序创建

（1）陀螺仪基体尾部粗加工

陀螺仪基体尾部结构复杂，对于这种情况可以使用型腔铣完成粗加工刀路的创建，刀路的详细创建步骤如下：

1）创建工序：创建陀螺仪基体尾部粗加工工序。在【创建工序】对话框中【类型】的下拉列表中选择【mill_contour】；在【工序子类型】中选择【型腔铣】，在【位置】中定义参数如图 4-1-10 所示。单击【确定】按钮弹出【型腔铣】对话框。

2）刀轴建立：展开【刀轴】下拉菜单，在【轴】的下拉列表中选择"+ZM 轴"。

3）刀轨设置：【切削模式】设为"跟随周边"，【平面直径百分比】设为"70%"，【最大距离】设为"1"，如图 4-1-11 所示。在【切削层】对话框中，将【范围深度】设为"25"，如图 4-1-12 所示。

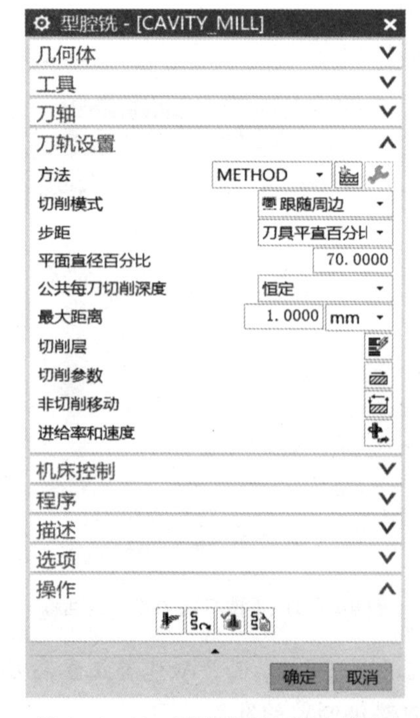

图 4-1-11　型腔铣参数设置对话框

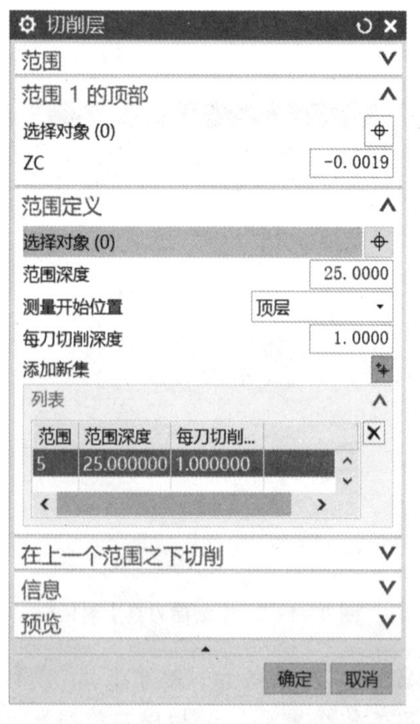

图 4-1-12　型腔铣【切削层】参数设置对话框

4）切削参数设置：进入【切削参数】对话框，在【策略】选项卡依次选择"顺铣""深度优先""向内"，如图 4-1-13 所示；【余量】选项卡下侧面与底面余量均设为"0.3"；【拐角】选项卡设置刀路拐角大小，让刀路平稳运行的同时降低刀具负载，设置步骤如图 4-1-14 所示。

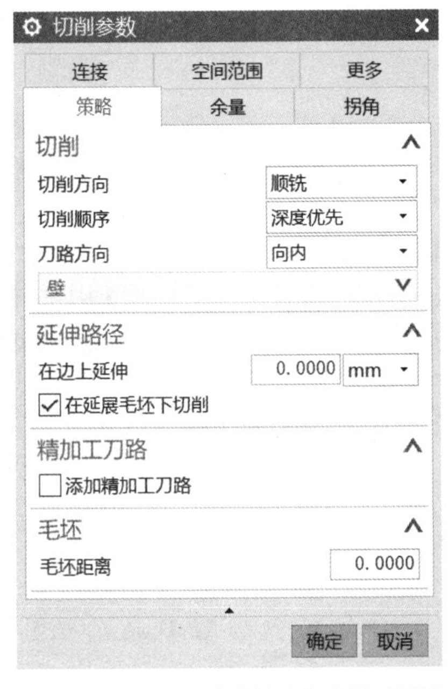

图 4-1-13　型腔铣【策略】设置对话框

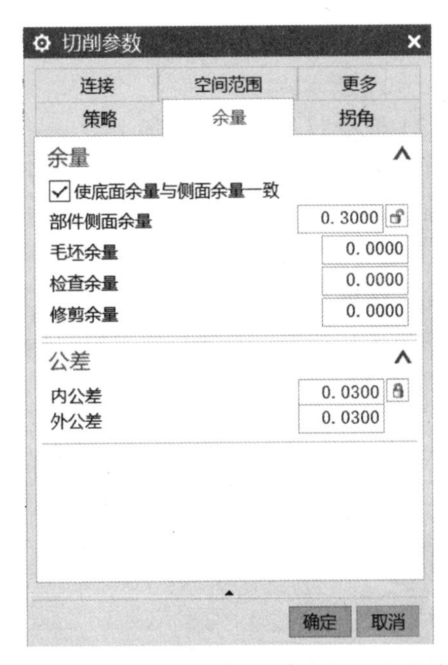

图 4-1-14　型腔铣【余量】参数设置对话框

5）非切削参数设置：进入【非切削移动】对话框，切换至【进刀】选项卡中，将【封闭区域 进刀类型】设为“与开放区域相同”，将【开放区域 进刀类型】设为“圆弧”（半径 7 mm，圆弧角度 90°，高度 3 mm，最小安全距离 5 mm），如图 4-1-15 所示。

6）进给率和速度设置：【主轴速度】设为“8 000”，【进给率】设为“3 000”，如图 4-1-16 所示。单击【确定】按钮完成【进给率和速度】的设置。

图 4-1-15　型腔铣【非切削移动】设置对话框

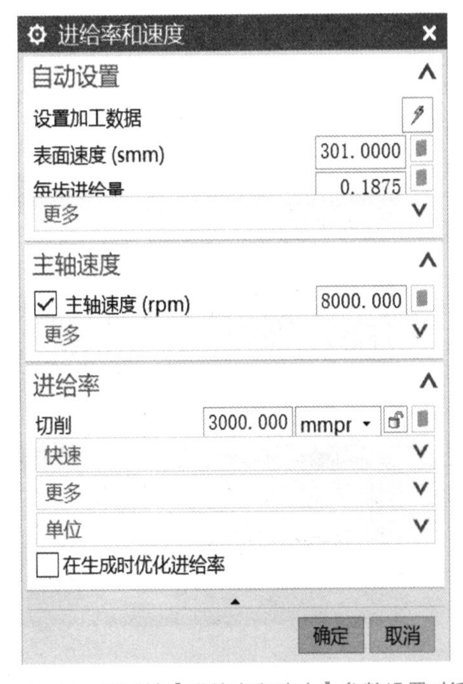

图 4-1-16　型腔铣【进给率和速度】参数设置对话框

7）刀路生成：参数设置完成后，单击【刀路生成】按钮查看该策略编程刀路，如图 4-1-17 所示。

（2）陀螺仪基体尾部精加工

陀螺仪基体尾部结构包含有复杂的曲面结构，利用【深度轮廓铣】命令可以创建此种结构的加工刀路，刀路的详细创建步骤如下：

1）创建工序：单击【创建工序】按钮创建陀螺仪基体尾部精加工工序，弹出【创建工序】对话框，在【类型】的下拉列表中选择【mill_contour】；在【工序子类型】中选择【深度轮廓铣】按钮，在【位置】中，如图 4-1-18 所示定义参数。单击【确定】按钮弹出【深度轮廓铣】对话框。

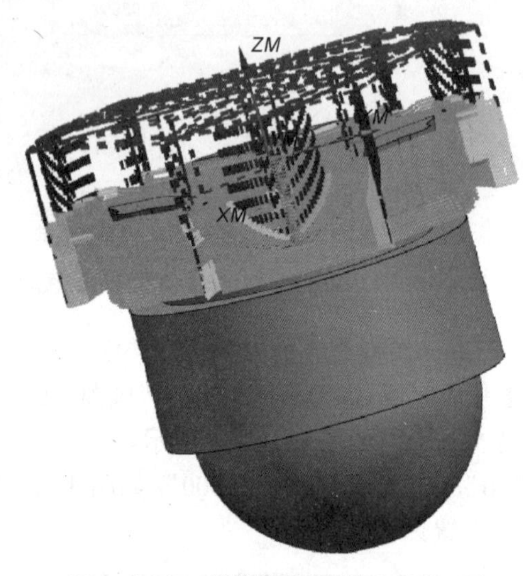

图 4-1-17　陀螺仪基体尾部粗加工刀路

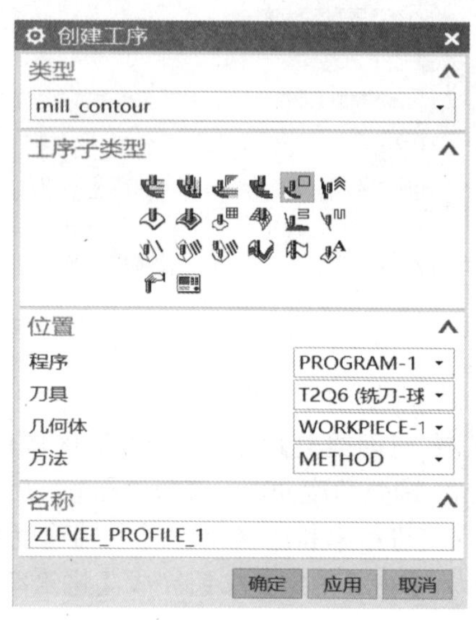

图 4-1-18　深度轮廓铣加工工序创建

2）指定切削区域：单击【指定切削区域】按钮，进入【切削区域】对话框，选择需要加工的区域，如图 4-1-19 所示。

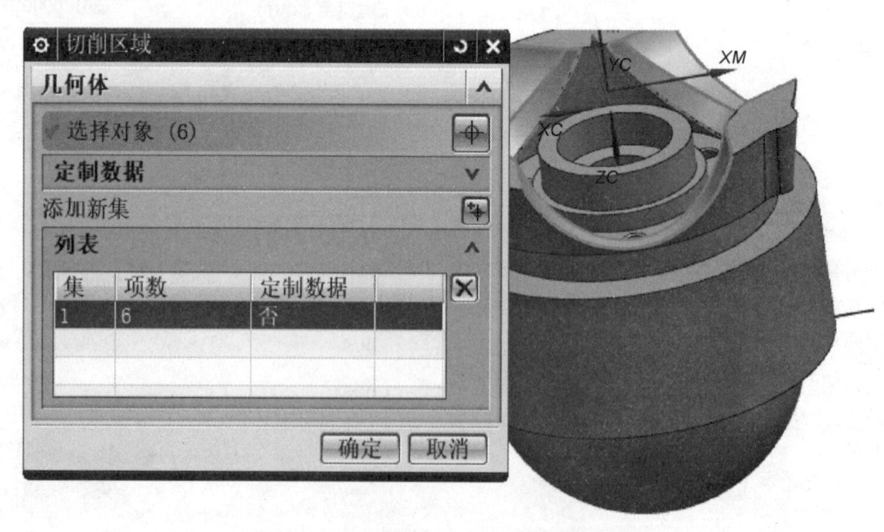

图 4-1-19　深度轮廓铣切削区域指定

3）刀轴设置：展开【刀轴】下拉菜单，在【轴】的下拉列表中选择“+ZM 轴”。

4）刀轨设置：展开【刀轨设置】对话框，【公共每刀切削深度】选择“恒定”，【最大距离】设为“0.05”，其余参数数值的确定参照图 4-1-20 进行设置。

图 4-1-20　深度轮廓铣【刀轨设置】对话框

5）切削参数设置：进入【切削参数】对话框，【策略】选项卡内，【切削方向】设为“混合”，【切削顺序】设为“深度优先”，如图 4-1-21 所示；【连接】选项卡中，【层到层】设为“直接对部件进刀”，如图 4-1-22 所示。

图 4-1-21　深度轮廓铣【策略】设置对话框

图 4-1-22　深度轮廓铣【连接】参数设置对话框

6）非切削参数设置：进入【非切削移动】对话框，切换至【进刀】选项卡中，将【封闭区域 进刀类型】设为“与开放区域相同”，将【开放区域 进刀类型】设为“圆弧”（半径 7 mm，圆弧角度 90°，高度 3 mm，最小安全距离 5 mm），如图 4－1－23 所示。

7）刀路生成：参数设置完成后，单击【刀路生成】按钮查看该策略编程刀路，如图 4－1－24 所示。

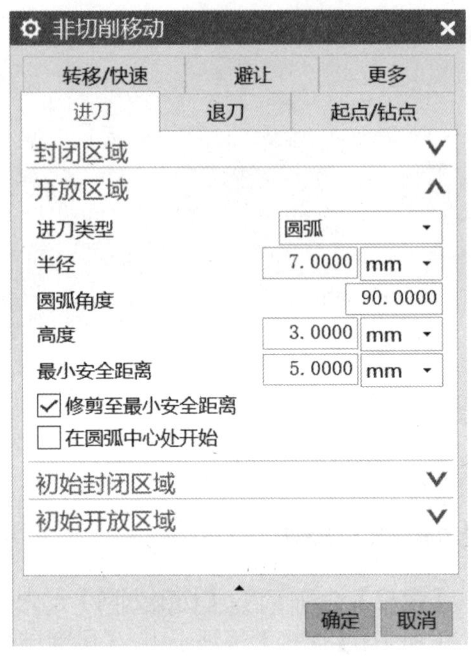

图 4－1－23　深度轮廓铣【非切削移动】设置对话框

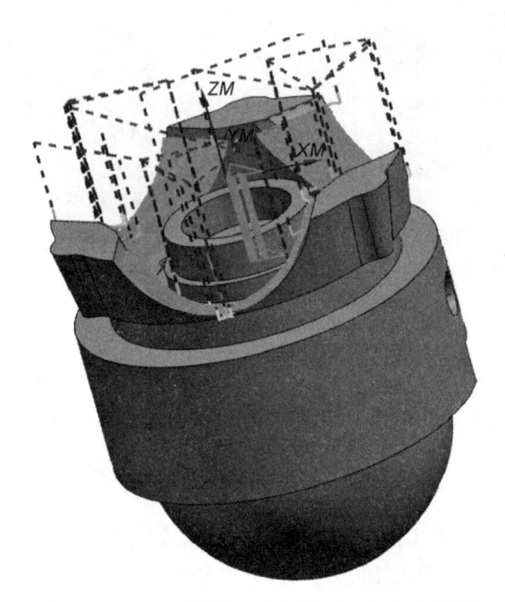

图 4－1－24　陀螺仪基体尾部曲面精加工刀路

小贴士：重复不是简单的重复，而是精益求精，可以通过反复修改刀路参数，获得理想的加工表面。扫描二维码 4－1－2，学习“基体尾部精加工”刀路创建过程。

二维码 4－1－2

（3）陀螺仪基体底部圆弧面精加工

陀螺仪基体底部的结构是带有圆弧结构的锥体，在开粗完成后可以使用球头刀在四轴旋转精加工刀路下完成精加工，且能够保证较高加工质量。陀螺仪基体尾部精加工刀路的详细创建步骤如下：

1）创建工序：单击【创建工序】按钮，创建陀螺仪基体底部圆弧面精加工工序，弹出【创建工序】对话框，在【类型】的下拉列表中选择【mill_multi-axis】；在【工序子类型】中选择【可变轮廓铣】按钮，在【位置】中，定义参数如图 4－1－25 所示。单击【确定】按钮弹出【可变轮廓铣】对话框。

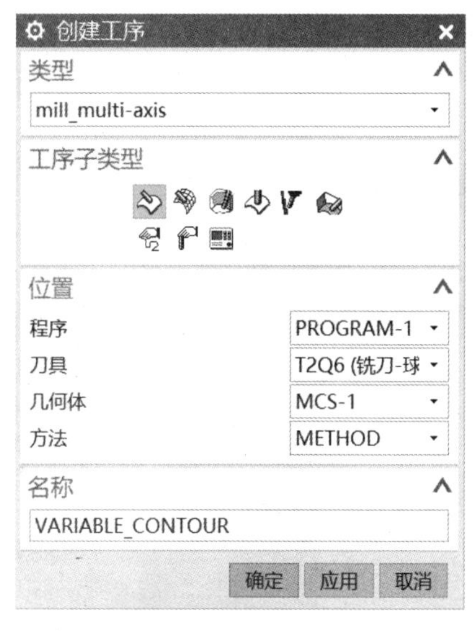

图 4-1-25　可变轮廓铣【创建工序】对话框

2）几何体设置：进入【可变轮廓铣】对话框中。单击【指定部件】按钮，在弹出的【部件几何体】菜单内选择加工工件，如图 4-1-26 所示。单击【指定切削区域】按钮，在弹出的【切削区域】菜单内选择要加工的区域，如图 4-1-27 所示。

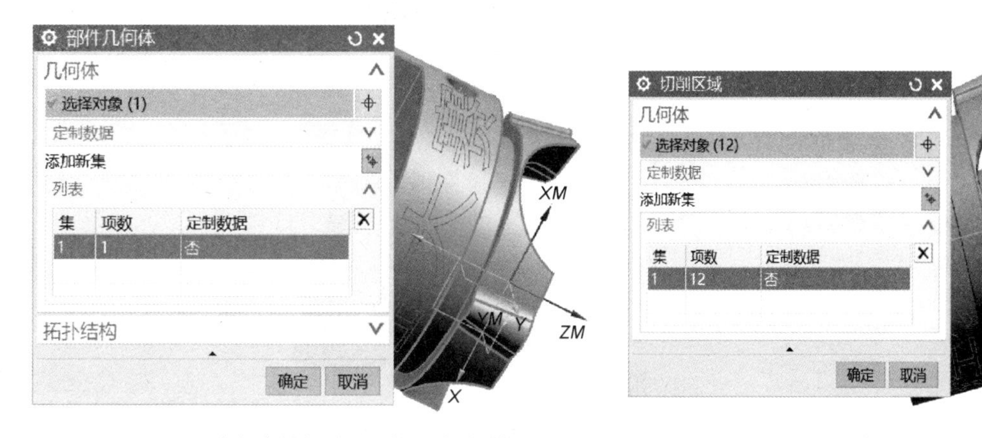

图 4-1-26　可变轮廓铣部件几何体创建对话框

图 4-1-27　可变轮廓铣加工区域的选择

3）驱动设置：设为“曲面”，进入扩展窗口，指定图 4-1-28 所示的整个陀螺仪基体底部表面为驱动几何体，材料侧调整为向外，驱动设置中将【刀具位置】设为“相切”，【切削模式】设为“螺旋”，【步距】设为“数量”，【步距数】设为“50”，如图 4-1-29 所示。

4）投影矢量设置：单击【确定】返回可变轮廓铣刀路创建菜单，在【投影矢量】中选择“刀轴”作为刀路的投影方向。在【刀轴】选项中选择“4 轴，相对于驱动体”命令，单击按钮进入【4 轴，相对于驱动体】对话框，在【指定矢量】命令中选择陀螺仪基体中心的轴线作为矢量，如图 4-1-30 所示。

图 4-1-28 【驱动几何体】对话框

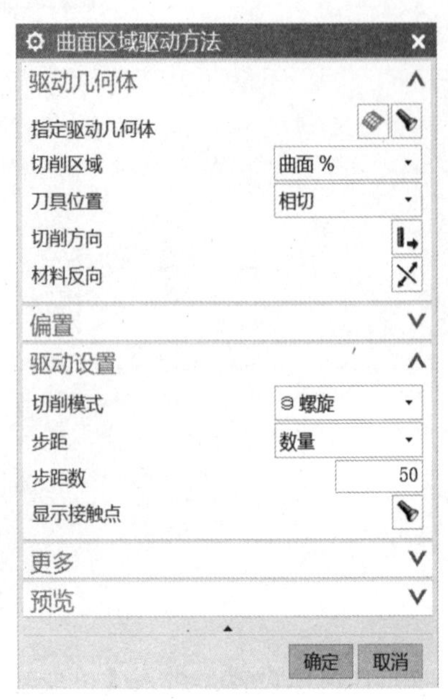

图 4-1-29 【曲面区域驱动方法】对话框

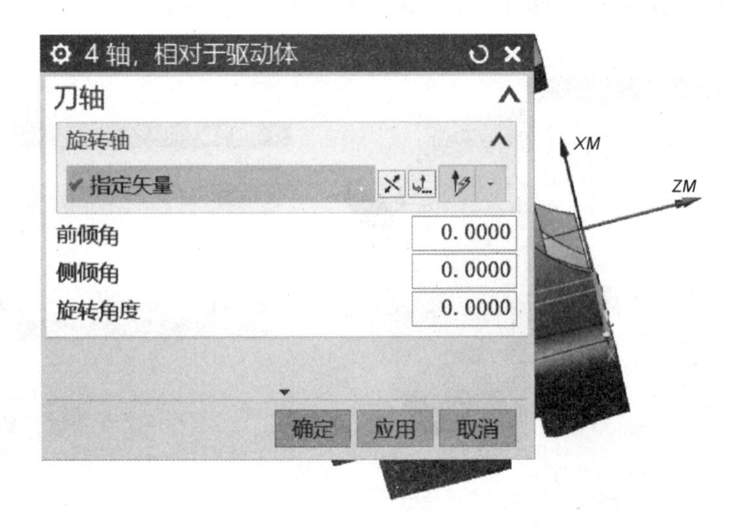

图 4-1-30 【4 轴，相对于驱动体】刀轴选择对话框

5）非切削参数设置：进入【非切削移动】对话框，切换至【进刀】选项卡，【进刀类型】设为“圆弧－平行于刀轴”（半径 50%，圆弧角度 90°，其他参数不变），如图 4-1-31 所示。

6）进给率和速度设置：【主轴速度】设为“10 000”，【进给率】设为“1 000”，如图 4-1-32 所示。单击【确定】按钮完成【进给率和速度】的设置。

7）刀路生成：参数设置完成后，单击【刀路生成】按钮查看该策略编程刀路，如图 4-1-33 所示。

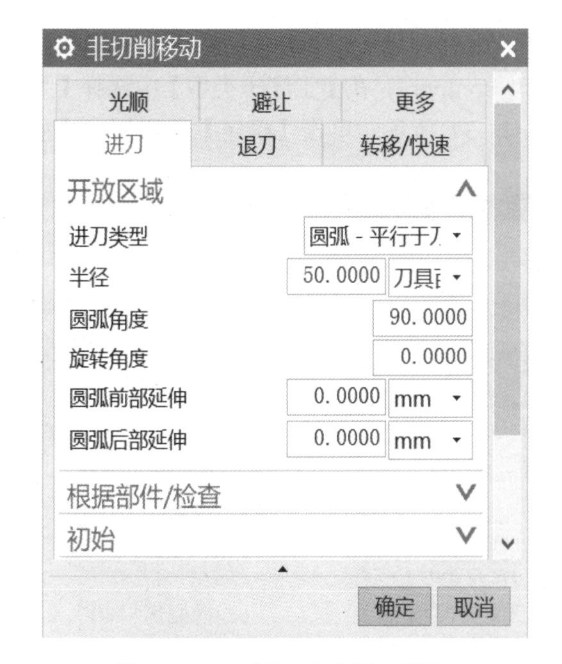

图 4-1-31 【进刀】设置对话框

图 4-1-32 【进给率和速度】对话框

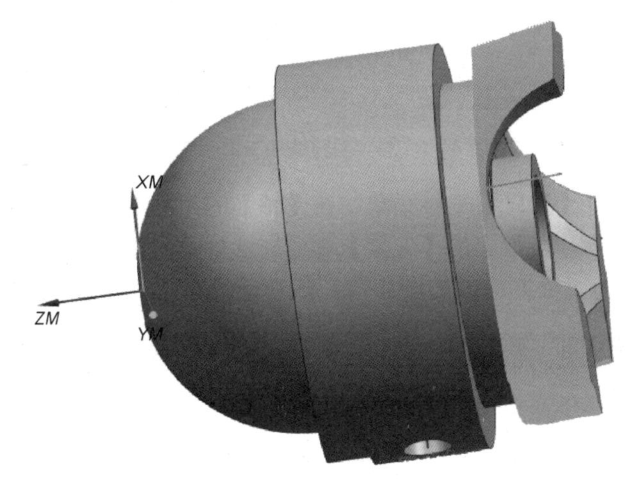

图 4-1-33 陀螺仪基体底部精加工刀路

小贴士："陀螺仪基体尾部曲面精加工"刀路创建过程，可以扫描二维码 4-1-3 学习。

二维码 4-1-3

（4）陀螺仪基体头部粗加工

陀螺仪基体头部是球面结构，相较于毛坯原始形状，可以使用型腔铣高效的去除多余的余量。陀螺仪基体头部粗加工刀路的详细创建步骤如下：

1）创建工序：单击【创建工序】按钮创建陀螺仪基体头部粗加工工序，弹出【创建工序】对话框，在【类型】的下拉列表中选择【mill_contour】；在【工序子类型】中选择【型腔铣】按钮，在【位置】中，定义参数如图 4-1-34 所示。单击【确定】按钮弹出【型腔铣】对话框。

图 4-1-34　型腔铣加工工序创建

2）刀轴设置：展开【刀轴】下拉菜单，在【轴】的下拉列表中选择“指定矢量”，单击【指定矢量】中的按钮，在弹出的【矢量】对话框选择“自动判断的矢量”，选择与工件坐标系 Z 轴平行方向作为刀轴方向，如图 4-1-35 所示完成对【刀轴】的设置。

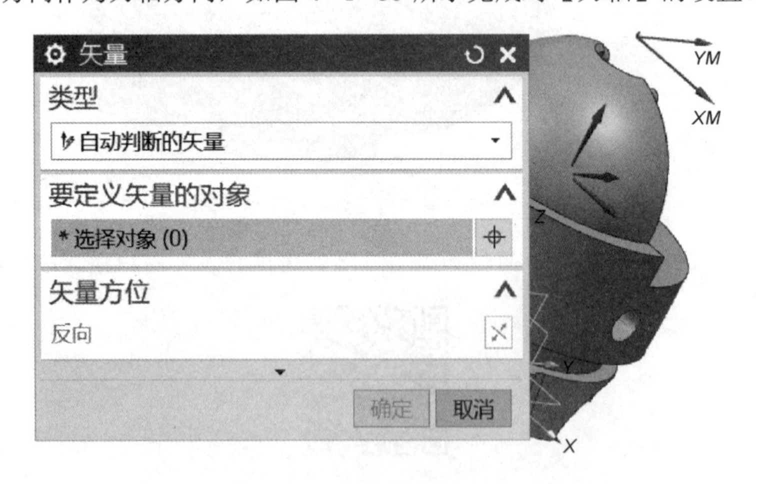

图 4-1-35　陀螺仪基体头部粗加工刀轴方向选择

3）刀轨设置：展开【刀轨设置】对话框，【切削模式】选择“跟随部件”，该模式可以确保切削过程中始终保持顺铣。【平面直径百分比】设为“70%”，【最大距离】设为“1”，如图 4-1-36 所示。然后单击【切削层】中的按钮，弹出【切削层】对话框，在【范围定义】中的【范围深度】设为“61”，如图 4-1-37 所示。单击【确定】按钮，回到【刀轨设置】对话框。

图 4-1-36　型腔铣参数设置对话框

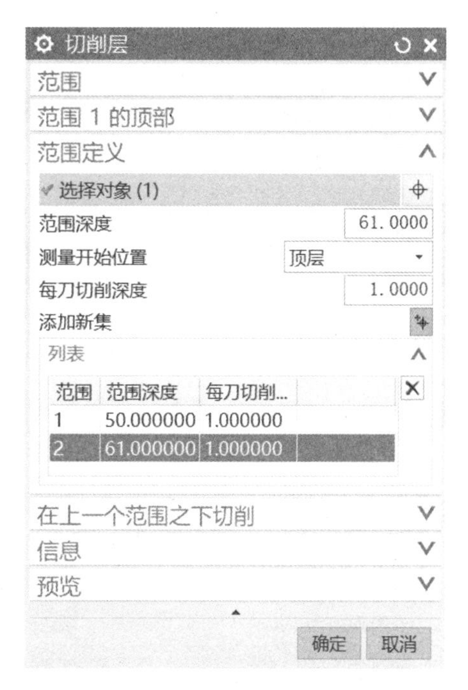

图 4-1-37　型腔铣切削层参数设置对话框

4）切削参数设置：进入【切削参数】对话框，【策略】选项卡内，【切削方向】设为“顺铣”，【切削顺序】设为“深度优先”，如图 4-1-38 所示；【余量】选项卡内，勾选“使底面余量与侧面余量一致”，将【部件侧面余量】设为“0.2”，其余参数保持不变，如图 4-1-39 所示。

图 4-1-38　型腔铣策略设置对话框

图 4-1-39　型腔铣余量参数设置对话框

5）非切削参数设置：进入【非切削移动】对话框，切换至【进刀】选项卡中，将【封闭区域 进刀类型】设为“与开放区域相同”，将【开放区域 进刀类型】设为“圆弧”（半径 2 mm，圆弧角度 90°，高度 3 mm，最小安全距离 5 mm），如图 4-1-40 所示。

6）进给率与速度设置：单击【刀轨设置】对话框【进给率和速度】按钮，弹出【进给率和速度】对话框，【主轴速度】设为“8 000”，【切削】设为“3 000”，如图 4-1-41 所示。单击【确定】按钮完成【进给率和速度】的设置。

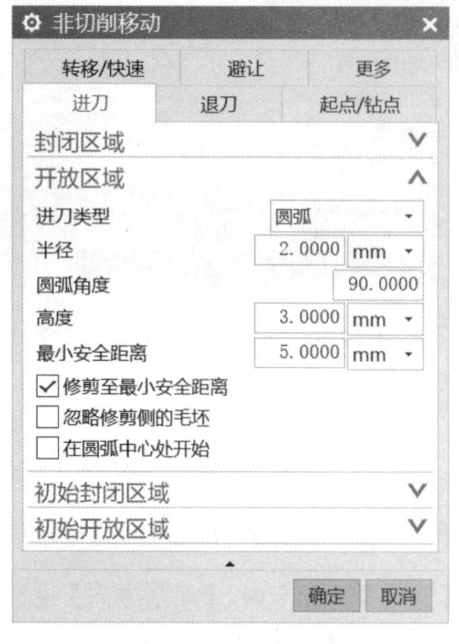

图 4-1-40 【非切削移动】参数设置对话框

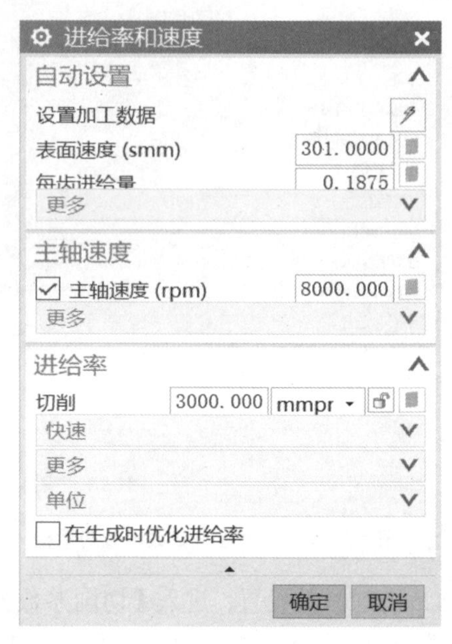

图 4-1-41 【进给率和速度】参数设置对话框

7）刀路生成：参数设置完成后，单击【刀路生成】按钮查看该策略编程刀路，如图 4-1-42 所示。

图 4-1-42 陀螺仪基体头部粗加工刀路

（5）陀螺仪基体顶部圆球精加工程序

1）创建工序：单击【创建工序】按钮，创建陀螺仪基体顶部圆球精加工工序，弹出【创建工序】对话框，在【类型】的下拉列表中选择【mill_contour】；在【工序子类型】中选择【固定轮廓铣】按钮，在【位置】中，如图 4－1－43 所示定义参数。单击【确定】按钮弹出【固定轮廓铣】对话框。

图 4－1－43 固定轮廓铣【创建工序】对话框

2）几何体设置：进入【可变轮廓铣】对话框中，单击【指定部件】按钮进入【部件几何体】对话框，选择陀螺仪基体为几何部件，如图 4－1－44 所示。

图 4－1－44 【部件几何体】选择对话框

3）驱动设置：在【驱动方法】中选择“曲面”命令，单击◈进入到【曲面区域驱动方法】对话框，选择陀螺仪基体顶部球面，如图 4-1-45 所示。单击【确定】返回到上一级界面，选择【切削方向】为图 4-1-46 所示方向，选择“材料反向”使矢量方向指向球面外侧。【切削模式】设为“往复”，【步距】设为“数量”，【步距数】设为“80”，如图 4-1-47 所示。

图 4-1-45 【驱动几何体】创建对话框

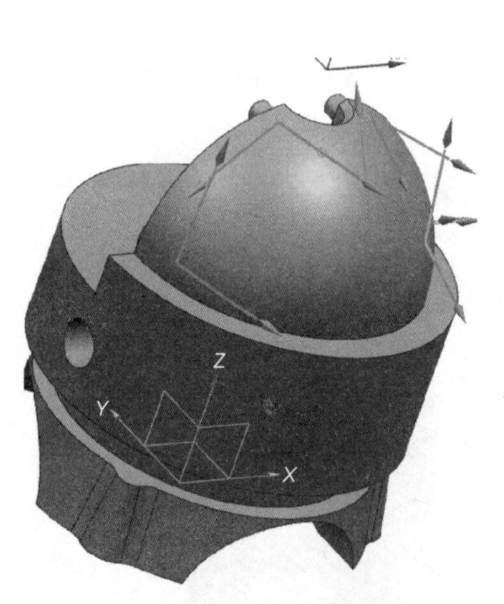

图 4-1-46 曲面区域驱动方法加工方向选择

图 4-1-47 【曲面区域驱动方法】对话框

4）刀轴设置：单击【确定】返回固定轮廓铣刀路创建菜单，在【投影矢量】中选择“刀轴”作为刀路的投影方向。在【刀轴】选项中选择“+ZM 轴”作为刀轴的方向。

5）非切削参数设置：进入【非切削移动】对话框，切换至【进刀】选项卡，【进刀类型】

设为“圆弧－平行于刀轴”（半径 50%，圆弧角度 90°，其他参数保持不变），如图 4－1－48 所示。

6）进给率和速度设置:【主轴速度】设为“10 000”,【进给率】设为“1 000”, 如图 4－1－49 所示。单击【确定】按钮完成【进给率和速度】的设置。

图 4－1－48 【非切削移动】设置对话框

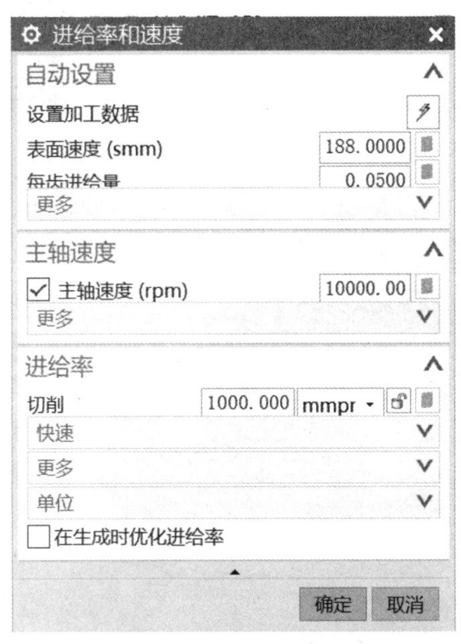

图 4－1－49 【进给率和速度】设置对话框

7）刀路生成：参数设置完成后，单击【刀路生成】按钮查看该策略编程刀路，设置如图 4－1－50 所示。

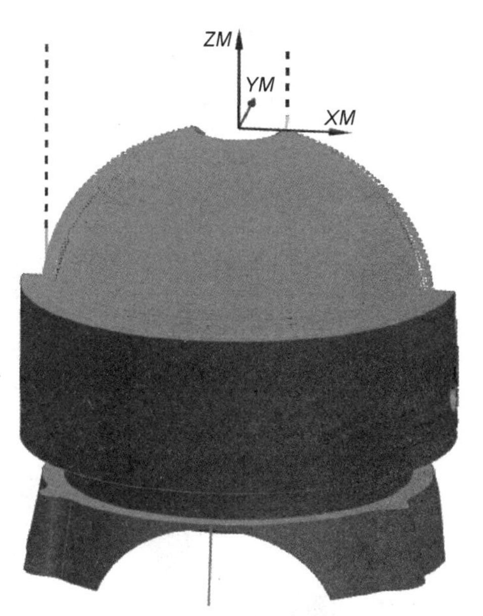

图 4－1－50 陀螺仪基体顶部精加工刀路

小贴士：“驽马十驾，功在不舍”。认真比较曲面区域驱动方式中几种切削模式的不同，勇于探索最适合的加工方式。请扫描二维码 4-1-4 观看学习“陀螺仪基体顶部球面精加工”刀路的创建步骤。

二维码 4-1-4

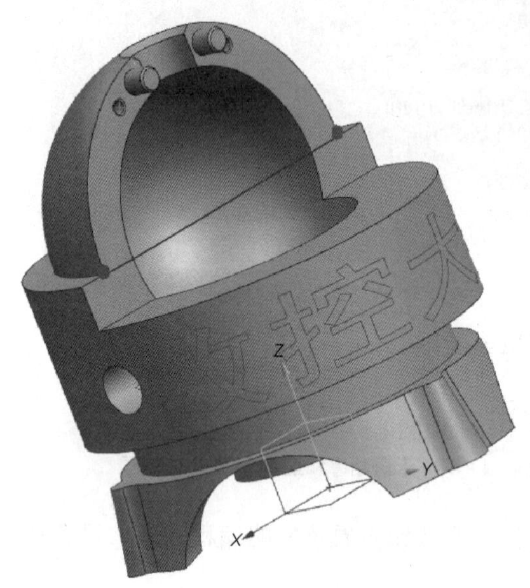

图 4-1-51　辅助直线创建

（6）陀螺仪基体头部凹面粗加工

陀螺仪基体头部凹面结构复杂，无法一次粗加工将所有余量消除掉，为避免过切或欠切现象，需要在“型腔铣”命令中，从三个方向上接刀完成粗加工，三步刀路的区别在于刀轴矢量方向的不同，需要创建辅助草图帮助矢量方向的指定，辅助草图的详细创建步骤如下：

1）辅助直线建立：单击【应用模块】-【建模】进入到建模环境当中。单击按钮进入到【直线】命令，连接图 4-1-51 所示两点建立直线，帮助创建辅助草图的坐标系。

2）辅助草图坐标系建立：单击【插入】-【在任务环境中绘制草图】命令，进入到【创建草图】对话框，按照图 4-1-52 所示命令，以上一步创建的直线中点为原点创建出辅助草图坐标系。

图 4-1-52　辅助草图坐标系创建

3）辅助草图创建：按照图 4－1－53 所示绘制辅助草图，单击【完成草图】退出草图创建。

小贴士：“扶摇应借力，桃李愿成阴。”多思多想，借助草图及辅助线，为刀路设置中刀轴的选取提供基础。请扫描二维码 4－1－5 学习“辅助草图”的创建过程。

二维码 4－1－5

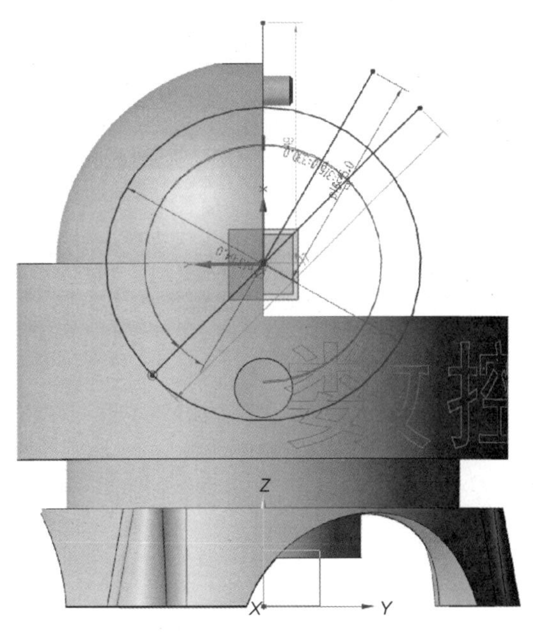

图 4－1－53　辅助草图

4）刀路创建：单击【应用模块】－【加工】进入到加工环境当中，利用型腔铣命令分三次对凹面区域进行粗加工刀路的创建，三次刀路的刀轴分别按照图 4－1－54 所示进行选取。

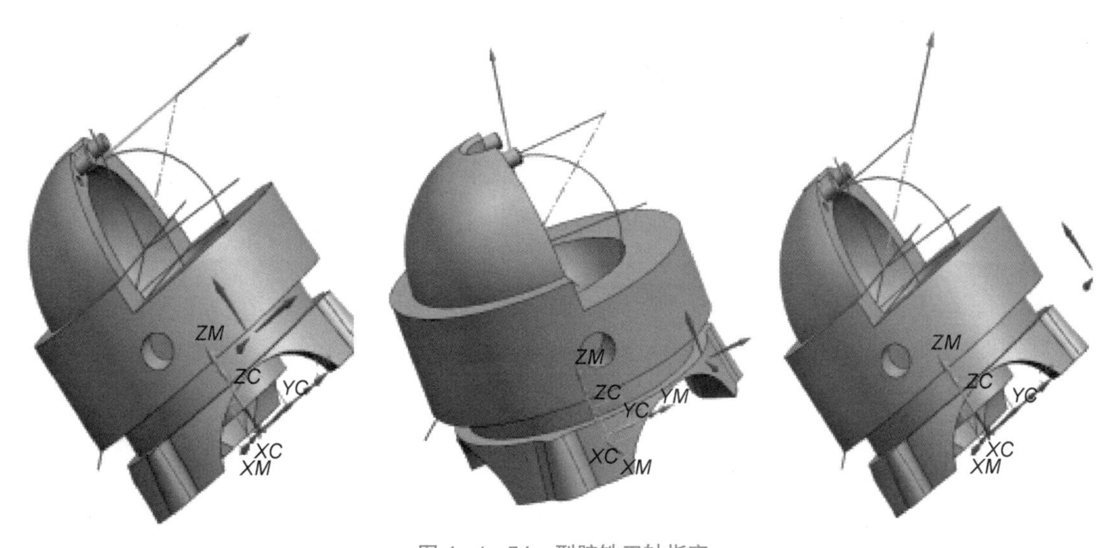

图 4－1－54　型腔铣刀轴指定

5）导轨设置：展开【刀轨设置】对话框，【切削模式】选择【跟随部件】，该模式可以确保切削过程中始终保持顺铣。【平面直径百分比】设为“70%”，【最大距离】设为“1”，如图 4－1－55 所示。然后单击【切削层】中的按钮，弹出【切削层】对话框，在【范围定义】中的【范围深度】文本框中分别指定三者的切削深度。如图 4－1－56 所示。单击【确定】按钮，回到【刀轨设置】对话框。

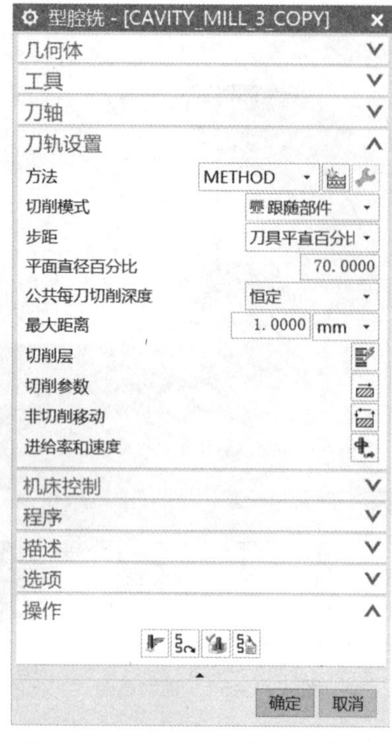

图 4-1-55　型腔铣参数设置对话框

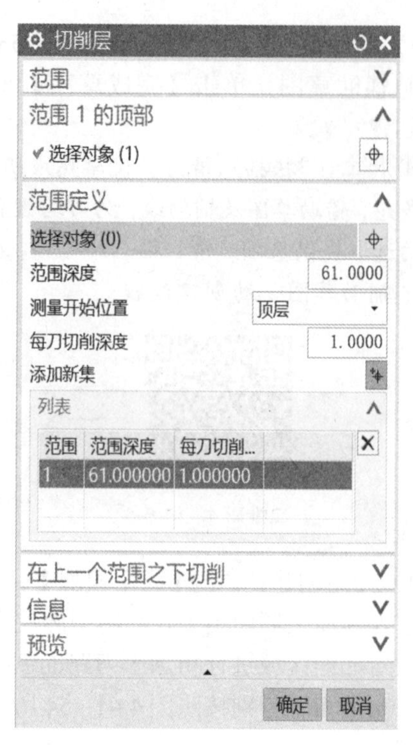

图 4-1-56　型腔铣【切削层】设置对话框

6）切削参数设置：进入【切削参数】对话框，【策略】选项卡内，【切削方向】设为“顺铣”，【切削顺序】设为“深度优先”，如图 4-1-57 所示；【余量】选项卡内，勾选“使底面余量与侧面余量一致”，将【部件侧面余量】设为“0.2”，其余参数保持不变，如图 4-1-58 所示；【拐角】选项卡内，【光顺】设为“所有刀路”，【半径】设为“20%”，让刀路平稳运行的同时降低刀具负载，如图 4-1-59 所示。

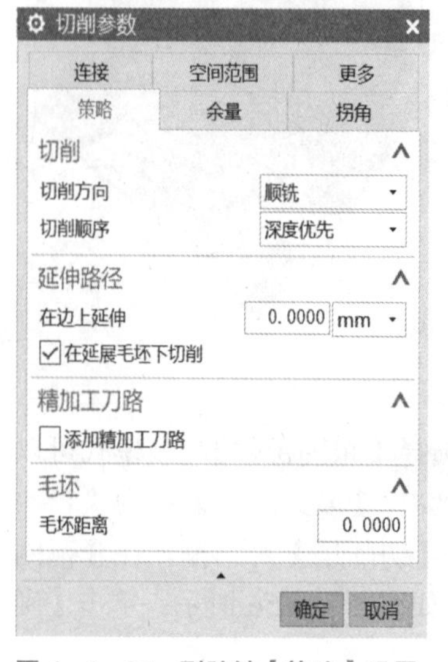

图 4-1-57　型腔铣【策略】设置

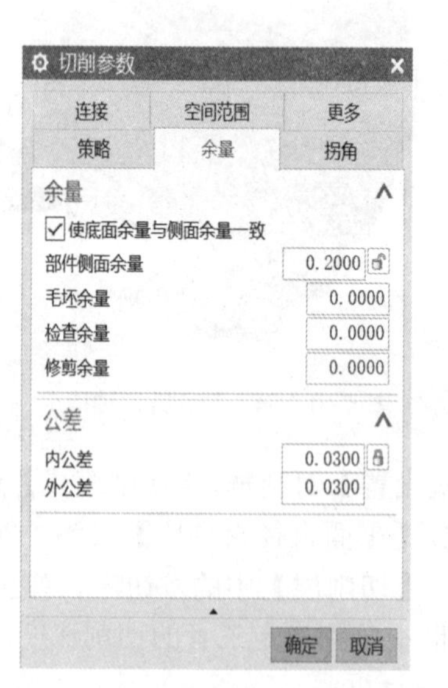

图 4-1-58　型腔铣【余量】设置

图 4-1-59　型腔铣【拐角】设置

7）非切削参数设置：进入【非切削移动】对话框，切换至【进刀】选项卡中，将【封闭区域 进刀类型】设为“与开放区域相同”，将【开放区域 进刀类型】设为“圆弧”（半径 2 mm，圆弧角度 90°，高度 3 mm，最小安全距离 5 mm），如图 4-1-60 所示。

8）进给率和速度设置：【主轴速度】设为“8 000”，【进给率】设为“3 000”，如图 4-1-61 所示。单击【确定】按钮完成【进给率和速度】的设置。

图 4-1-60　型腔铣【非切削移动】设置对话框

图 4-1-61　型腔铣【进给率和速度】设置对话框

9）刀路生成：参数设置完成后，单击【刀路生成】按钮查看该策略编程刀路，如图 4-1-62 所示。

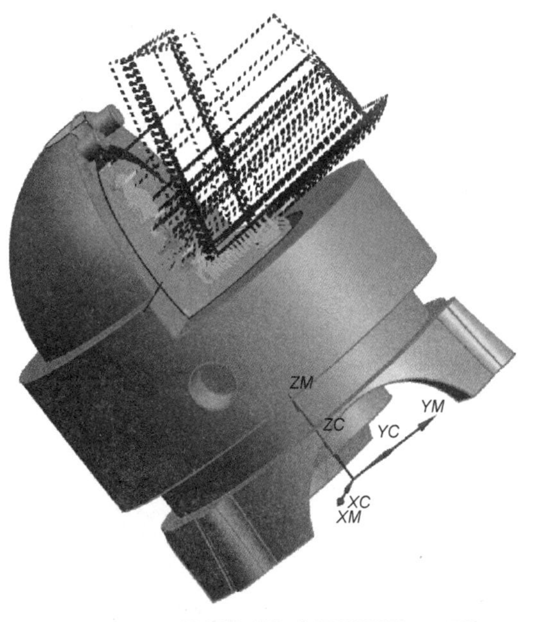

图 4-1-62　陀螺仪基体头部凹面粗加工刀路

（7）陀螺仪基体头部凹面精加工

陀螺仪基体头部凹面的精加工同样需要创建辅助面帮助精加工刀路的创建，辅助面的详细创建步骤如下：

1）辅助面建立：单击【应用模块】-【建模】进入建模环境当中，单击进入到【旋转】命令对话框，按照图 4-1-63 所示分别选择截面线与旋转轴，旋转 360° 生成辅助曲面。

2）创建工序：返回加工环境中，单击【创建工序】按钮，创建陀螺仪基体头部凹面精加工工序，弹出【创建工序】对话框，在【类型】的下拉列表中选择【mill_multi-axis】；

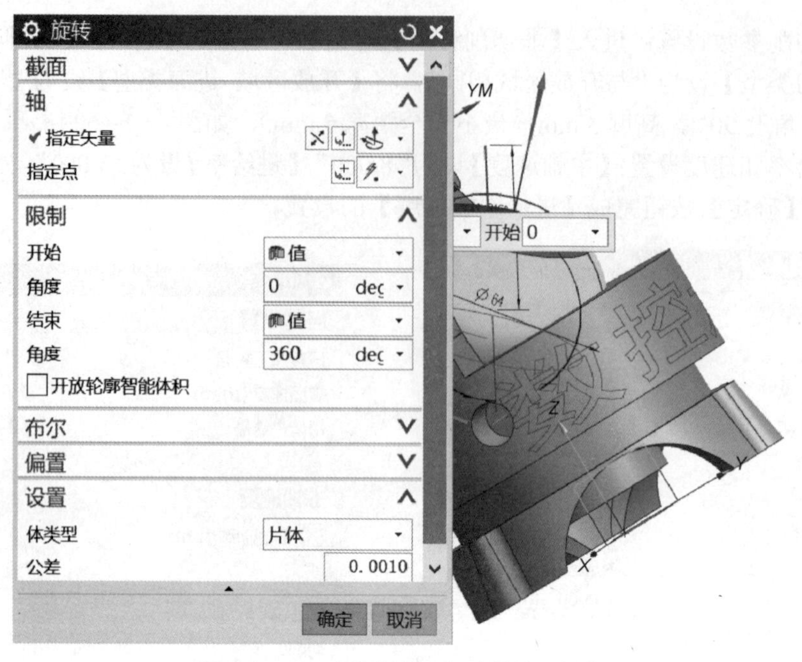

图 4-1-63　凹面精加工刀路辅助面创建

在【工序子类型】中选择【可变轮廓铣】按钮，在【位置】中，如图 4-1-64 所示定义参数。单击【确定】按钮弹出【可变轮廓铣】对话框。

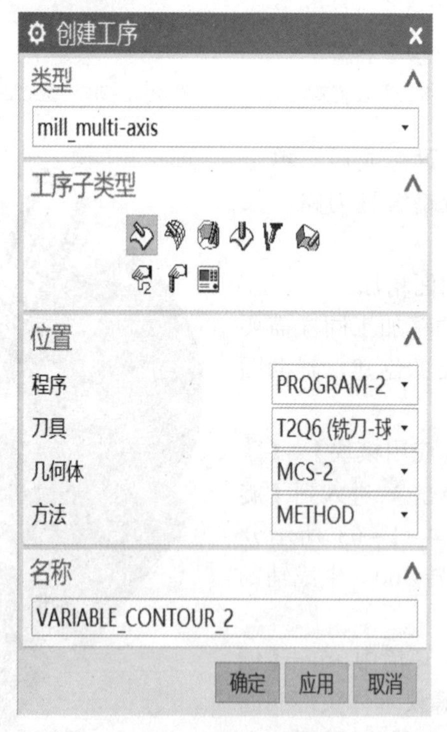

图 4-1-64　可变轮廓铣【创建工序】对话框

3）驱动设置：在【驱动方法】中选择“曲面”命令，单击[icon]进入到【曲面区域驱动方法】对话框，选择创建完成的辅助面作为驱动几何体，如图 4-1-65 所示。单击【确定】返回到上一级界面，选择【切削方向】,【切削模式】设为“螺旋”,【步距】设为“数量”,【步距数】设为“50”，如图 4-1-66 所示。

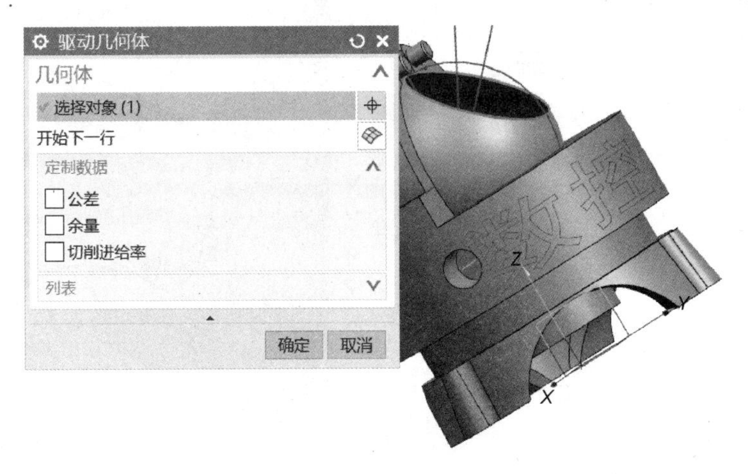

图 4-1-65　可变轮廓铣【驱动几何体】选择对话框

图 4-1-66　【曲面区域驱动方法】选择对话框

4）刀轴设置：单击【确定】返回【可变轮廓铣】刀路创建菜单，在【投影矢量】中选择“刀轴”作为刀路的投影方向。在【刀轴】选项中选择“朝向点”命令，选取如图 4-1-67 所示点作为刀轴朝向点。

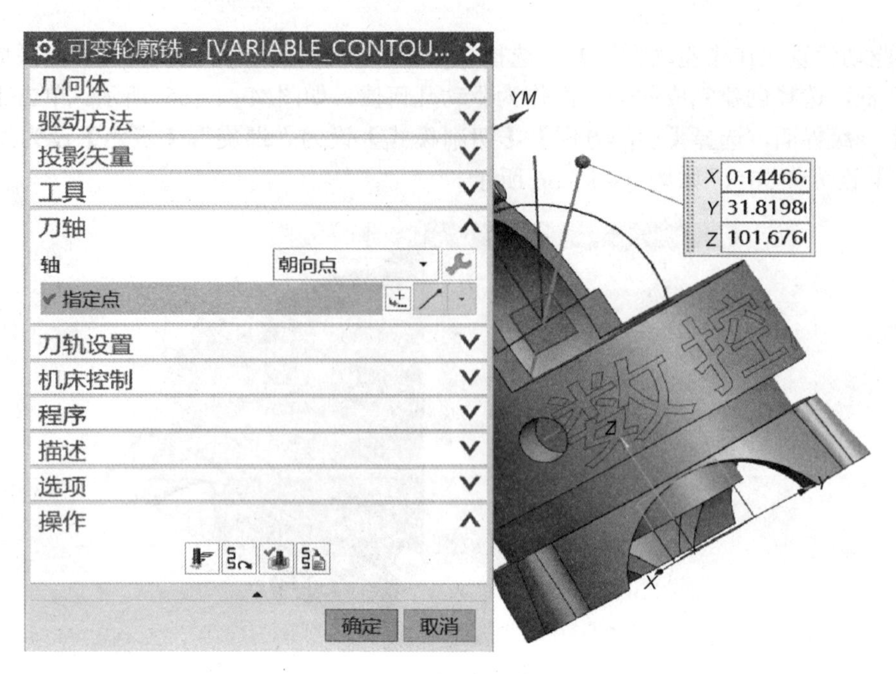

图 4-1-67　刀轴【朝向点】选择对话框

5）非切削参数设置：进入【非切削移动】对话框，切换至【进刀】选项卡，【进刀类型】设为“圆弧-平行于刀轴”（半径 50%，圆弧角度 90°，其他参数保持不变），如图 4-1-68 所示。

6）进给率和速度设置：【主轴速度】设为“10 000”，【进给率】设为“1 000”，如图 4-1-69 所示。单击【确定】按钮完成【进给率和速度】的设置。

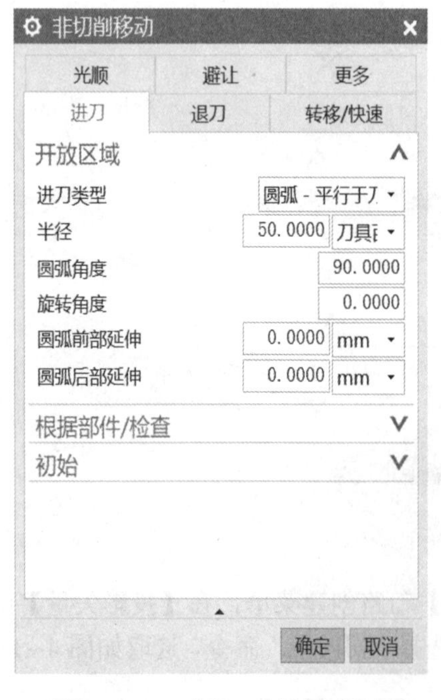

图 4-1-68　【进刀】设置对话框

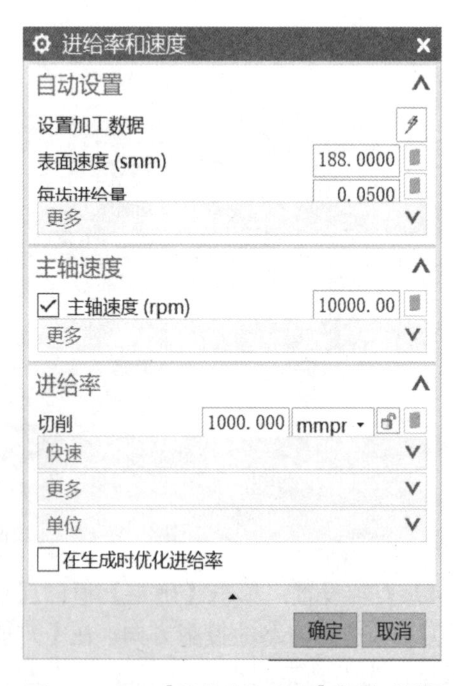

图 4-1-69　【进给率和速度】设置对话框

小贴士："陀螺仪基体凹球面精加工"刀路创建过程，可以扫描二维码 4-1-6 学习。

二维码 4-1-6

7）刀路生成：参数设置完成后，单击【刀路生成】按钮查看该策略编程刀路，如图 4-1-70 所示。

四、后处理

UG 编程软件生成的刀路还无法直接用于数控机床运行，必须使用对应数控系统的后处理软件将刀轨转换成对应的机床程序代码。UG 中生成机床代码的后处理操作如图 4-1-71 所示，单击【后处理】选项，生成机床代码，传入机床上运行。

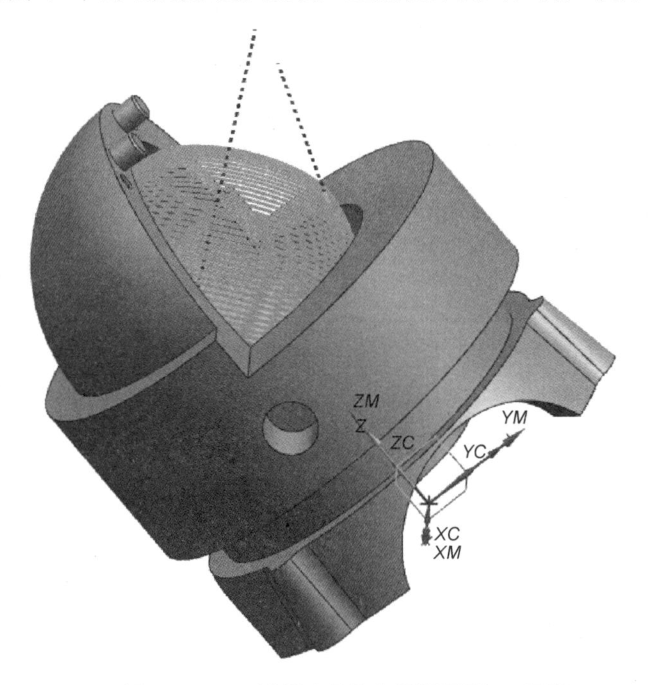

图 4-1-70　陀螺仪基体头部凹面精加工刀路

图 4-1-71　UG【后处理】对话框

知识链接

刀轴矢量（Tool Axis）

刀轴矢量用于定义固定刀轴与可变刀轴的方向。固定刀轴与指定的矢量平行，而可变刀轴在刀具沿刀具路径移动时，可以改变刀轴方向。在固定轴操作中，只能定义固定刀轴，而在变轴铣操作中，既能定义固定刀轴，也能定义可变刀轴，如图 4-1-72 所示。刀轴矢量的方向是沿刀轴指向刀柄，如图 4–1–73 所示。刀轴矢量的选项共有 20 个，其中，针对于四轴及双四轴的矢量介绍，于任务 4–2 的知识链接中来进行叙述。

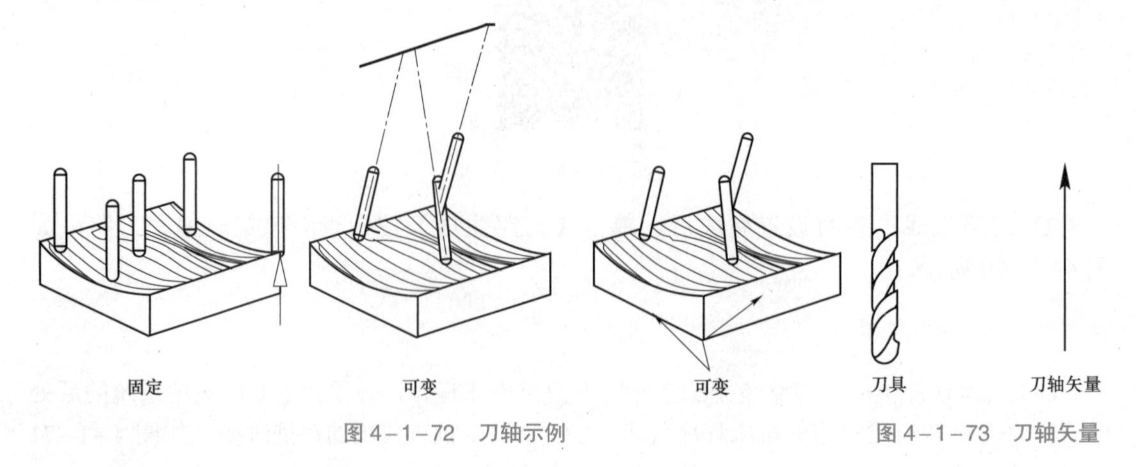

图 4–1–72 刀轴示例　　图 4–1–73 刀轴矢量

小提示：对于固定轴曲面轮廓铣操作与可变轴曲面轮廓铣刀轴操作的本质区别是：固定轴曲面轮廓铣操作中只有+ZM 轴与指定矢量。

1. +ZM 轴（+ZM Axis）

+ZM 轴刀轴用于指定刀轴矢量沿 MCS 坐标系的+ZM 轴方向。

2. 指定矢量（Specify Vector）

指定矢量刀轴通过【矢量构造器】对话框构造一矢量作为刀轴矢量。

3. 远离点（Away from Point）

远离点刀轴通过指定一聚焦点来定义可变刀轴矢量，它以指定的聚焦点为起点，并指向刀柄所形成的矢量作为可变刀轴矢量，如图 4–1–74 所示。

小提示：远离点：刀尖指向某个点产生刀具轨迹，用于 5 轴加工。

4. 朝向点（Toward Point）

朝向点刀轴通过指定一聚焦点来定义可变刀轴矢量，它以刀柄为起点并指向指定的聚焦点所形成的矢量作为可变刀轴矢量，如图 4–1–75 所示。

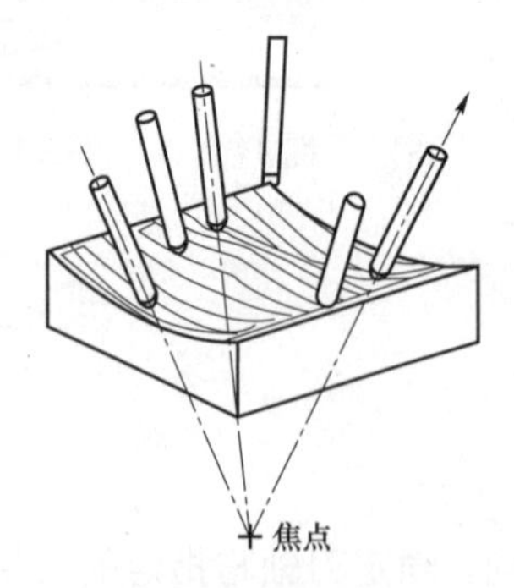

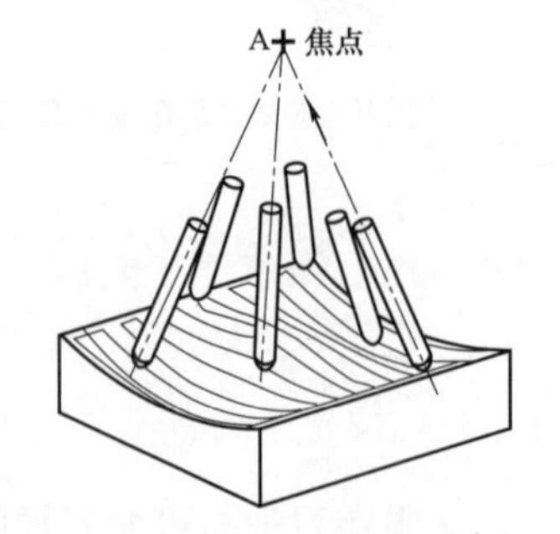

图 4–1–74 远离点刀轴示例　　图 4–1–75 朝向点刀轴示例

小提示：朝向点是指刀背朝向某个点产生刀具轨迹，用于 5 轴加工。

5. 远离直线（Away from Line）

远离直线刀轴通过指定一条直线来定义可变刀轴矢量，定义的可变刀轴矢量沿指定直线的全长并垂直于直线，并且指向刀柄，如图 4－1－76 所示。

小提示：远离直线指刀尖指向某条直线产生刀具轨迹，用于 4 轴加工。

6. 朝向直线（Toward Line）

朝向直线刀轴是指用指定的一条直线来定义可变刀轴矢量，定义的可变刀轴矢量沿指定直线的全长并垂直于直线，并且从刀柄指向指定直线，如图 4－1－77 所示。

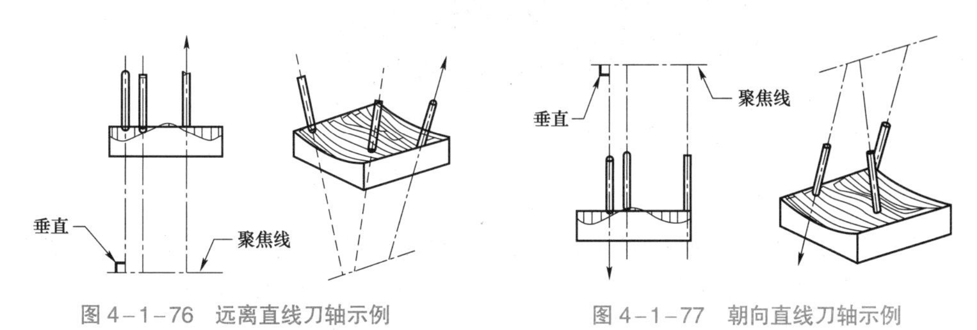

图 4－1－76　远离直线刀轴示例　　图 4－1－77　朝向直线刀轴示例

小提示：朝向直线指刀背指向某条直线产生刀具轨迹，用于 4 轴加工。

7. 相对于矢量（Relative to Vector）

相对于矢量刀轴通过指定前倾角度（Lead）与侧倾角度（Tilt）来定义可变刀轴矢量，如图 4－1－78 所示。

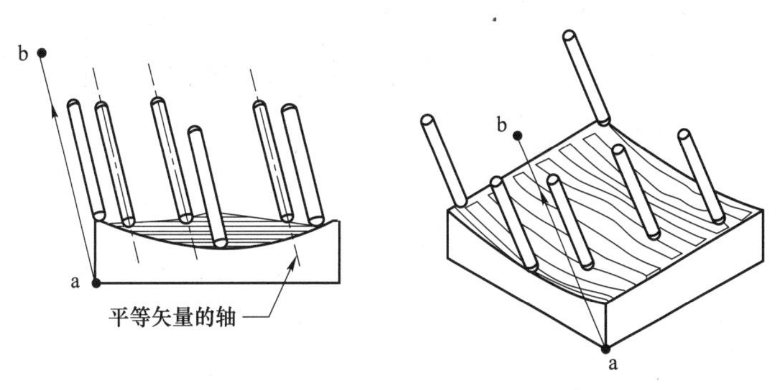

图 4－1－78　相对于矢量刀轴示例

前倾角度是指刀具沿刀具运动方向朝前或朝后倾斜的角度。引导角度为正时，刀具沿刀具路径的方向前倾；引导方向为负时，则向后倾斜。

侧倾角度用于定义刀具相对于刀具路径往外倾斜的角度。沿刀具路径看，倾斜角度为正，刀具沿刀具路径向右边倾斜；倾斜角度为负，向左边倾斜。与引导角度不同，倾斜角度总是固定在一个方向，并不依赖于刀具运动方向，如图 4－1－79 所示。

小提示：正前倾角：刀具拉着走；负前倾角：刀具推着走；正侧倾角：沿刀具移动方向看刀具右倾；负侧倾角：沿刀具移动方向看刀具左倾。

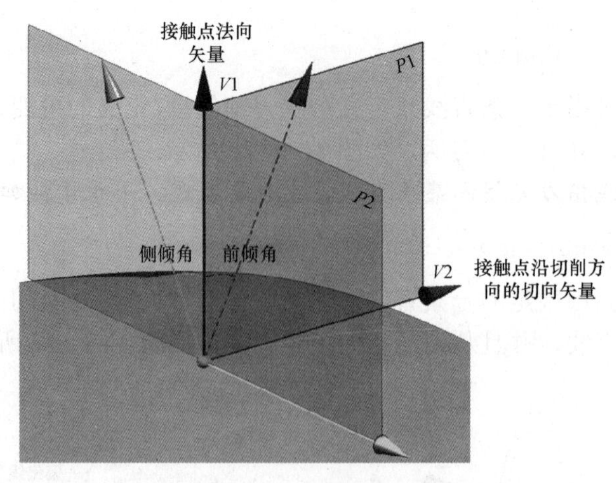

图 4–1–79 前倾角和侧倾角图示

8. 相对于部件（Relative to Part）

相对于部件刀轴通过指定前倾角和侧倾角来定义相对于零件几何表面法向矢量的可变刀轴矢量，该选项与相对于矢量含义类似，只是用零件几何表面的法向替代了指定的一个矢量，如图 4–1–80 所示。

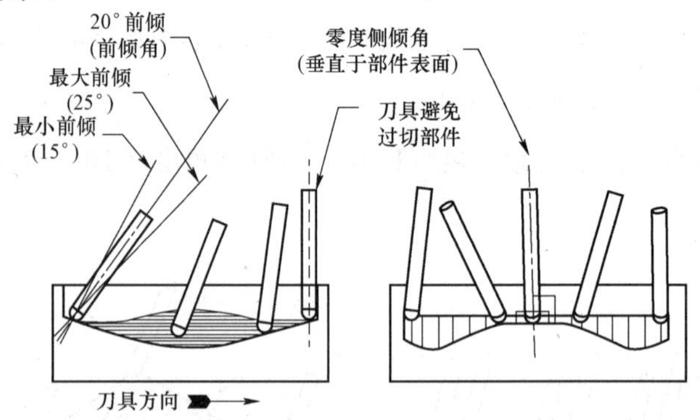

图 4–1–80 相对于部件刀轴示例

小提示：最小前倾角值必须大于或等于引导角值，最大前倾角值必须小于或等于引导角值。最小侧倾角值必须大于或等于倾斜角值，最大侧倾角值必须小于或等于倾斜角值。

9. 垂直于部件（Normal to Part）

垂直于部件用于定义在每个接触点处垂直于部件表面的刀轴，如图 4–1–81 所示。

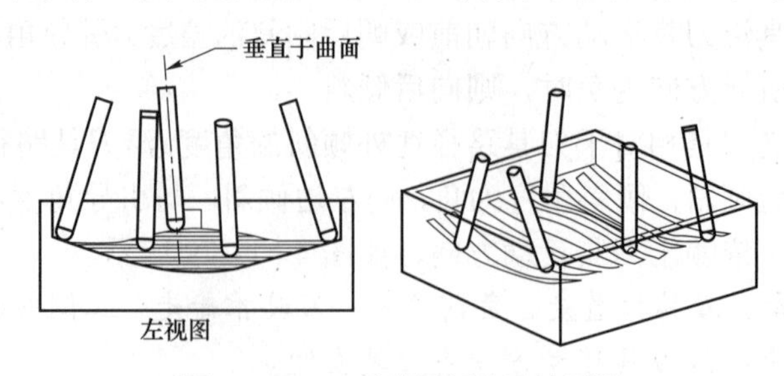

图 4–1–81 垂直于部件刀轴示例

10. 垂直于驱动体（Normal to Drive）

垂直于驱动体用于定义在每个驱动点处垂直于驱动曲面的可变刀轴，如图 4－1－82（a）所示。由于此选项需要用到一个驱动曲面，因此它只能在使用了“曲面驱动法”后才可以使用。垂直于驱动体可用于在非常复杂的部件表面上控制刀轴的运动，如图 4－1－82（b）所示。

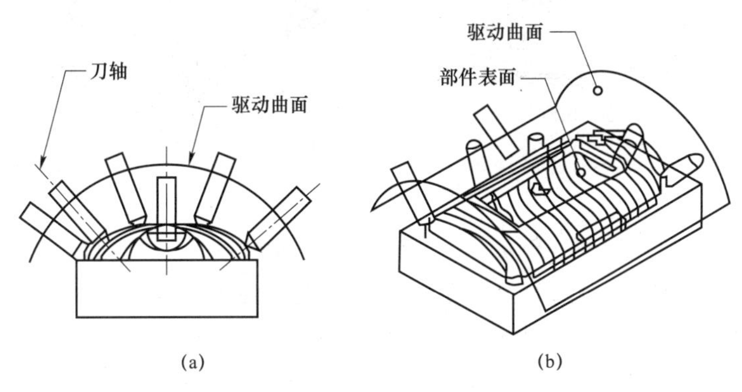

图 4－1－82　垂直于驱动体刀轴示例

（a）简单曲面刀轴示例；（b）复杂部件表面刀轴示例

11. 相对于驱动体（Relative to Drive）

相对于驱动体刀轴如图 4－1－83 所示，图中前倾角为 0°，侧倾角为 30°。

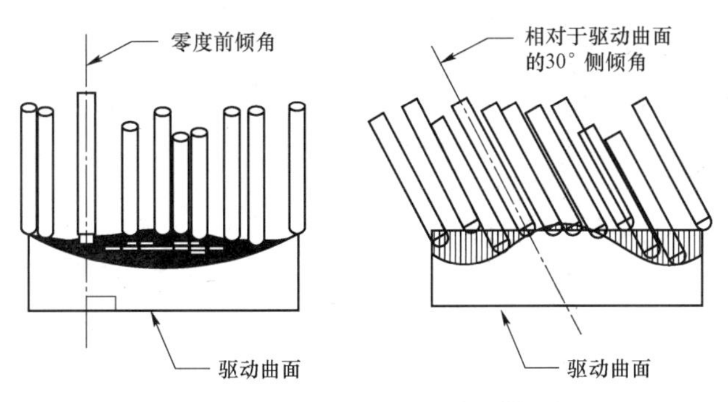

图 4－1－83　相对于驱动体刀轴示例

12. 侧刃驱动体（Swarf Drive）

侧刃驱动体刀轴用驱动曲面的直纹线来定义刀轴矢量。这种类型的刀轴矢量，可以使用刀具的侧刃加工驱动曲面，底刃加工零件几何表面，此时驱动曲面引导刀具侧刃，零件几何表面引导刀尖，如图 4－1－84 所示。

小提示：若刀具是带锥度刀，刀轴矢量与直纹线成一角度；否则刀轴矢量与驱动面直纹线方向平行。

13. 插补（Interpolate）

插补刀轴通过在指定的点定义矢量方向来控制刀轴。当驱动几何或零件几何非常复杂，

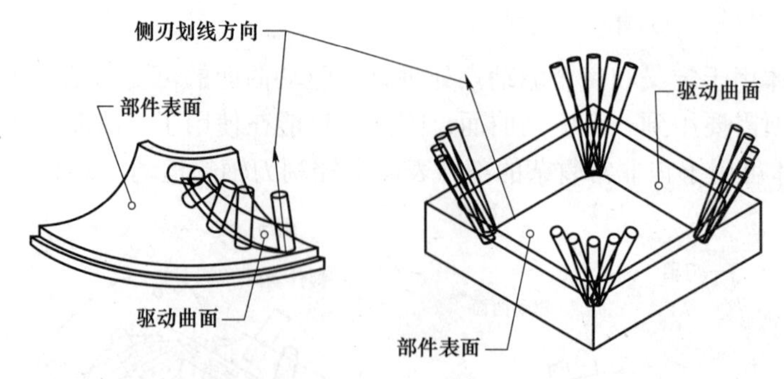

图 4-1-84　侧刃驱动体刀轴示例

又没有附加刀具轴控制几何体（例如点、线、矢量、光顺的驱动几何体）时，会导致刀轴矢量过多的变化，插补刀轴可以进行有效的控制，而不需要构建额外的刀轴控制几何，也可以用来调整刀轴，以避免刀具悬空或避让障碍物。

可以从驱动几何体上去定义所需要的足够多的矢量以保证光顺刀轴移动，刀具轴通过在驱动几何体上指定矢量进行插补，指定的矢量越多，对刀轴就有越多的控制，如图 4-1-85 所示。

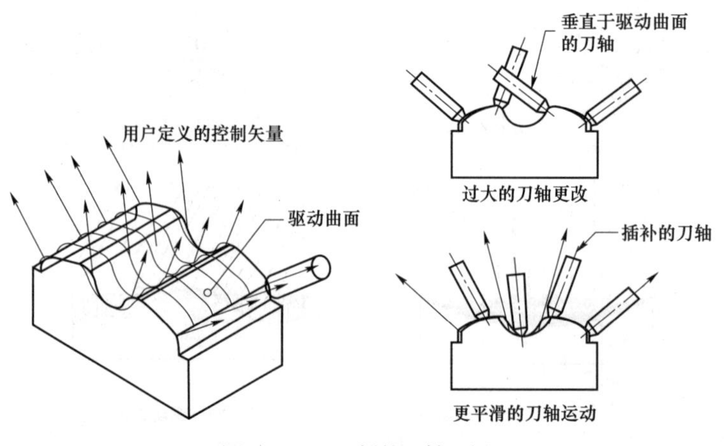

图 4-1-85　插补刀轴示例

小提示：*只有在变轴铣操作中，选择曲线/点驱动方法或曲面驱动方法时，插补刀轴选项才可使用。*

14. 优化后驱动（Optimized to Drive）

优化后驱动刀轴使刀具前倾角与驱动几何体曲率匹配。在凸起部分，UG NX10.0 保持小的前倾角，以便移除更多材料。在下凹区域中，UG NX10.0 自动增加前倾角以防止刀刃过切驱动几何体，并使前倾角足够小以防止刀前端过切驱动几何体。如图 4-1-86 所示，其中 A 为刀具前尖（toe），B 为刀具后根（heel），C 为刀具后根过切零件，D 为刀具前尖过切零件，E 为驱动几何。

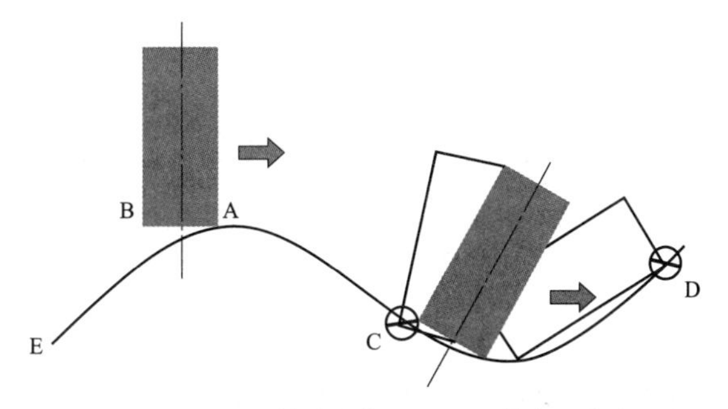

图 4-1-86　刀具的前倾角匹配不同的曲面曲率图示

任务小结 NEWS

本章节以陀螺仪基体的粗精加工为例，详细讲解了型腔铣、固定轮廓铣、可变轮廓铣刀路的创建方法。重点学习了通过刀轴辅助线来确定刀轴方向，避免进退刀或加工过程中与工件发生干涉，通过刀路参数设置，确保刀路间过渡平滑，加工过程切削负荷平稳等，如图 4-1-87 所示。

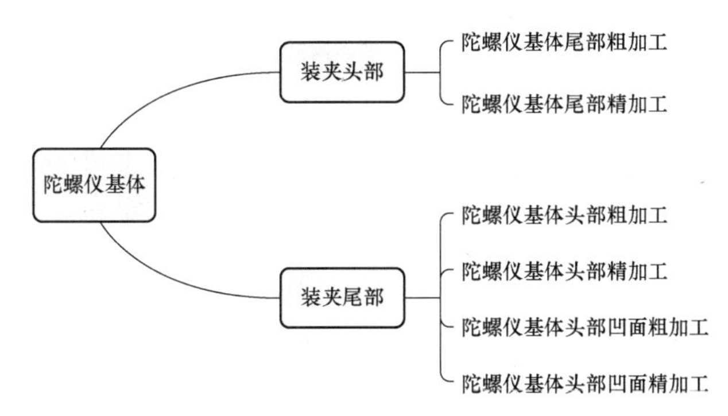

图 4-1-87　陀螺仪芯基体加工工艺

任务4-2 陀螺仪芯的多轴加工

任务描述

本次加工任务装配图和零件图分别如图 4-2-1 和图 4-2-2 所示，是典型的四轴加工工件，需要将方形毛坯加工成具有复杂曲面形状的陀螺结构，需要注意的是陀螺三部分结构完全相同，所以可以对其中之一的特征进行加工，采用“变换”中“实例”方式生成另外两个特征的加工刀路，提高编程效率。陀螺单个特征加工需要使用平底刀及球头刀完成粗精加工任务。因为陀螺叶型较为复杂的缘故，需要使用四轴联动进行粗加工任务，同时半精及精加工同样需要使用联动加工的方式完成。所以需要利用四轴机床配合相应工装完成加工，通过本次任务的学习，培养学生达到以下主要目标：

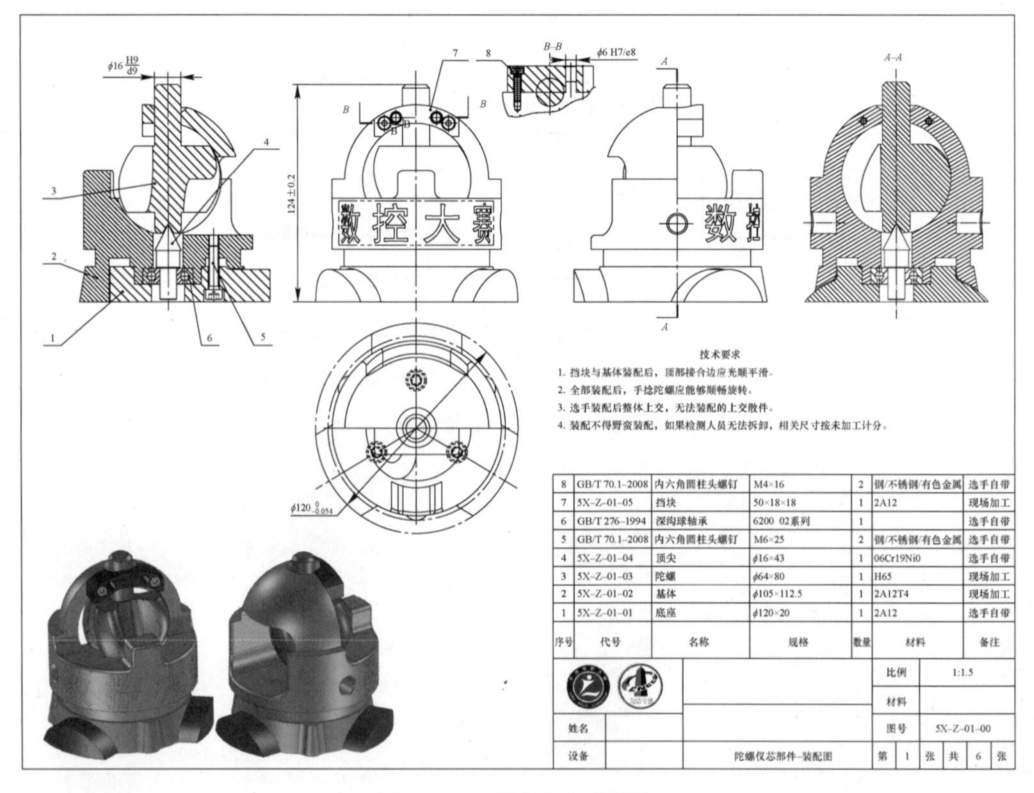

8	GB/T 70.1–2008	内六角圆柱头螺钉	M4×16	2	钢/不锈钢/有色金属	选手自带
7	5X–Z–01–05	挡块	50×18×18	1	2A12	现场加工
6	GB/T 276–1994	深沟球轴承	6200 02系列	1		选手自带
5	GB/T 70.1–2008	内六角圆柱头螺钉	M6×25	2	钢/不锈钢/有色金属	选手自带
4	5X–Z–01–04	顶尖	ϕ16×43	1	06Cr19Ni0	选手自带
3	5X–Z–01–03	陀螺	ϕ64×80	1	H65	现场加工
2	5X–Z–01–02	基体	ϕ105×112.5	1	2A12T4	现场加工
1	5X–Z–01–01	底座	ϕ120×20	1	2A12	选手自带
序号	代号	名称	规格	数量	材料	备注

图 4-2-1　陀螺仪芯装配图

知识目标：

① 了解陀螺叶片的加工工艺。

② 掌握根据加工特征结构选择与创建可变轮廓铣驱动方法的技巧。

③ 掌握可变轮廓铣刀路的创建方法。

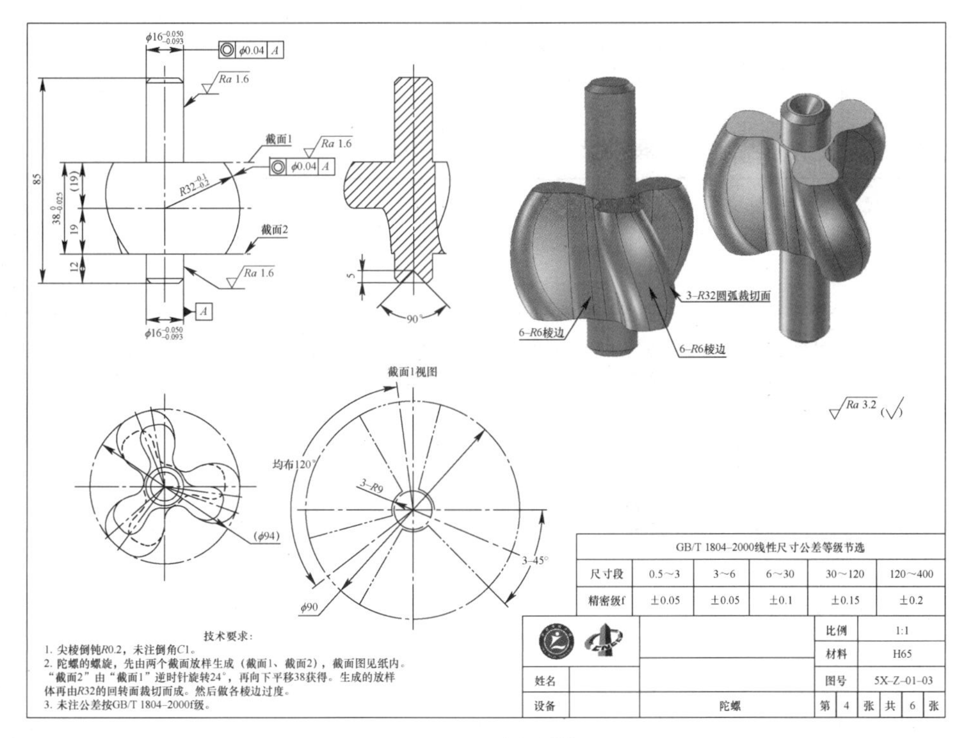

图 4-2-2　陀螺零件图

④ 熟悉四轴特征刀轴控制远离直线的含义。

能力目标：

① 能够根据可变轮廓铣加工特征选择适应的驱动方法。

② 能够掌握可变轮廓铣刀路的适用加工特征及创建方法。

③ 能够为可变轮廓铣选择适应的刀轴控制方式。

素质目标：

① 培养学生认真细致的学习态度，严谨的工作作风。

② 培养学生养成高尚的职业道德，树立正确劳动观与价值观。

③ 培养学生协同合作的团队精神，有良好的组织纪律性，能够有团队合作精神。

任务实施

一、零件图样分析

分析陀螺毛坯及零件图，陀螺的加工工步主要是对陀螺螺旋部分的加工，可以夹持毛坯尾部后一并完成所有的加工任务，易于保证工件各部分的形位误差，加工难点在于陀螺螺旋部位曲面形状复杂，必须使用多轴联动刀路才能够完成加工。

二、加工方案制定

对比毛坯及工件形状，陀螺螺旋部位是需要加工部位，根据毛坯及工件特征大小选择刀具大小及类型，然后制定每个工步的切削用量，最后完成工件的加工。

陀螺的加工根据粗精分开的原则编制加工工艺，确保工件加工完成后的表面质量，主要加工工艺编排内容如表 4-2-1 所示。

表 4-2-1　陀螺仪芯加工工艺表

序号	加工工步	加工策略	加工刀具	加工参数		余量/mm
				转速/（r·min^{-1}）	进给/（mm·min^{-1}）	
1	陀螺螺旋粗加工	型腔铣	立铣刀 T1D12	8 000	3 000	0.2
2	陀螺螺旋槽粗加工	可变轮廓铣	立铣刀 T2D10	9 000	2 000	0
3	陀螺螺旋左侧粗加工	可变轮廓铣	立铣刀 T2D10	9 000	2 000	0.2
4	陀螺螺旋右侧粗加工	可变轮廓铣	立铣刀 T2D10	9 000	2 000	0.2
5	陀螺精加工	可变轮廓铣	球头刀 T3R3	10 000	1 000	0

三、参考步骤

1. 基本环境设置

在编制陀螺的加工刀路之前，依据确定好的工序在软件中配置好加工时使用的刀具，同时设置好 WCS 与 WORKPIECE，完成编程环境工件坐标系，毛坯及部件的设置，详细设置过程如下。

双击桌面快捷方式按钮，打开软件 UG NX10.0。

图 4-2-3　【加工环境】设置对话框

1）文件导入：在 UG NX10.0 软件中单击【打开】按钮，选择“陀螺.prt”文件，单击【确定】按钮，打开该文件，自动进入建模模块。

2）进入加工模块：单击【应用模块】按钮，单击选择【加工】命令，弹出【加工环境】对话框，如图 4-2-3 所示。在【CAM 会话配置】中选择【cam_general】，在【要创建的 CAM 设置】中选择【mill_planar】，然后单击【确定】按钮进入加工模块。

3）MCS 设置：单击【几何视图】按钮，把【工序导航器】切换到【几何】。双击【MCS_MILL】打开【MCS 铣削】对话框，单击【指定 MCS】中的按钮，进入【CSYS】对话框，设置 CSYS 基准坐标系的位置，从中选择【类型】为“自动判断”，该命令可以根据鼠标位置自动判断操作者意图，在该命令下选择陀螺毛坯顶面为自动判断的面。单击【确定】按钮完成【CSYS】设置，回到【MCS 铣削】对话框，展开【安全设置】栏，在【安全设置选项】的下拉列表中选择"圆柱",【半径】输入数值"70",保证加工过程中有足够的抬刀高度，如图 4-2-4 所示。单击【确定】按钮完成安全平面和加工坐标系的设置。

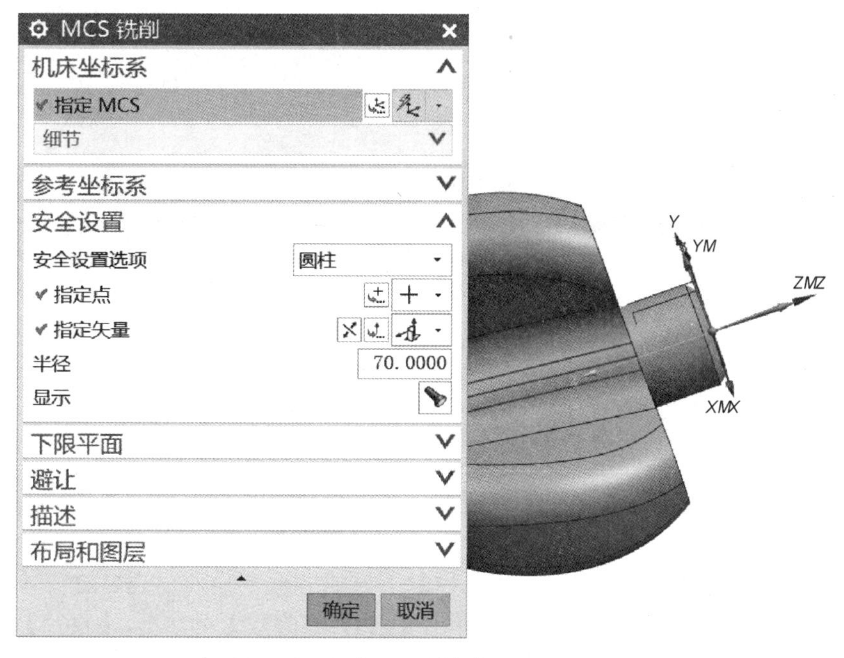

图 4-2-4 【MCS 铣削】设置对话框

4）部件几何体设置：单击【MCS_MILL】前面的"+"号，双击【WORKPIECE】打开【工件】对话框，单击【指定部件】中的按钮，选择建模完成后的模型为部件，如图 4-2-5 所示。单击【指定毛坯】中的按钮，弹出【毛坯几何体】对话框，在【类型】的下拉列表中选择【几何体】，如图 4-2-6 所示，单击【确定】按钮。回到【工件】对话框，单击【确定】按钮完成几何部件和毛坯创建，最后将该部件几何体命名为"WORKPIECE-1"。

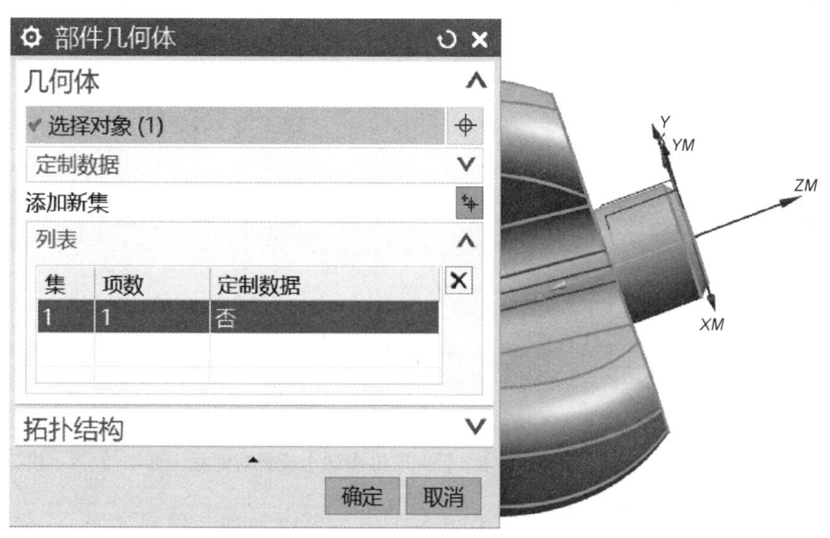

图 4-2-5 【部件几何体】设置对话框

图 4-2-6 【毛坯几何体】设置对话框

5）刀具创建：单击【机床视图】按钮，进入编程刀具列表，单击【插入】工具栏中的【创建刀具】按钮，弹出【创建刀具】对话框，在【类型】的下拉列表中选择【mill_planar】，【刀具子类型】选择【MILL】，在【名称】下方的方框中输入“T1D12”，如图 4-2-7 所示。单击【确定】按钮或单击鼠标中键弹出【铣刀-5 参数】对话框，【直径】设为“12”，【刀具号】设为“1”，【刀刃长度】等参数根据实际使用刀具情况确定，如图 4-2-8 所示。设置参数后单击【确定】按钮，图形区的工作坐标系位置会立即显示创建的刀具形状。按照上述方法继续创建后续使用刀具，直到完成所有刀具的创建，创建完成后的刀具列表如图 4-2-9 所示。

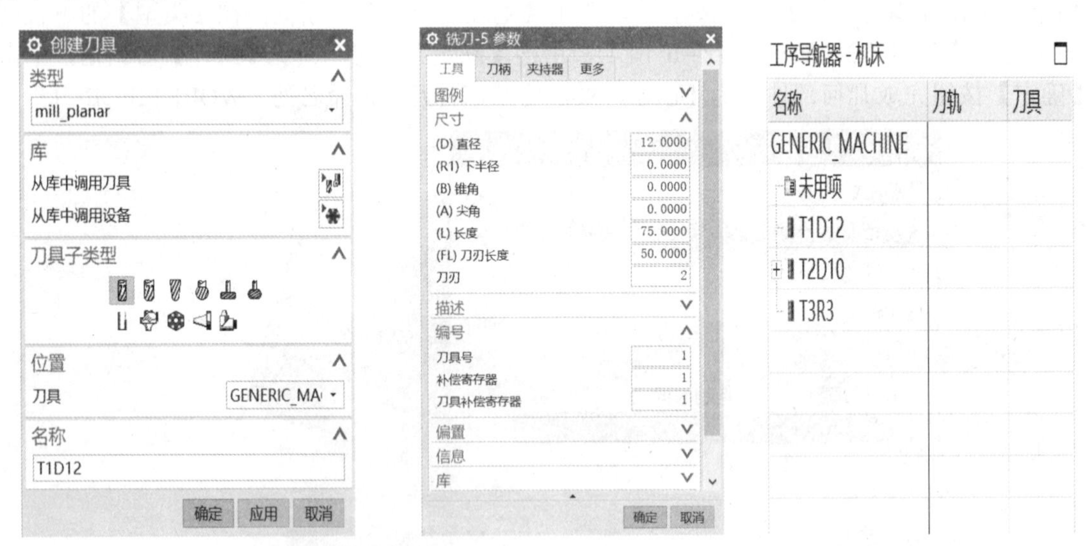

图 4-2-7 【创建刀具】设置对话框 图 4-2-8 【铣刀-5 参数】设置对话框 图 4-2-9 机床视图刀具列表

小贴士：学习陀螺仪芯刀路编制前的准备工作，可以扫描二维码 4-2-1 学习。

二维码 4-2-1

2. 陀螺仪芯刀路创建

（1）陀螺仪粗加工

陀螺三个螺旋部分顶面是尺寸为$\phi 90$的球面，所以可以使用型腔铣命令采用双面粗加工完成。型腔铣因为是基于毛坯与工件进行比较生成加工刀路的指令，不会造成过切现象，而且非常安全。陀螺仪粗加工刀路的详细创建步骤如下：

1）创建工序：单击【创建工序】按钮创建陀螺粗加工工序，弹出【创建工序】对话框，在【类型】的下拉列表中选择【mill_contour】；在【工序子类型】中选择【型腔铣】按钮，如图 4-2-10 所示在【位置】中设置参数。单击【确定】按钮弹出【型腔铣】对话框。

2）几何体设置：展开【型腔铣】对话框中的【几何体】栏。单击【指定部件】和【指定毛坯】中的【新建】按钮，在弹出的【新建几何体】菜单内分别设置几何体子类型、毛坯位置和名称，具体内容如图 4-2-11 所示。

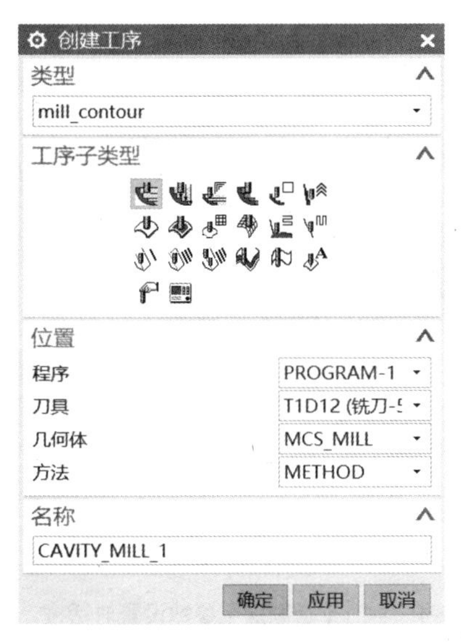

图 4-2-10　型腔铣几何体的建立

图 4-2-11　型腔铣【创建几何体】设置对话框

3）刀轴设置：展开【刀轴】下拉菜单，在【轴】的下拉列表中选择【指定矢量】，单击【指定矢量】中的按钮，在弹出的【矢量对话框】选择【自动判断的矢量】，选择与毛坯轴线垂直的矢量作为刀轴方向，完成对【刀轴】的设置，如图 4-2-12 所示。

4）刀轨设置：展开【刀轨设置】对话框，如图 4-2-13 所示设置参数。单击【切削层】按钮，弹出【切削层】对话框，【范围定义】中的【范围深度】设为“35”，如图 4-2-14 所示。单击【确定】按钮，回到【刀轨设置】对话框。

5）切削参数设置：进入【切削参数】对话框，【策略】选项卡内，【切削方向】设为“顺铣”,【切削顺序】设为“深度优先”,【刀路方向】设为“向内”,如图 4-2-15 所示;【余量】选项卡内,勾选“使底面余量与侧面余量一致”,将【部件侧面余量】设为“0.2”,其余参数保持不变,如图 4-2-16 所示;【拐角】选项卡将所有刀路拐角【半径】设为“20%”,让刀路平稳运行的同时降低刀具负载,如图 4-2-17 所示。

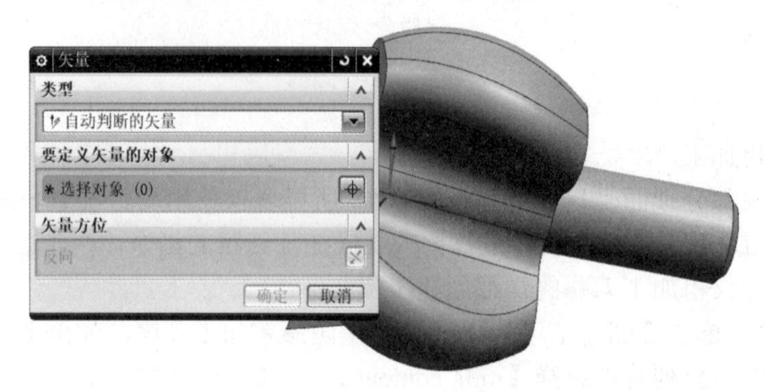

图 4-2-12　陀螺粗加工刀轴方向选择

图 4-2-13　型腔铣参数设置对话框

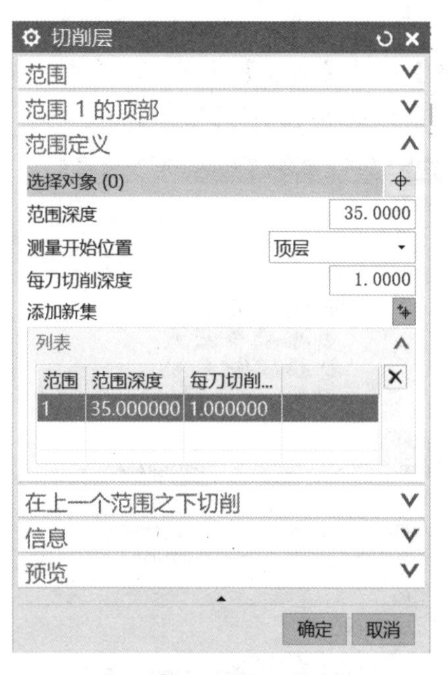

图 4-2-14　【切削层】参数设置对话框

6）非切削参数设置：进入【非切削移动】对话框，切换至【进刀】选项卡中，将【封闭区域 进刀类型】设为“与开放区域相同”，将【开放区域 进刀类型】设为“圆弧”（半径 2 mm，角度 90°，高度 3 mm，最小安全距离 5 mm），如图 4-2-18 所示。

7）进给率和速度设置:【主轴速度】设为“8 000”,【进给率】设为“3 000”,如图 4-2-19 所示。单击【确定】按钮完成【进给率和速度】的设置。

8）刀路生成：参数设置完成后，单击【刀路生成】按钮查看该策略编程刀路，如图 4-2-20 所示。注意：另一侧的粗加工程序只需要在此步基础上将刀轴方向设为相反生成即可。

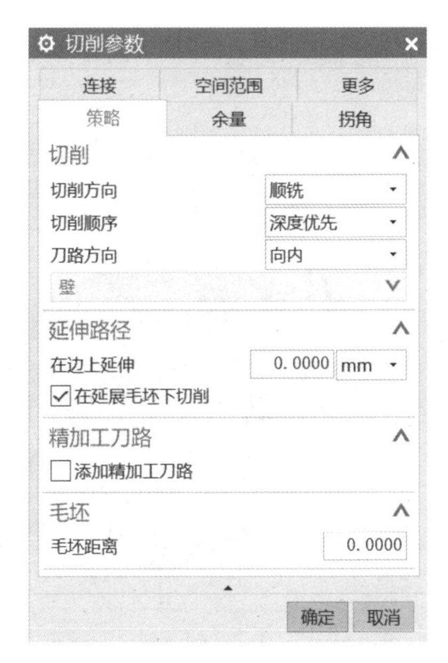

图 4-2-15 【策略】设置对话框

图 4-2-16 【余量】设置对话框

图 4-2-17 【拐角】设置对话框

图 4-2-18 【进刀】设置对话框

9）确认刀轨：单击【确认刀轨】可以对刀路加工的过程进行模拟。

小贴士："陀螺仪芯粗加工"刀路编制过程，可以扫描二维码 4-2-2 学习。

二维码 4-2-2

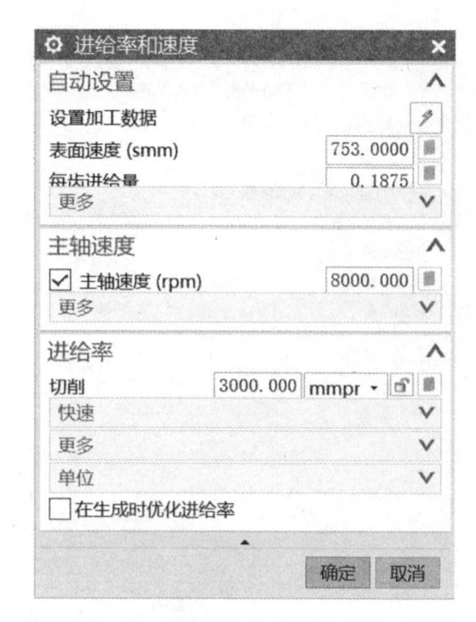

图 4-2-19 【进给率和速度】设置对话框

图 4-2-20 陀螺粗加工刀路

（2）陀螺螺旋中间粗加工程序

陀螺螺旋中间部分的开粗因为螺旋侧面曲面形状的缘故需要使用四轴联动粗加工的方式进行，不同于常规的三轴粗加工，多轴刀路的生成需要通过创建辅助面的方式来辅助刀路生成，陀螺螺旋部分的粗加工刀路正是通过这样的方式生成的。下面以陀螺螺旋的开粗为例，介绍可变轮廓铣命令借助辅助面生成刀路的过程。

1）辅助曲线建立：通过【应用模块】–【建模】进入到建模环境为辅助面的创建做准备。通过【插入】–【派生曲线】–【等参数曲线】进入到等参数曲线对话框，选中陀螺流道底部面，【方向】设为“V”向，【位置】设为“均匀”，【数量】设为“3”。单击【确定】按钮在陀螺螺旋底部生成 3 条 V 向曲线，如图 4-2-21 所示。

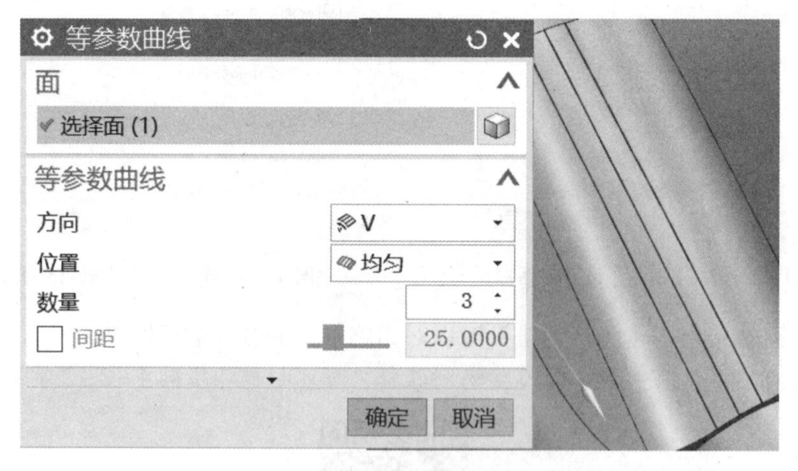

图 4-2-21 【等参数曲线】设置对话框

2）辅助面建立：通过【插入】–【弯边曲面】–【规律延伸】进入到规律延伸对话框，选中在陀螺流道底部面生成的最中间的曲线，选择陀螺两个螺旋部分中间的所有曲面，在【长度规律】中【值】设为“30”作为拉伸长度，单击【确定】按钮生成辅助面，如图4-2-22所示。

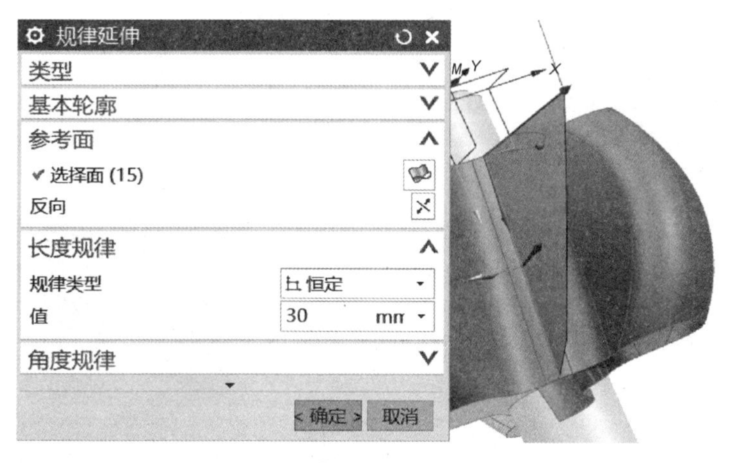

图4-2-22 【规律延伸】设置对话框

3）创建工序：通过【应用模块】-【加工】进入到加工环境当中。单击【创建工序】按钮，创建陀螺螺旋粗加工工序，弹出【创建工序】对话框，在【类型】的下拉列表中选择【mill_multi-axis】；在【工序子类型】中选择【可变轮廓铣】按钮，在【位置】中，定义参数如图4-2-23所示。

4）驱动设置：设为“曲面”，进入扩展窗口，指定图4-2-24所示的辅助面为驱动几何体，【材料侧】调整为“向外”，驱动设置中将【刀具位置】设为“相切”，【切削模式】设为“往复”，【步距】设为“数量”，【步距数】设为“50”，如图4-2-25所示。

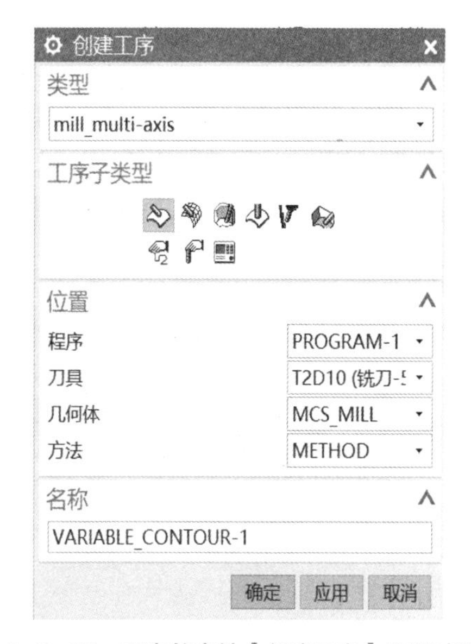

图4-2-23 可变轮廓铣【创建工序】设置对话框

图4-2-24 【驱动几何体】创建对话框

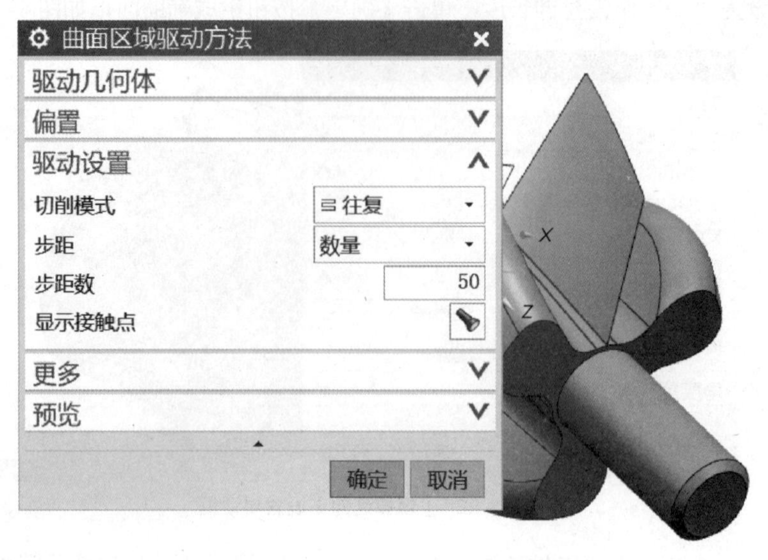

图 4-2-25 【曲面区域驱动方法】设置对话框

5）投影矢量选择：单击【确定】返回可变轮廓铣刀路创建菜单，在【投影矢量】中选择“刀轴”作为刀路的投影方向。在【刀轴】选项中选择“远离直线”命令，单击按钮进入【远离直线】对话框，在【指定矢量】命令中选择陀螺工件的轴线，在【指定点】命令中选择端面中心，如图 4-2-26 所示。

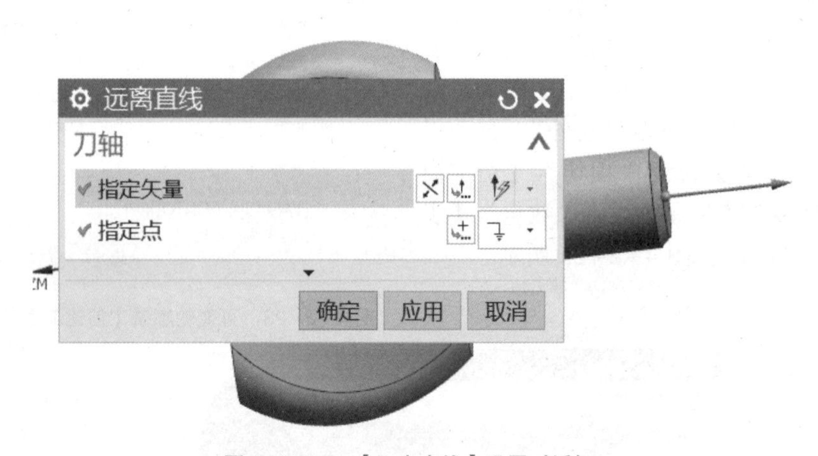

图 4-2-26 【远离直线】设置对话框

6）非切削参数设置：进入【非切削移动】对话框，切换至【进刀】选项卡，【进刀类型】设为“圆弧-平行于刀轴”（半径 50%，圆弧角度 90°，其他参数保持不变），如图 4-2-27 所示。

7）进给率和速度设置：【主轴速度】设为“8 000”，【进给率】设为“3 000”，如图 4-2-28 所示。单击【确定】按钮完成【进给率和速度】的设置。

8）刀路生成：参数设置完成后，单击【刀路生成】按钮查看该策略编程刀路，如图 4-2-29 所示。

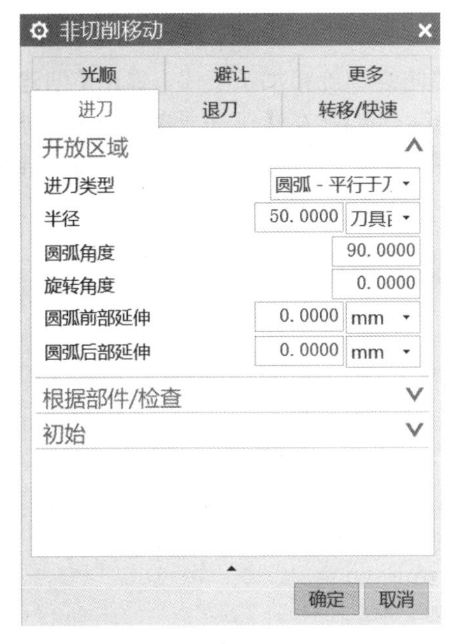

图 4-2-27 【非切削移动】设置对话框

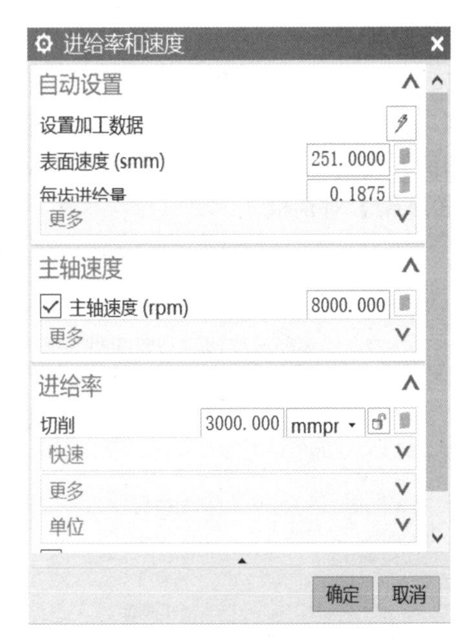

图 4-2-28 【进给率和速度】设置对话框

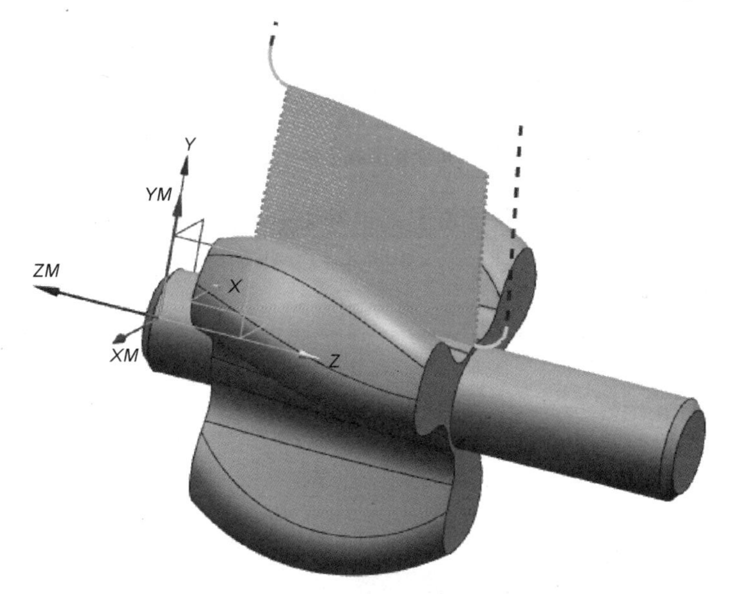

图 4-2-29 陀螺螺旋中间粗加工刀路

9）确认刀轨：单击【确认刀轨】可以对刀路加工的过程进行模拟。

小贴士：“螺旋中间粗加工”刀路可以扫描二维码 4-2-3 学习。

二维码 4-2-3

（3）陀螺螺旋左侧粗加工程序

1）创建工序：单击【创建工序】按钮，创建陀螺螺旋粗加工工序，弹出【创建工序】对话框，在【类型】的下拉列表中选择【mill_multi-axis】；在【工序子类型】中选择【可变轮廓铣】按钮，在【位置】中，定义参数如图 4-2-30 所示。单击【确定】按钮弹出【可变轮廓铣】对话框。

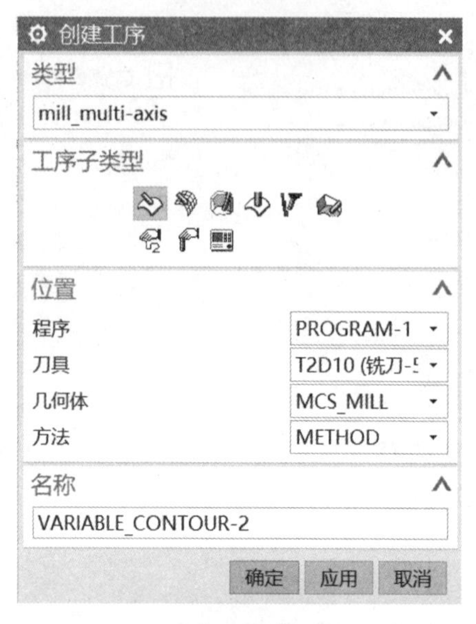

图 4-2-30　可变轮廓铣【创建工序】对话框

2）几何体设置：进入【可变轮廓铣】对话框中，单击“指定部件”按钮进入【部件几何体】对话框，选择陀螺为几何部件，如图 4-2-31 所示。

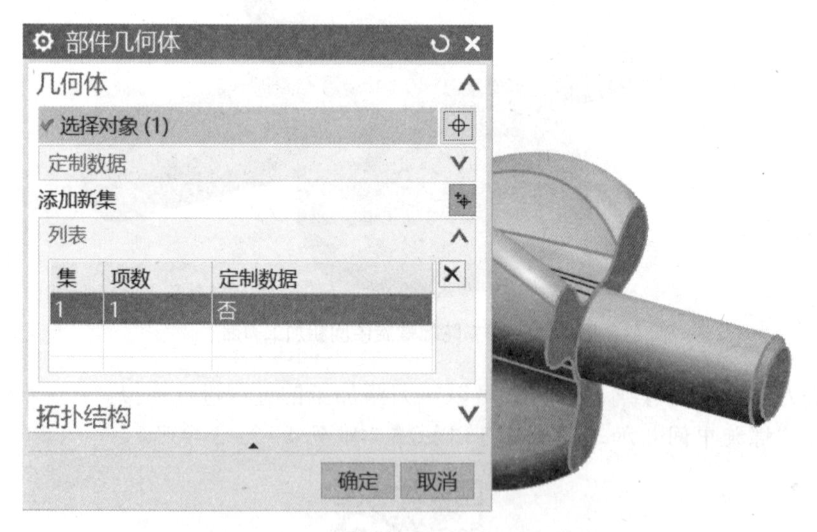

图 4-2-31　【部件几何体】选择对话框

3）驱动方法设置：在【驱动方法】中选择“曲面”命令，单击进入到【曲面区域驱动方法】对话框，选择创建生成的辅助面，如图 4-2-32 所示。单击【确定】返回到上一级界面，选择“材料反向”使矢量方向指向陀螺左侧螺旋，如图 4-2-33 所示。定义【切削模式】为“往复”,【步距】为“数量”,【步距数】为“50”，如图 4-2-34 所示。

图 4-2-32 【驱动几何体】创建对话框

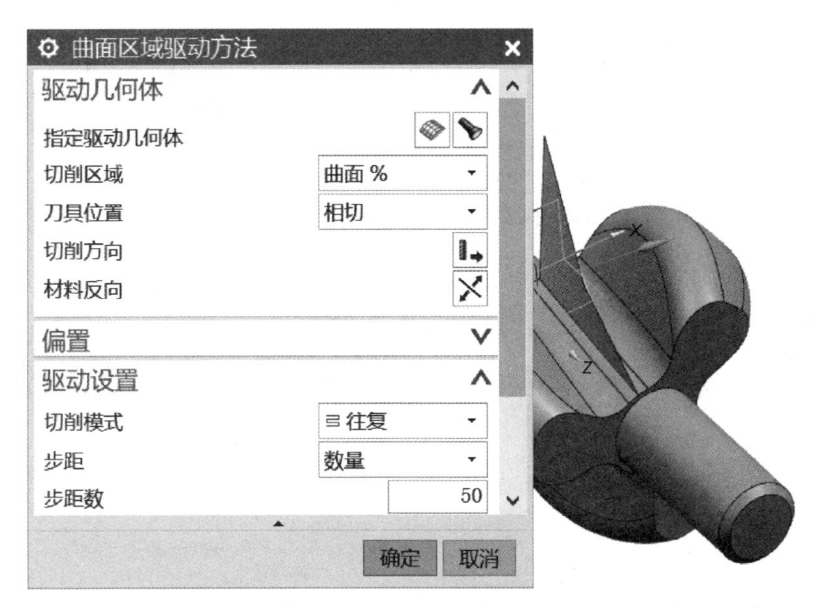

图 4-2-33 【曲面区域驱动方法】材料方向选择对话框

4）投影矢量选择：单击【确定】返回可变轮廓铣刀路创建菜单，在【投影矢量】中选择“刀轴”作为刀路的投影方向。在【刀轴】选项中选择“远离直线”命令，单击按钮进入【远离直线】对话框，在【指定矢量】命令中选择陀螺工件的轴线，在【指定点】命令中选择端面中心，如图 4-2-35 所示。

5）非切削参数设置：进入【非切削移动】对话框，切换至【进刀】选项卡，【进刀类型】设为“圆弧-平行于刀轴”(半径 50%，圆弧角度 90°，其他参数保持不变)，如图 4-2-36 所示。

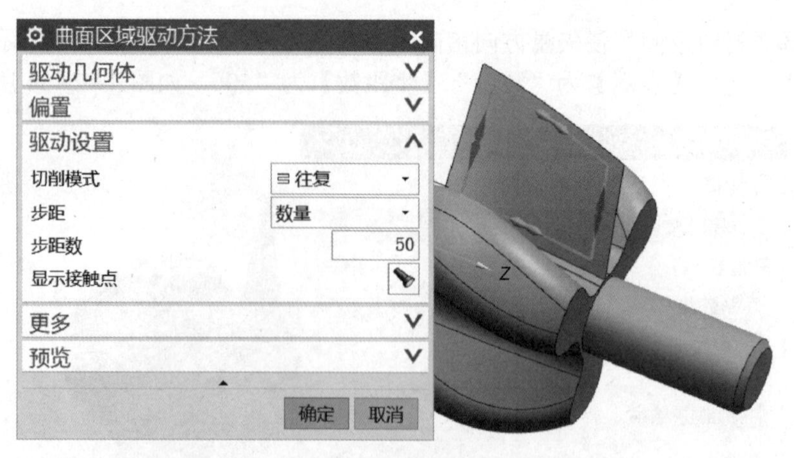

图 4-2-34 【曲面区域驱动方法】设置对话框

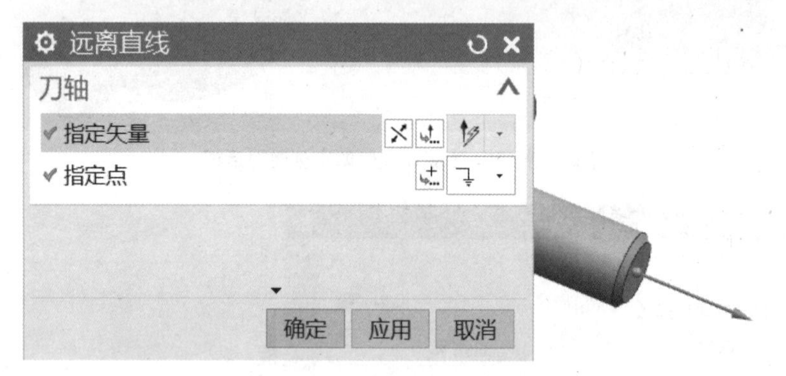

图 4-2-35 【远离直线】设置对话框

6）进给率和速度设置:【主轴速度】设为“8 000”,【进给率】设为“3 000”，如图 4-2-37 所示。单击【确定】按钮完成【进给率和速度】的设置。

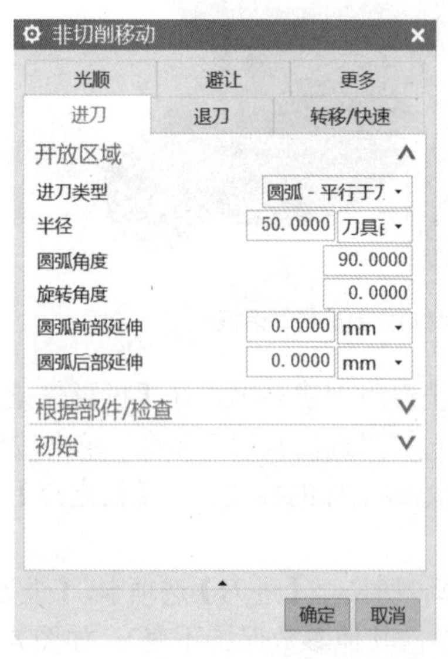

图 4-2-36 【非切削移动】设置对话框

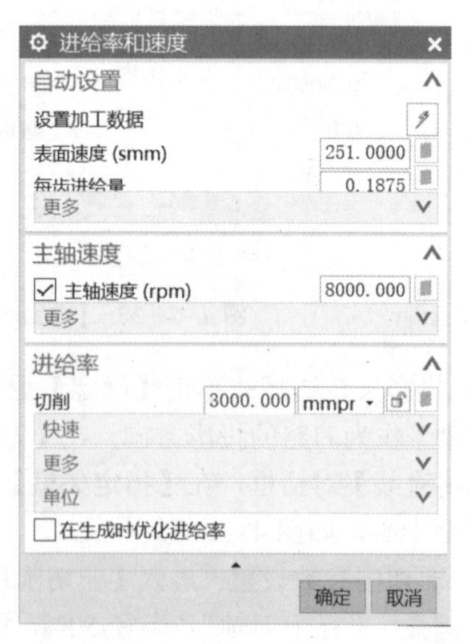

图 4-2-37 【进给率和速度】设置对话框

7）刀路生成：参数设置完成后，单击【刀路生成】按钮查看该策略编程刀路，如图 4-2-38 所示。

陀螺螺旋右侧粗加工程序的生成方法与左侧刀路的生成方法完全一致，唯一不同的地方在于【曲面区域驱动方法】对话框，在【切削方向】命令下选择“材料反向”使矢量方向指向陀螺右侧螺旋，即可在右侧螺旋生成刀路，效果如图 4-2-39 所示。

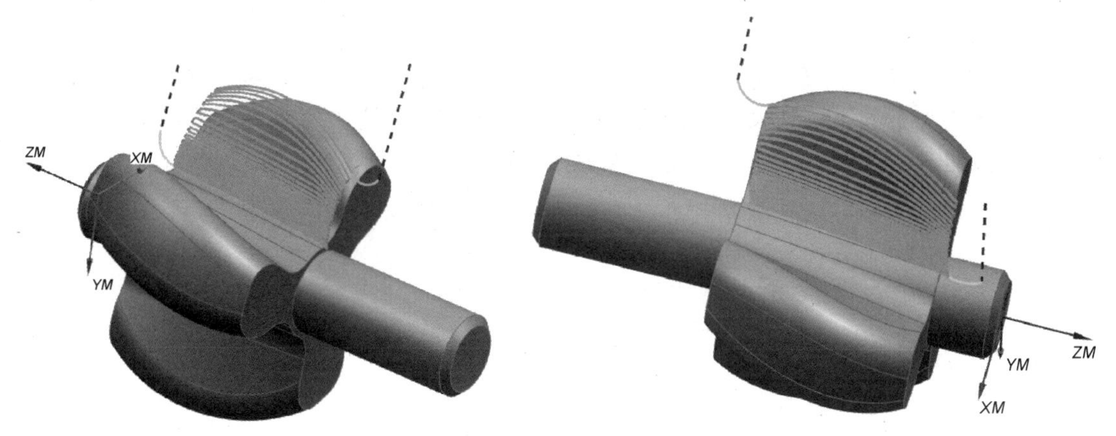

图 4-2-38　陀螺螺旋左侧粗加工刀路　　图 4-2-39　陀螺螺旋右侧粗加工刀路

8）刀路变换：在生成陀螺螺旋的中间、左侧、右侧三步粗加工刀路后，可以利用 UG NX10.0 软件中的“变换”指令生成其余两部分螺旋的刀路，具体做法为选择需要变换的刀路，右击鼠标，选择【对象】-【变换】命令，弹出变换对话框，按图 4-2-40 所示方式选择，最终生成其余两部分刀路，如图 4-2-41 所示。

图 4-2-40　【变换】刀路选择对话框

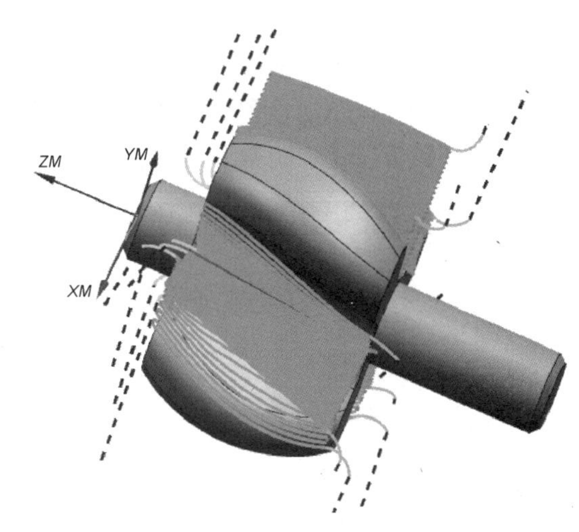

图 4-2-41　陀螺螺旋加工刀路

9）确认刀轨：单击【确认刀轨】可以对刀路加工的过程进行模拟。

小贴士：“陀螺螺旋部位加工”刀路及变换过程可以扫描二维码 4-2-4 学习。

二维码 4-2-4

（4）陀螺精加工程序

1）创建工序：单击【创建工序】按钮，创建陀螺精加工工序，弹出【创建工序】对话框，在【类型】的下拉列表中选择【mill_multi-axis】；在【工序子类型】中选择【可变轮廓铣】按钮，在【位置】中，定义参数如图 4-2-42 所示。

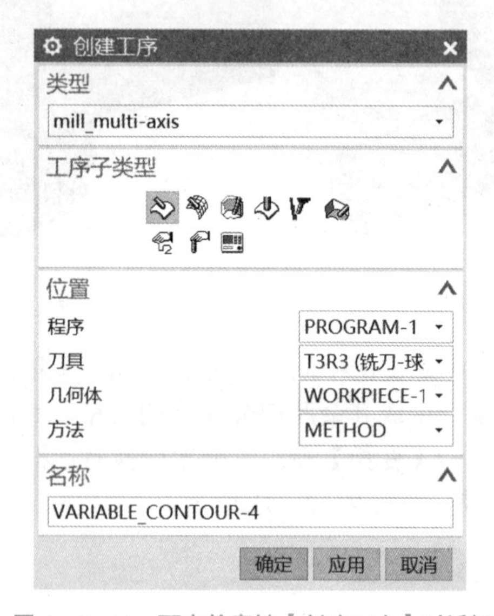

图 4-2-42　可变轮廓铣【创建工序】对话框

2）驱动设置：设为“曲面”，进入扩展窗口，指定整个陀螺表面为驱动几何体，【材料侧】调整为“向外”，驱动设置中将【刀具位置】设为“相切”，【切削模式】设为“往复”，【步距】设为“数量”，【步距数】设为“700”，如图 4-2-43 所示。

图 4-2-43　【驱动几何体】设置对话框

3）投影矢量选择：单击【确定】返回可变轮廓铣刀路创建菜单，在【投影矢量】中选择“刀轴”作为刀路的投影方向。在【刀轴】选项中选择“远离直线”命令，单击按钮进入【远离直线】对话框，在【指定矢量】命令中选择陀螺工件的轴线，在【指定点】命令中选择端面中心，如图 4–2–44 所示。

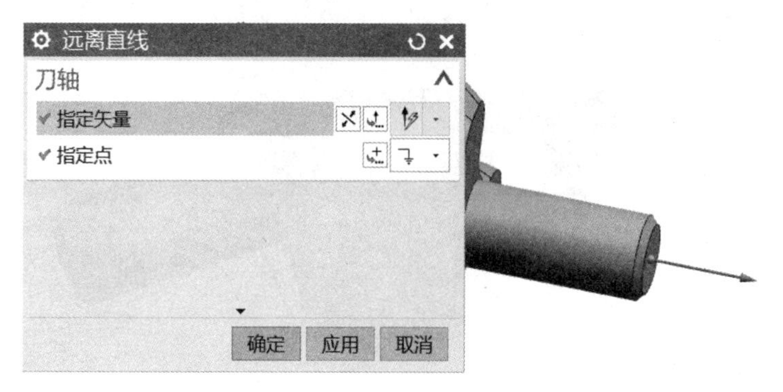

图 4–2–44 【远离直线】刀轴选择对话框

4）非切削参数设置：进入【非切削移动】对话框，切换至【进刀】选项卡，【进刀类型】设为“圆弧–平行于刀轴”（半径 50%，圆弧角度 90°，其他参数保持不变），如图 4–2–45 所示。

5）进给率和速度设置：【主轴速度】设为“10 000”，【进给率】设为“1 000”，如图 4–2–46 所示。单击【确定】按钮完成【进给率和速度】的设置。

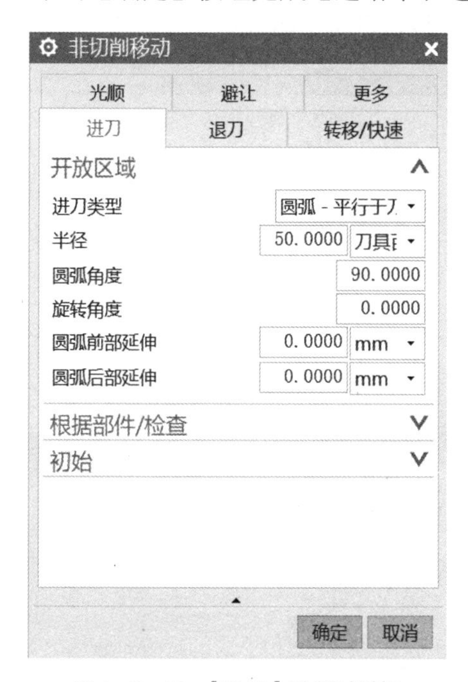

图 4–2–45 【进刀】设置对话框

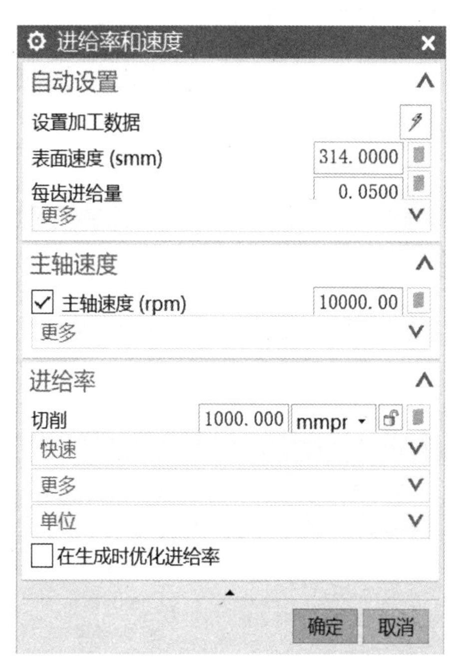

图 4–2–46 【进给率和速度】设置对话框

6）刀路生成：参数设置完成后，单击【刀路生成】按钮查看该策略编程刀路，如图 4–2–47 所示。

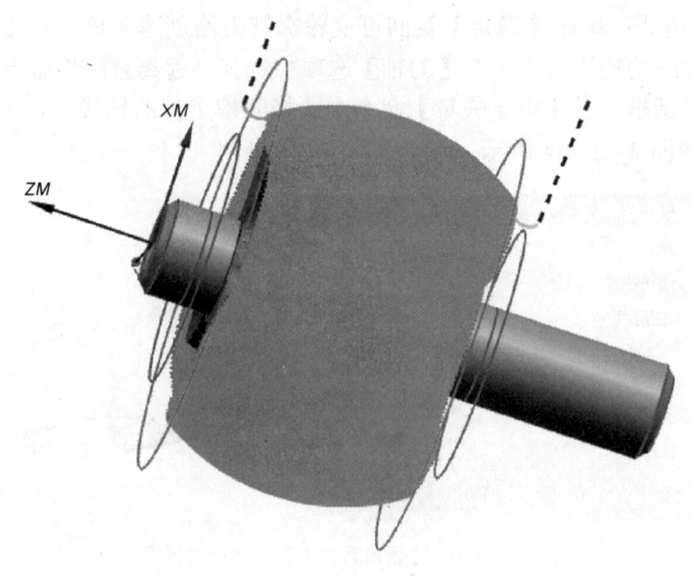

图 4-2-47　陀螺精加工刀路

四、后处理

UG 编程软件生成的刀路还无法直接用于数控机床运行，必须使用对应数控系统的后处理软件将刀轨转换成对应的机床程序代码。UG 中生成机床代码的后处理操作如图 4-2-48 所示，单击【后处理】选项，选项生成机床代码，传入机床上运行。

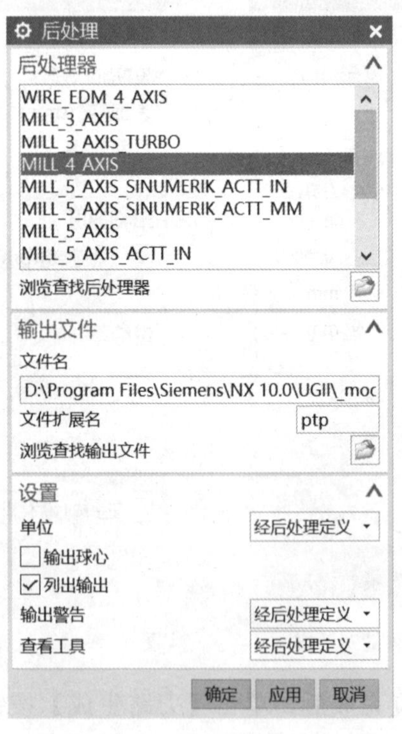

图 4-2-48　UG【后处理】对话框

知识链接

刀轴矢量可通过输入坐标值、选择几何体、选择垂直或相对于零件几何有关的表面，以及选择垂直或相对于驱动几何有关的曲面等方式来定义。定义刀轴矢量的选项共有 20 个，具体解释如表 4-2-2 所示。本章主要介绍适用于四轴加工的刀轴矢量。

表 4-2-2　刀轴矢量选项

选项	解释	备注	
		固定轴刀轴	多轴加工刀轴
+ZM Axis	+ZM 轴	√	
Specify Vector	指定矢量	√	√
Away from Point	远离点		√
Toward Point	朝向点		√
Away from Line	远离直线		√
Toward Line	朝向直线		√
Relative to Vector	相对于矢量		√
Normal to Part	垂直于部件		√
Relative to Part	相对于部件		√
4 – Axis Normal to Part	4 轴，垂直于部件		√
4 – Axis Relative to Part	4 轴，相对于部件		√
Dual 4 – Axis on Part	双 4 轴在部件上		√
Interpolate	插补矢量		√
Optimized to Drive	优化后驱动		√
Normal to Drive	垂直于驱动体		√
SwarfDrive	侧刃驱动体		√
Relative to Drive	相对于驱动体		√
4 – Axis Normal to Drive	4 轴，垂直于驱动体		√
4 – Axis Relative to Drive	4 轴，相对于驱动体		√
Dual 4 – Axis on Drive	双 4 轴在驱动体上		√

1. 4 轴，相对于部件（4 – Axis Relative to Part）

4 轴，相对于部件刀轴通过指定第 4 轴及其旋转角度、引导角度与倾斜角度来定义刀轴矢量。即先使刀轴从零件几何表面法向、基于刀具运动方向朝前或朝后倾斜引导角度与倾斜角度，然后投影到正确的第 4 轴运动平面，最后旋转一个旋转角度，如图 4-2-49 所示。由于该选项是一种 4 轴加工方法，因此一般保持倾斜角度为 0°。

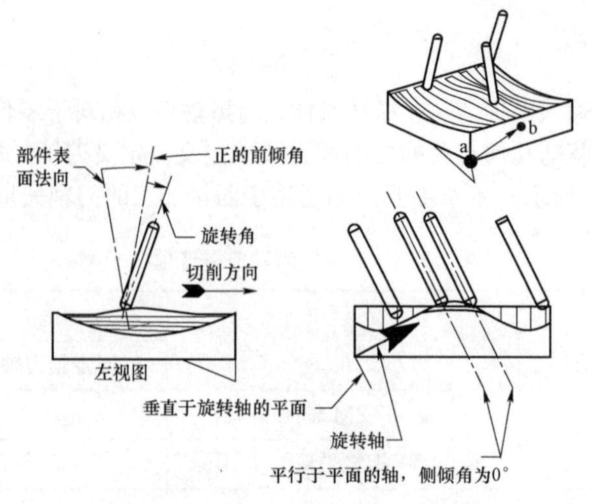

图 4-2-49　4 轴，相对于部件刀轴示例

2. 4 轴，垂直于部件（4-Axis Normal to Part）

4 轴，垂直于部件刀轴通过指定旋转轴（即第 4 轴）及其旋转角度来定义刀轴矢量。即刀轴矢量始终与指定的旋转轴（第 4 轴）垂直。里面的旋转角度，是使“刀具轴”相对于“部件表面”的另一垂直轴向前或向后倾斜。与“前倾角”不同，4 轴旋转角度始终向垂直轴的同一侧倾斜，它与刀具运动方向无关。

小提示：旋转角（Rotation Angle）：旋转角指定刀轴基于刀具运动方向朝前或朝后倾斜的角度。旋转为正时，使刀轴基于刀具路径的方向朝前倾斜；旋转为负时，使刀轴基于刀具路径的方向朝后倾斜。但它与引导角不同，它并不依赖于刀具的运动方向，而总是往零件几何表面法向的同一侧倾斜。

小提示：旋转轴（Rotation Axis）：用于定义旋转轴。

3. 4 轴，垂直于驱动体（4-Axis Normal to Drive）

4 轴，垂直于驱动体刀轴与 4 轴，垂直于部件类似，只是用驱动曲面的法向替代了零件几何表面的法向。该选项是通过指定旋转轴（第 4 轴）及其旋转角度来定义刀轴矢量。即刀轴先从驱动曲面法向、旋转到旋转轴的法向平面，然后基于刀具运动方向朝前或朝后倾斜一个旋转角度。

4. 双 4 轴在部件上（Dual 4-Axis on Part）

双 4 轴在部件上刀轴只能用于往复（Zig-Zag）切削方法，通过指定第 4 轴及其旋转角度、引导角度与倾斜角度分别在单方向与往复方向来定义刀轴矢量。即分别在单方向与往复方向，先使刀轴从零件几何表面法向、基于刀具运动方向朝前或朝后倾斜引导角度与倾斜角度，然后投影到正确的第 4 轴运动平面，最后旋转一个旋转角度，如图 4-2-50 所示。

小提示：若不指定旋转轴，则会产生 5 轴刀轨，若单向及回转切削方向刀轨的旋转轴不一致，则步距运动将产生不同于 4 轴单向及回转切削的 5 轴刀轨。

小提示：仅适用于往复切削模式，与 4 轴工件相似，为单向及回转切削方向的刀轨分别定义正及负的导引角，可以减小刀轴矢量在步距间移动时的变化幅度。

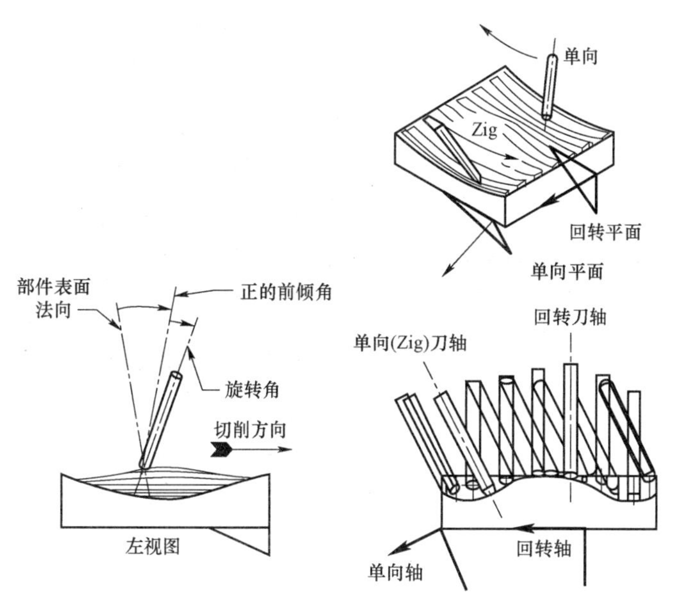

图 4-2-50　双 4 轴在部件上刀轴示例

5. 4 轴，相对于驱动体（4-Axis Relative to Drive）

4 轴，相对于驱动体刀轴与 4 轴，相对于部件类似，只是用驱动曲面的法向替代了零件几何表面的法向。该选项通过指定第 4 轴及其旋转角度、引导角度与倾斜角度来定义刀轴矢量。即先使刀轴从驱动曲面法向、基于刀具运动方向朝前或朝后倾斜引导角度与倾斜角度，然后投影到正确的第 4 轴运动平面，最后旋转一个旋转角度。

6. 双 4 轴在驱动体上（Dual 4-Axis on Drive）

双 4 轴在驱动体上选项通过指定第 4 轴及其旋转角度、前倾角度和侧倾角度来在单向（Zig）方向与回转（Zag）方向定义刀轴矢量。先使刀轴从驱动曲面法向、基于刀具运动方向朝前或朝后倾斜引导角度与倾斜角度，然后投影到正确的第 4 轴运动平面，最后旋转一个旋转角度。

小提示：双 4 轴在驱动体上刀轴与双 4 轴在部件上类似，只是用驱动曲面的法向替代了零件几何表面的法向，刀轴矢量之前倾角及侧倾角参考驱动面法线方向。

任务小结

本章节以陀螺仪芯的粗精加工为例，详细讲解了复杂叶轮刀路的创建方法，加工工艺过程如图 4-2-51 所示。需要强调的是，编程者需要更多关注如何创建一个更合理高效的刀路，如进退刀时是否会与工件发生干涉，刀路间过渡是否平滑，加工过程切削负荷是否平稳等，要从这些角度出发编制刀路，然后在编程软件中选取相应控制参数，要避免出现本末倒置的现象。

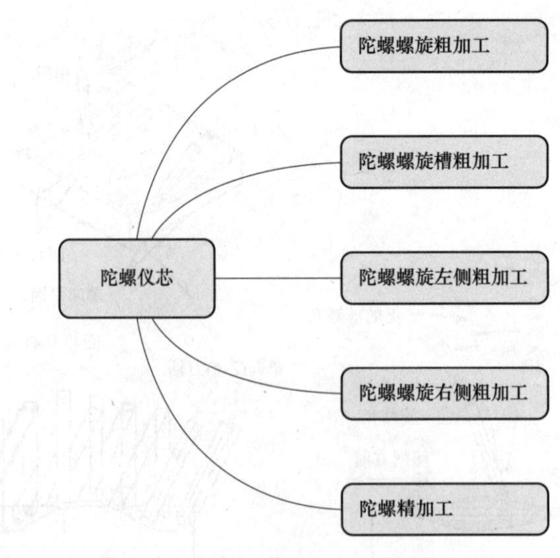

图 4-2-51　陀螺加工工艺思维导图